啤酒酿造
技术译丛

酵 母
啤酒酿造菌种指南

[美] 克里斯·怀特　贾米尔·赞那谢菲 ◎著

马长伟　李知洪 ◎主译

U0219720

中国轻工业出版社

图书在版编目（CIP）数据

酵母：啤酒酿造菌种指南/（美）克里斯·怀特，（美）贾米尔·赞那谢菲著；马长伟，李知洪主译.—北京：中国轻工业出版社，2023.7

（啤酒酿造技术译丛）

ISBN 978-7-5184-2306-4

Ⅰ.① 酵⋯　Ⅱ.①克⋯ ②贾⋯ ③马⋯ ④李⋯　Ⅲ.①啤酒酵母　Ⅳ.① S963.32

中国版本图书馆 CIP 数据核字（2018）第 272013 号

版权声明

策划编辑：江　娟　　责任终审：张乃柬　　整体设计：锋尚设计
责任编辑：江　娟　　责任校对：吴大鹏　　责任监印：张　可

出版发行：中国轻工业出版社（北京东长安街6号，邮编：100740）
印　　刷：三河市万龙印装有限公司
经　　销：各地新华书店
版　　次：2023年7月第1版第3次印刷
开　　本：720×1000　1/16　印张：16
字　　数：310千字
书　　号：ISBN 978-7-5184-2306-4　定价：80.00元
邮购电话：010-65241695
发行电话：010-85119835　传真：85113293
网　　址：http：//www.chlip.com.cn
Email：club@chlip.com.cn
如发现图书残缺请与我社邮购联系调换
231064K1C103ZYQ

安益达—啤酒酿造技术译丛
翻译委员会

主　　任：马长伟（中国农业大学）

副主任：张　炜（安益达商贸有限公司）

　　　　杨江科（武汉轻工大学）

　　　　李知洪（安琪酵母股份有限公司）

　　　　崔云前（齐鲁工业大学）

　　　　杨　智（广东粤海永顺泰麦芽有限公司）

成　　员：（按姓氏拼音顺序排列）

　　　　郭　凯（加拿大拉曼公司）

　　　　贾　巍（啤酒爱好者）

　　　　靳雅帅（中国轻工业出版社有限公司）

　　　　刘玲彦（安琪酵母股份有限公司）

　　　　许引虎（安琪酵母股份有限公司）

　　　　杨　平（中国农业科学院）

　　　　杨　禹（北京师范大学）

　　　　张宝龙（北京七叶香山餐饮有限公司）

　　　　庄仲荫（美国雅基玛酒花有限公司）

《酵母——啤酒酿造菌种指南》
翻译委员会

主　译：马长伟（中国农业大学）

李知洪（安琪酵母股份有限公司）

副主译：刘玲彦（安琪酵母股份有限公司）

许引虎（安琪酵母股份有限公司）

郭　凯（加拿大拉曼公司）

参　译：杜维力（安琪酵母股份有限公司）

李建华（安琪酵母股份有限公司）

陈　沁（中国农业大学）

李晓娜（中国农业大学）

总序

中国是世界上生产啤酒最多的国家，像很多行业一样，我国啤酒行业正在朝着既大又强转变，世界领先的管理技术指标不断在行业呈现，为我国啤酒产业进一步高质量发展奠定了良好基础。

啤酒是大众喜爱的低酒精度饮料，除了大型啤酒企业外，高规格的中小型啤酒企业和众多的"啤酒发烧友"也正在助力着行业的发展。这一切为能够更好地满足人们日益增长的物质及文化需求做出了贡献，也符合未来啤酒消费需求的发展方向。

啤酒酿造是技术与艺术的结合。在相关酿造理论的指导下，通过实践，不断总结，才能在啤酒酿造上越做越好。这套由美国BA（Brewers Association）出版社组织编写的啤酒酿造技术丛书，由《水》《酒花》《麦芽》和《酵》母四册组成，从历史文化、酿造原理、工艺技术、产业动态等多维度进行了深入介绍。《酒花》的作者是著名行业作家；《酵母》的作者是美国知名酵母公司White Labs的创始人兼CEO，联合作者曾多次获得美国家酿大奖；《麦芽》的作者则在美国一家著名的"craft beer"啤酒厂负责生产；《水》的作者是美国家酿老手。这套丛书的作者们从啤酒酿造的主要原料入手，知识深入到了整个酿造过程。丛书中没有过多介绍关于啤酒酿造方面的理论知识，而是为了满足酿酒师的实际需要，尽可能提供详尽的操作指南，对技术深度的把握应该说是恰到好处。

他山之石，可以攻玉。为了更好地满足啤酒行业对酿造知识日益增长的需求，由马长伟教授和酿酒师张炜先生负责（二位分别担任翻译委员会正、副主任）组织了由高等院校、科研机构和行业企业的专业人员构成的翻译团队，除了食品和发酵工程外，还有大麦育种和水处理等专业的专家学者加入，保证了丛书的翻译质量。他们精心组织，认真工作，不辞辛苦，反复斟酌，把这样一套可读性强、适用范围广的专业科技丛书贡献给了行业，在此，我衷心感谢他们的付出和贡献，向他们致敬。

我相信，这套译丛的出版一定会对国内啤酒行业的技术发展产生推动作用。

张五九

2019年3月

译者序

　　跟大麦芽、啤酒花和水相比，酵母是最晚被人们所熟知的啤酒酿造原料。人类酿造啤酒的历史已经有几千年了，但是直到19世纪60年代之前，人类并不了解酵母为何物，但却似乎很早就预感到了一种未知的存在，只好把它归为"精灵"。这不足为奇，因为酵母是如此微小，以至于在人类发明显微镜之前，无法用肉眼看到它。近160年来，全球数以千计的微生物学家对啤酒酵母这一千年"精灵"进行了全面细致的观察和研究。今天，人类已经能够比较好地掌握啤酒酵母的"脾性"，并让它按照人类的愿望工作，为我们的美好生活带来福祉。

　　近年来，随着我国社会经济的发展和人们生活水平的提高，消费者对啤酒品质提出了更高和更多元化的要求，从而助推了国内精酿啤酒行业的迅猛发展。酿酒师、生产技术人员、酿酒爱好者都迫切需要更多兼具专业性和实用性的新产品和新技术，以支撑国内精酿啤酒行业技术水平的提升。所以，当中国轻工业出版社组织我们翻译美国BA（Brewers Association）出版社的这本《酵母》的时候，我们深感恰逢其时。

　　《酵母》这本书的原作者是美国White Labs公司创始人兼CEO——克里斯·怀特（Chris White）博士和贾米尔·赞那谢菲（Jamil Zainasheff）先生，后者曾多次获得美国家酿大奖。White Labs公司创建于1995年，怀特博士用20多年时间建立起了庞大的酵母菌种库，公司的成长也见证了美国精酿啤酒行业的蓬勃发展。

　　《酵母》一书有别于以往的专业教科书，也与目前市场上的多数啤酒类科普读物不同。该书从酿酒师的视角出发，将基础理论、专业知识和实际操作融于一体，重点在于教给酿酒师该怎么做，才能成为酵母的"知己"。通过慢慢熟悉和顺从酵母的习性，让酵母愉快地工作，从而产出佳酿。本书内容丰富，从酵母生长代谢等生物学基础知识，到酿酒过程中的酵母选择、培养、接种和保存方法，再到详尽的专业操作规范，还对发酵过程中可能遇到的各种问题给出了指导性的解决意见。我们认为，本书是啤酒发酵和酵母应用方面不可多得的操作指南。

本书由中国农业大学马长伟教授和安琪酵母股份有限公司李知洪总经理担任主译，安琪酵母生物技术研究院许引虎（目录、第2章）、刘玲彦（第6章）、杜维力（第4章）、李建华（第7章）4位高级工程师凭借多年的酵母研发、生产、应用及推广经验保证了本书翻译中的正确性性、可读性和实用性；加拿大拉曼公司郭凯先生（第5章）为本书的翻译提供了新思维元素；中国农业大学陈沁（前言、第1章）、李晓娜（第3章）两位研究生为相关章节的翻译、全书的资料搜集、整理和校对付出了心血；全书由马长伟统稿。安益达商贸有限公司的张炜先生在本书策划组织过程中给予了无比宝贵的大力支持。本书翻译过程中还得到多位同行专家、学者的鼓励和帮助，在此一并表示衷心感谢！

由于译者外语水平和专业知识有限，翻译中难免有错误和纰漏之处，承蒙各位读者在使用过程中不吝指正，以便我们在将来再版时修订。

译者
2019年3月

目录

序

"酿酒师不是做啤酒,他只是把所有的原辅料组合到一起,然后啤酒就会自然天成。"

——弗里茨·梅泰格

"啤酒之所以能自然天成,不是它有什么神功,而是它从天地间吸纳了没有人能说清楚是什么的神秘元素。"

——弗里茨·梅泰格

我一直很喜欢上面这两句名言,因为我相信这完美地诠释了发酵的神秘特质:酿造过程中最不为人所明白,而且又是最容易被忽视的部分。如果你阅读各种酿造网站和啤酒书上所提供的啤酒配方,你会发现它们都把主要精力放在谷物配方或者最近一段时间以来最受关注的酒花清单上。其实这和历史上大多数时期一样,酵母似乎有点儿不被重视。

浏览历史上的酿造书籍,你会发现有大量关于麦芽糖化、麦芽质量、酒花生长、酒花质量甚至酿造用水质量等方面的内容。这些方面在啤酒酿造过程中很早就被大家知晓,但是因为大多数酿酒师认为发酵是一个自发的过程,所以在历史上几乎找不到有关酵母的任何文献资料。尽管事实上酿酒师也都认识到了酵母对于酿造过程有多么重要,但是在历史上关于啤酒配方和酿造的文字记载都很少,甚至在德国《啤酒纯酿法》的第一个版本中,酵母连啤酒的原料组成都不是(实际上,当时人们还没有发现微生物)。在个别特殊情况下,历史文献中讲到酵母时,文字也都是晦涩难懂,因为其中的信息都是很不准确的。

更令人惊奇的是,尽管人们对酵母缺乏认识,也弄不懂它们，或者也不愿意将它们看作是啤酒酿造的重要原料之一，但是酿酒师却早就知道"它们"很重要，而且很早就知道必须收集"它们"并重新接种于下一批发酵罐，这样才能保证成功地将麦汁转化成啤酒。酵母菌株已经成功存活了几百年，并且得到小心的筛选和成功的保存，因而成为今天全世界酿酒师都在使用的种类多样的神奇菌株。历史上酿造过程的发展实际上对于酵母菌株的保存是有利的。各种技术如上层采集、酵母再接种、贮藏以及为了保证良好的发酵温度而进行的季节性酿造等，都是为了保证完全发酵、制作美味的啤酒而发展起来的技术。尽管酿酒师并没有完全弄明白"酵母是什么"和"酵母是如何工作的"。直到18世纪后期，甚至在路易斯·巴斯德证明发酵是一种活的生物——酵母代谢的结果之后，酿造文献中仍然充斥着关于酵母是"为了市场营销的宣传语"的记载："酵母必须是最高质量的""酵母必须是优秀的""酵母必须是非常出色的"等，所有这些说法实际上都没有什么意义，但是都给人以明确的暗示，即酿酒师都在精心地对待他们的酵母。

关于酵母的研究，最初始于显微镜发明之后不久的16世纪后期，但是真正的进展始于17世纪末18世纪初。有几位科学家提出了与今天我们知道的真相很相近的理论。比如：酵母是单细胞生物，负责酒精发酵，但是还没有人真正提出酵母代谢糖产生酒精和二氧化碳这一关键事实。直到19世纪30年代后期，酵母研究开始集中在酵母细胞活动是酒精和二氧化碳产生的来源这一事实上。一篇发表的具有贬损性的言论在一定程度上歪曲了这一具有前景的研究思路，这是有机化学家Liebig和Wohler提出的关于细胞发酵的言论，他们倾向于把发酵解释为化学反应：

……可以看到难以计数的小球，像某种动物的卵。把这些动物的卵放到糖溶液里，它们开始膨胀、破裂，并有小动物从里面孵化出来，然后以令人难以置信的速度增殖。这些动物的形状与之前所描述的600多种动物的任何一种都不一样。它们的形状有点儿像Baindorf蒸馏瓶（不带冷凝装置）。球状物的管状器官有点儿像吸管，里面覆盖着细长的鬃毛，看不到牙齿和眼睛，偶尔能清晰地辨认出胃、肠道、肛门（一个小粉点）和一个泌尿器官。当小动物从卵中孵出来的时候，能看到它们是怎么从介质里吞咽糖，怎么进入胃里，然后很快消化，这一过程几乎可以肯定会排泄出分泌物。简而言之，这些滴虫类的动物吃进去糖，从肠道排泄出酒精，从泌尿器官释放出CO_2。这些动物的膀胱在充盈状态时形状就像香槟瓶，而在放空时就只是个小凸起。几次实践后，有人发现膀胱里面开始时会形成一个气泡，慢慢地体积会增大到原来的十倍；动物能够通过控制身体周边的环状肌肉来产生一种像螺丝刀一样扭转的力量，从而完成膀胱的排空……从动物的肛门还能看到不断有液体排出，排出的液体比所在的液体介质轻；在很短的时间间隔之后，有一束来的CO_2从它们硕大的生殖器中释放出来……如果水量不充足，也就是说，糖溶液的浓度过高的话，发酵就无法在黏稠的液体里发生。这是因为这种小动物无法在黏稠的液体里移动：最终因为缺乏运动消化不良而死去（Schlenk，1997）。

　　幸运的是，另一些研究者一直在努力工作，直到巴斯德的研究工作得出突破性的成果之后，细胞理论才开始慢慢被人们所接受。巴斯德工作的突破性意义在于他彻底改变了整个酿造工业。在19世纪末期，巴斯德通过提供上门服务，帮助一家家酿酒厂检查酵母的培养情况，并为每一家酿酒厂给出酵母合格还是不合格的结论。本书后文会详述巴斯德对嘉士伯酿酒公司的影响，但是巴斯德的贡献不止于此，因为他在欧洲各地旅行。巴斯德向19世纪后期英国酿酒师灌输他的酵母重要性理论时，他们当时雇佣的高级工作人员主要是化学家，这些酿酒化学家后来都成了炙手可热且收入最高的酿酒师。

　　随着生物化学学科的发展，拉格酒厂开始应用科学技术来更好地认识酵母菌株了。当我在安海斯–布希（Anheuser-Busch）酒厂工作时，我们追踪过拉格酒厂贮藏过程中固定时间点的酵母发酵副产物如双乙酰、戊二酮、3-羟基丁酮（乙偶姻）、乙醛的含量和变化。这些成熟因子是表征酵母健康状况和发酵是否正常的指标。但是，尽管有这些技术和研究，酵母仍然是神秘的，在很多方面是不可预测的，所以发酵控制是当前酿酒界非常热门的话题。试着想象一下下面这种并非不常见的情形：圣路易公司（美国一家酿酒酵母专业公司，译者注）的一队专家急匆匆地坐飞机去拜访一家遇到酵母和发酵问题的酿酒厂，可是当他们到达那里时，却听到另外一行专家正在跟酒厂技术人员说："我们从合作社过来，为你们提供专业帮助。"（这说明很多酿酒专业技术服务公司都在从事与酵母和发酵相关的工作，译者注。）

记得几年前我在安海斯－布希酒厂当酿酒师的时候，曾就酵母到底对最终啤酒的风味有多大贡献这一话题，展开过一次讨论。一般讲，大家认为酵母对美式拉格啤酒中80%~90%的风味品质有贡献。你需要做的是品尝麦汁和啤酒，从各个方面品评，弄懂酵母对啤酒风味的贡献非常重要。美国最大的三家拉格酒厂的三种旗舰啤酒，其酿造风格一样、使用的原辅料一样，如果仔细品尝的话你会发现这些啤酒实际上非常不同，而这些差异主要来自酵母。

对自酿啤酒而言，由于使用了大量特种麦芽和酒花，酵母对最终啤酒风味的影响可能没有那么明显。但是我知道，在巨石啤酒公司（Stone Brewing Company），人们用酒厂自有酵母菌株和比利时菌株发酵多种相同的麦汁，做成的啤酒尝起来完全不同。有时候我们完全无法相信它们来自相同的麦汁，这令我们非常惊奇。

所以，说实话，酵母可能是酿酒过程中最活跃的风味原料，也很可能是啤酒中最多变的原料。酵母组合了酿酒师难以控制的多种特性。正如有经验的酿酒师们所知，你必须极其小心谨慎地对待酵母，否则最终啤酒的风味可能令人难以接受。

克里斯·怀特和贾米尔·赞那谢菲做了一项令人生畏的工作，这就是向酿酒师解释酵母和发酵。写作一本关于酵母和发酵的著作，困难之一是每一株酵母菌对相似的外部条件的反应是不一样的。每一位变换了工作或者变更了酵母菌株的酿酒师都知道，在某种酿造条件下酵母本来表现良好，但是如果换另一种酵母，效果马上就不一样了。想要管理好这些活的生物使其按照我们需要的方式表现，是一门非精准科学。作为酿酒师，我们的工作就是管理好酵母，让它们"快乐"以便在啤酒中只产生我们需要的"好的"风味物质，而不产生任何当酵母受到胁迫时会产生的"坏的"风味物质。

克里斯和贾米尔在本书中讲到了上述困难，这是一项了不起的工作。书中包括了对各种水平的酿酒师都有用的大量可靠的信息和技术，从初级的家酿者到各种规模酒厂的酿酒师。书中还给出了对于各种各样的酵母菌和各种不同风格的啤酒都有用的极好的建议，介绍了新菌种以及如何利用酿造和实验室最好的操作技术来保持酵母健康和啤酒美味的方法。即使在讲到"令人生畏"的有机化学和生物化学内容时，作者也尽可能地保证有关信息的可读性，以便让具有不同教育背景的酿酒师都能弄懂这些信息，并能有效地运用于工作中，从而改进发酵过程，生产出质量更好的啤酒。

希望读者都能像我一样喜欢这本书。这是所有酿酒师必备的一本书。欢迎来到美妙神奇复杂的酿酒酵母世界！

巨石啤酒公司总酿酒师/生产经理

米奇·斯蒂尔

前言

　　酵母对啤酒很关键，因此对酿酒师也很关键。无论酿酒师是否完全认同，酵母的功能远不止把糖转化成酒精这么简单。啤酒风味和香气对酵母的依赖度远超其他任何一种发酵饮料。我们的目的是聚焦于酿酒师的期望，写出一本有关酵母的书，但是很快我们就认识到，有多少酿酒师就有多少种对酵母的期望：有的酿酒师可能对挖掘野生酵母的自然发酵感兴趣；有的酿酒师关心的却是如何保持纯种培养使得发酵产生的不正常风味最小化；还有的酿酒师想了解所有关于酵母生物化学的细节。最终我们决定从酿酒师实际操作的角度，提供我们所能提供的最详细全面的信息。

　　本书不是为已经拥有诸多实验室和微生物学博士头衔、已经取得成功的地区或大型酒厂的酿酒师编写的。本书是供那些喜欢酵母又想了解酵母能为他的啤酒带来什么的初级酿酒人员阅读的。当我们在这里使用"酿酒师"这个词语时，我们指的不仅仅是专业的酿酒师，也包括那些业余的酿酒师。家酿师（在世界的某些地区他们自称工坊啤酒自酿师），对酿酒过程的热爱不亚于他们的专业同行。正像专业酿酒师一样，他们中有些近乎偏执，有些具有很好的科学背景，但是不管怎么样，所有的酿酒师都在分享着一种激情，这就是从无创造有！当然，在专业水平上成功酿造需要付出大量时间并承担较大的财务风险，这是家酿师可以避免的。无论你是一名专业的还是业余的酿酒师，酿出好啤酒需要具备一些艺术天赋，有时还需要具备工程师那样的思考能力。事实上，很多工程师好像比其他大多数人都更享受家酿的乐趣，同时也拥有将业余爱好开发到极致的激情。可能这就是许多专业酿酒师都是从做家酿师开始起步的原因。他们想要把自己的创造力和激情带给消费者。

从一开始，我们就认为本书不是一本酵母生物学的书，也不是一本关于酿造原理的书。你可能已经知道如何酿造啤酒，如果你不知道，建议购买一本约翰·帕尔默（John Palmer）编写的《如何酿造啤酒》（*How to brew*），之后再读这本书。如果你对酵母生物学有兴趣，也可以找到许多关于酵母科学的好书。在某些情况下，确实会讨论细胞壁里面发生什么，但这只是为了指出这些过程会给啤酒带来什么样的影响。本书是对不同经验水平的酿酒师来说都能读懂的，也对他们有用的书。我们从最基础的知识开始介绍酵母，之后有所提高，有时甚至会超出酵母领域。对于酿酒师来说，总是想知道更多，希望本书能够满足你们的需要，开阔你们的视野，让你们每当想起啤酒的时候都能想到酵母。

发酵者与发酵器

发酵者还是发酵器，哪个正确？你可能看到两种说法经常变换使用，但是从技术上讲，这是不对的。本书中我们遵循许多词典里的区分：

当说到发酵容器的时候，我们使用发酵器，比如，圆柱锥底发酵罐。而当说到酵母本身的时候，我们使用发酵者，比如，WLP001是一种健康的发酵菌种。

克里斯·怀特简历

我的简历有点儿奇怪。我拥有生物化学博士学位，但是却没有加入一个常规的实验室，而是在酵母和发酵生意场上度过了我的职业生涯。

啤酒和酵母的故事在我上高中的时候就令我着迷，原因很多。20世纪90年代初，当我还在加利福尼亚大学戴维斯分校读本科的时候，我就疯狂地热爱上了家酿。麦克尔·刘易斯教授的《酿造与制麦》课程引导我进入了这个令人着迷的世界。从那时起我开始做家酿，一直到我去加利福尼亚大学圣地亚哥分校进行博士学习为止。我的博士论文研究的是一种工业酵母——*Pichia Pastoris*，我有幸在这种酵母的最初开发阶段研究它。现在这种酵母已经在工业上广泛应用。如果说这种酵母在科学世界里十分完美的话，那么用它来制作啤酒却会产生一种汗袜子的味道，所以我开始从世界各地的啤酒厂和菌种库收集酿酒酵母菌株，并在我的家酿过程中用它们做酿酒实验。恰在此时，圣地亚哥迎来了新啤酒厂开张的高潮。Pizza Port 酒厂、Ballast Point 酒厂、巨石酒厂，还有爱尔斯密思酒厂，所有这些酿酒厂都在20世纪90年代初开张，这使我有机会去了解这些专业的酿酒师有什么需求。1995年，我在圣地亚哥建立了怀特实验室有限责任公司。公司的主营业务是大规模液体酵母发酵剂，产品基于我在研究*Pichia pastoris*时学到的技术并做了调整，以便更好地满足人们对酿酒酵母（*Saccharomyces cerevisiae*）的特殊需求。

今天，怀特实验室酵母既卖给家酿商店也卖给专业酿酒厂，还被用于其他工业，包括葡萄酒酿造厂。从最初几年直到现在，最令我兴奋的是把得到的最好质量的酵母提供给家酿师和专业酿酒师。本书希望告诉读者如何通过采取恰当的措施，将发酵效益最大化，使得被称为啤酒中最重要原料的酵母发挥出最佳的效果。

贾米尔·赞那谢菲简历

"在你心里，酵母是强大的。"

——卡瑞娜·赞那谢菲和阿尼萨·赞那谢菲

从8岁起，我就对与发酵或者有相似过程的食品如面包、乳酪、泡菜和酸乳等产生了浓厚兴趣。发酵酸面包的面引子使我着迷。我很快就认识到，提供给面引子的酵母能够对做出来的面包质量和风味带来差异。

所以，对我来说很荒唐的是在20世纪80年代，作为加利福尼亚大学戴维斯分校的一名生物化学本科生，我的啤酒知识竟然是以当地酒吧每周哪天是"美元啤酒之夜"为中心的。

后来我的妻子莉兹，让我接触到了"啤酒先生套装"，我才真正开始把酒精饮料加入我的发酵兴趣中。我开始酿酒，但是由于没有成套的酿造设备，刚开始几乎没有成功过。尽管如此，我还有一个优点。当我跟加利福尼亚大学戴维斯分校的许多朋友一样，在学习啤酒、葡萄酒或者酵母失败的时候，我获得了后来受用终生的学习兴趣和学习能力。我开始阅读我能找到的任何有关酿造的文献，向身边的人提出各种各样的问题。我已经知道酵母可能是制作完美啤酒的关键所在。通过学习如何让酵母更好地发挥效力，我做的啤酒越来越好。

我已经对酿造更好的啤酒着迷，并且开始参加各种啤酒竞赛以获得对啤酒质量的客观反馈。我每次不断变换配方、技术和酵母，直到弄明白我的改变会对结果有什么影响为止。随着知识的积累，我应该像那些通过分享知识帮助过我的人一样，也分享我的知识。这正是促使我在酿造网络上主持酿酒秀和进行酿酒写作的原因。我的朋友约翰·帕尔默通过和我合作出版《经典风格啤酒的酿造》带我走上了出书这条路。所以当我有机会跟克里斯·怀特共同编写一本关于酵母的书的时候，我感到这是我不能错过的机会。写作一本这方面的权威书极具挑战性，但是我想我们已经成功地收集到了大量信息，这些信息使得我的啤酒从淡而无味到获得奖项。希望本书能够给予读者灵感，让他们拥有对酵母如同对啤酒一样的激情。正如我的女儿卡瑞娜所说的，我希望酵母也能在你的心中强壮有力，这样你也可以在这种激情的感召下，在提高你自己酿制技术的过程中不断取得成功。

致谢

很久以前我就想写这本书了。每天我都在写酵母、讲酵母、做跟酵母有关的工作，好像要这样永远继续下去。我现在要从头说起：三年前，我和我的兄弟麦克·怀特就开始写这本书了。我们把大量资料汇总到一起，但是总觉得好像缺少了点儿什么。当贾米尔·赞那谢菲加入这个写作计划时，这本书才真正开始具备了雏形。贾米尔带来了很多信息和专业才能。他不仅是一位伟大的作家和酿酒师，而且是我的好朋友。选择酿酒师协会出版社出版此书对我来讲是很自然的事：瑞·丹尼尔斯一开始给予了我们很多帮助，后来是克瑞斯蒂·斯维泽接手，她的工作确实太出色了。我要感谢所有为本书提供资料或者帮助审阅资料的人：内娃·帕克、莉萨·怀特、特罗斯·普拉尔、麦克·怀特、沙朗·费尔南德斯、莉兹·斯特罗海克、李·切斯、尤瑟夫·切尼、丹·庄恩，还有克莱格·达克汉姆。

还有很多人对本书给予了支持，要么提供信息，要么以别的方式提供帮助，这些人我都要感谢，他们是：杰米·瑞斯、约翰·舒尔茨、汤姆·阿瑟、杰克·怀特、贾斯丁·克洛斯利、撒斯奇亚·施密特、约翰·怀特、托比亚斯·菲什伯恩、格瑞姆·沃克、莎朗·歇尔迪亚、杰伊·普拉尔、麦格·法尔博、帕姆·马沙尔、迈克尔·刘易斯、兰迪·莫舍尔、贝茨·考米夫斯、芭芭拉·麦松奈特、约安娜·卡瑞俪-斯蒂文森、琳·克鲁格。我还要感谢加州大学戴维斯分校谢尔兹图书馆的美娜德·A·阿梅瑞恩园艺和葡萄室，正是在那里我完成了本书的大部分写作。感谢克里斯·博尔顿和大卫·奎恩关于酵母的大作《酿酒酵母与发酵》和私下的讨论；感谢《酿造专属你的酒》杂志、《酿造学》杂志和《新酿酒师》杂志，在这些杂志上我写过几篇文章；感谢南沃克酒厂的《22》；感谢众多家酿师和商业酿酒师，从他们身上我学到了很多。当然，最后我要感谢一直支持我、爱我的父母，埃里克和吉娜·怀特。

——克里斯·怀特

如果没有我家人的爱、帮助和支持，我根本不可能完成此书，我爱他们远胜于啤酒和酿造，但是他们从来没有要求我证明给他们看。他们知道我写这本书是多么辛苦，而且当交稿时间临近时我只能牺牲和家人相处的时间。为了这本书，他们竟然容忍作为父亲的我在一家人去迪士尼度假期间疯狂地写作和修改书稿。如果说我的孩子阿尼萨和卡瑞娜都很支持我的话，我的妻子，莉兹，则是特别支持我，她甚至帮我修改我的全部书稿。当我告诉她"亲爱的，所有的家酿师都有自己的酵母实验室"的时候，我知道她其实并不相信我的话，所以我非常感谢她允许我在家里花钱并占用空间建立自己的实验室。我的生活无比快乐。

除了我的家人，如果没有许多好朋友的帮助，这本书也不可能面世。我特别要感谢皮特·塞蒙斯，感谢他用挑剔的眼光为审阅我的每一句话所付出的努力，感谢他让我知道什么地方我走偏了路线或者我采用了过时的信息。我也无法用语言表达下面这些人对我的支持，他们的支持太给力了！他们的反馈又是那么重要：不仅仅对这本书，而且对我所有的写作和对啤酒的思考。他们是：约翰·帕尔默、约翰·图尔、戈登·斯壮和盖瑞·安吉洛。

我还要感谢那些相信我具有写成这本书的知识和能力的人，特别是瑞·丹尼尔斯、克里斯提·斯维泽、克里斯·怀特和贾斯丁·科洛斯勒。

特别的感谢送给萨姆尔·斯考特。即使他在旅程中，也不忘挤出时间为本书拍摄出色的照片，而且每当我向他索要更多照片时，他都慷慨奉送。

通常还要列举出来许多为本书提供信息、照片或提供其他支持和帮助的人，但我不想在这里一一列举了，不是因为他们的贡献不够大，而是因为我的记性太差，我知道如果我继续列举的话，很有可能一不小心就把某个人落下了。

感谢我所有的朋友，我的酿酒师兄弟姐妹，感谢你们跟我分享啤酒、你们的家乡、你们的知识、还有对我来说最重要的，你们的友谊。我永远感激你们。

——贾米尔·赞那谢菲

本书部分文字曾在《酿造学》（*Zymurgy*）和《酿造专属你的酒》（*Brew Your Own*）杂志发表过。

想获得啤酒品酒师资格认证协会（BJCP）啤酒分类指南的最新版本，请登陆网站：www.bjcp.org.

1

第1章
酵母及发酵的重要性

1.1 酵母简史

有历史学家认为，人类文明源于对啤酒的渴望。他们推断，人类之所以不再狩猎而开始种植庄稼，是因为需要这些粮食来酿造啤酒！这也正是人类文明的开端。当然，最早期的啤酒除了谷物还需要酵母。没有酵母，就不可能酿出啤酒，人类酿酒文明也就无从谈起。所以，是酵母让我们拥有了今天便利又美味的啤酒。因此，我们需要向酵母道一声：谢谢！

几千年前，在美索不达米亚地区，没有人知道天然存在于土壤中和植物上的酵母对于啤酒发酵的重要性。古代的啤酒和葡萄酒酿造者在酿酒过程中无意间接种了这些天然酵母，以至于在很长一段历史时期内，啤酒的发酵显得神圣而不可捉摸：在圣祠前准备好酿酒用的原料，祈祷几天之后原料就转变成醉人的饮料。因此，用于酿酒的器具就如传家宝一般。之后，在啤酒表面开始神奇地出现一层泡沫，酿造者认为上帝显灵了，遂将泡沫毕恭毕敬地转移到另一个容器中进行下一次的发酵。研究专家认为，酿造者从12世纪开始重复使用酵母，开启了酵母驯化的进程。酿造者和饮酒者都喜欢美味而且保质期长的啤酒，因此，酿造者重复使用成功批次中的酵母，而丢弃失败批次中的酵母，不知不觉中对酵母进行了筛选。

当人们还不能利用显微镜观察酵母时，没有人清楚地知道啤酒发酵期间的变化。1516年，德国巴伐利亚人制定了《啤酒纯酿法》。纯酿法规定，酿造啤酒的原料只能是水、麦芽和酒花，添加任何其他原料都是不合法的。当时未将酵母列在啤酒原料清单上，是因为人们还不知道酵母的存在。

1680年，即《啤酒纯酿法》实施一个多世纪后，安东·范·列文虎克第一次用显微镜观察到酵母，发现它是由互相连通的几个小部分构成的。有趣的是，他并没有意识到酵母是活的生物。当时，人们普遍认为，发酵是一个自发的过程，发酵液与空气接触发生了某些化学反应，而酵母则是这些化学反应的一种副产物。

又过了一个世纪，1789年，安托万·洛朗·拉瓦锡认为发酵的化学本质是部分糖转化成酒精和二氧化碳。然而，当时的科学家并没有发现这一转化过程跟酵母有什么关系。直到19世纪中叶，路易斯·巴斯德证明酵母是一种活的微生物，这就为人们精准地控制糖转变成酒精这一过程打开了一扇门，同时也催生了一个独立的研究领域——生物化学。不论是啤酒研究的直接成果还是间接成果，这些进展的取得，不仅让我们了解了细胞的代谢机理，还为科学研究中的诸多突破奠定了基础。

毫不夸张地说，巴斯德在啤酒发展史上做出了最伟大的贡献，他的这些突破性研究对整个人类文明的进步发挥了重要作用。他对啤酒和葡萄酒发酵方面的研究为他此后对炭疽病、狂犬病、霍乱和其他疾病的研究奠定了基础，也是成功研制第一支疫苗的基石。

19世纪60年代，在巴斯德开始研究啤酒发酵时，大多数人并不认为酵母是啤酒发酵的起发剂。啤酒是各种原料经发酵所形成的复杂液体体系，其中包含蛋白质、核酸、细菌、酵母及其他物质。当时的科学家认为酵母是该混合体系的一部分，但只是将其视为一种发酵副产物，反而认为是空气催化酵母自发生殖导致发酵。自然发生论认为酵母和细菌是在发酵过程中自发产生的。在当时，"活细胞引起发酵作用"这一理论太过于侧重生物学而不被人认可。再加上科学家没有研究出完善的杀菌技术，这也使得自然发生论盛行。毕竟，只有麦芽汁被灭菌之后，其中又出现快速增殖的细胞，才可以证明自然发生论成立。

巴斯德并不认可自然发生论。他从葡萄酒研究中得出一个猜想，在发酵期间并没有足够的空气允许酵母大量增殖。于是，他设计了一个简单的实验来证明自然发生论是错误的。

现在，我们都知道巴斯德的"鹅颈瓶发酵实验"。巴斯德将无菌的矿物质培养基装入鹅颈瓶中。幸运的是，培养基的pH很低以至于可以达到无菌状态。事实上，他实验用的一些鹅颈瓶至今仍处于无菌状态。

鹅颈瓶允许空气进入，但是却可以防止混有酵母和细菌的灰尘进入，因灰尘接触不到培养基，所以鹅颈瓶内不会发酵。按自然发生论，假如空气是发酵的起发剂，那么发酵就可以进行了。但实验结果证明，鹅颈瓶内的培养基并没有发酵。只有倾倒鹅颈瓶，培养基流入弯曲的鹅颈管中，接触了鹅颈管内的酵母和细菌，才开始发酵。

巴斯德的理论备受争议。因此，在接下来的15年里，他用实验来进一步证明自己的理论。他还用不同的糖（包括水果中的糖）做发酵实验。1879年，他坚信酒精发酵与酵母有关这一理论的正确性，并写道："我们不再说'我们认为'，而是说'我们坚信'，这个理论是正确的。"

这一理论的证实过程至关重要，已经远远超过了其本身的学术价值。一旦你知道了某一事情的起因，你就可以通过控制它来更好地控制事情的发展过程。啤酒的酿造也是一样。起初，人们觉得啤酒酿造很神奇，酿酒师几乎无法掌控发酵过程，而如今，酿酒师熟悉酵母，就可以轻松控制啤酒酿造了。

巴斯德的理论是对的，他不仅证明了酵母对啤酒发酵起作用，还推断出细菌和野生酵母是不良风味的元凶。毕竟，他最初的研究目标是如何避免"啤酒劣变"。一些啤酒厂认同了巴斯德的观点，开始清洁酵母培养物和啤酒厂。比如，丹麦的嘉士伯啤酒厂。嘉士伯啤酒厂的实验室研究团队在埃米尔·克里斯汀·汉森的指导下，分离得到了第一株拉格酵母菌株，并于1883年11月12日将其应用于啤酒的酿造中（图1.1）。这株酵母菌的学名是嘉士伯酵母——*Saccharomyces carlsbergensis*或者葡萄汁酵母——*Saccharomyces uvarum*（现在称为巴氏酵母——*S. pastorianus*），但是大多数酿酒师称之为"拉格酵母"，汉森也成为纯培养技术的第一人。嘉士伯实验室利用该技术分离出纯种拉格酵母菌株，该技术至今仍在微生物实验室中使用。事实上，汉森不仅能培养拉格酵母纯菌株，还能利用麦芽汁琼脂培养基使得该酵母菌得以长期保存。分离纯化和长期贮存技术也使得酿酒师可以在全世界范围内运输拉格酵母。因此，在世界范围内拉格啤酒的酿造很快超过了爱尔啤酒。

图1.1　陈列在丹麦哥本哈根嘉士伯啤酒厂（老厂）的路易斯·巴斯德（左）和埃米尔·克里斯汀·汉森（右）的半身像（照片由特勒尔斯·濮瑞尔提供）

为什么拉格啤酒会如此受欢迎呢？当时，汉森已经分离纯化出了拉格酵母，然而绝大多数的爱尔酵母中仍然混杂着一些野生酵母和细菌。新鲜的爱尔啤酒还能被人们接受，但是其保质期较短。对于大多数人（除了啤酒厂的工人）来说，喝到的第一口纯净可口的啤酒是拉格啤酒。拉格啤酒的发酵温度低，抑制了野生酵母和细菌的生长，因此，拉格啤酒的保质期较长，便于扩大经销范围和销售量。许多啤酒厂试图抓住增加销量这一时机，纷纷开始酿造拉格啤酒。如今，有了现代化纯培养技术和良好的卫生规范，爱尔啤酒也不再有杂菌污染的困扰了，所以大规模的拉格啤酒市场仍是一片繁荣的景象。不知是因为市场占有率还是因为啤酒风味更吸引如今的啤酒消费者呢？

1.2 为什么发酵过程很重要？

啤酒的酿造过程可以分为两个阶段：高温阶段和低温阶段。高温阶段是指酿造过程的蒸煮阶段，包括啤酒配方设计、麦芽粉碎、糖化、麦汁煮沸及添加酒花。这个阶段的产物（即添加了酒花的麦汁）为后面低温阶段的酵母提供了"食物"。

低温阶段始于麦汁冷却过程。向冷却后的麦汁中添加酵母后，发酵过程就开始了。由于配方的不同，酵母会消耗50%~80%的麦汁浸出物，剩下蛋白质、糊精及其他不可代谢的化合物。卡尔·巴林的研究表明，酵母能将46.3%的浸出物转变成二氧化碳，48.4%转变成酒精，5.3%用于酵母自身的生长繁殖（De Clerck，1957）。即便上述几个数值之和为100%，但是他们忽略了发酵的关键：在酵母细胞代谢麦汁浸出物的同时，它也会分泌数百种化合物。虽然这些化合物的含量很低，总量不及可代谢的麦汁浸出物的1%，但是对啤酒风味的贡献却很大，是啤酒的精华所在。这些风味化合物的种类和数量并不是一成不变的，易受酵母健康状况、生长速率、发酵的卫生条件及其他因素的影响而发生变化。

酿酒师可以通过一些简单易行的方法避免或者解决啤酒低温酿造过程中出现的问题，如制作洁净的麦汁、为酵母创造理想的发酵环境等。控制好低温酿造过程，啤酒的风味、香气、外观和酒体才会好。本书主要介绍啤酒的低温酿造过程以及酿酒师该如何控制这一过程。

1.3 如何提升发酵质量？

既然酵母如此重要，那我们怎样让酵母更好地发挥作用呢？首先，要能够认识到什么时候酵母遇到了困难。猫饿了或者受伤了，会不停地喊叫；但是酵母不会。不过我们可以通过观察、聆听、品尝、嗅闻、感觉等方式了解酵母的"哭喊"和"求助"。是的，去感受，用各种方式去了解酵母，尽可能成为它的倾听者。当啤酒好喝时，注意观察酵母的作用，记录发酵过程，并尽可能测量每一个变量，还可以从发酵罐中取不同发酵阶段的酵母进行观察。一旦酵母启动了发酵，就要密切观察发酵液的变化，如降糖速度、是否有异味、发酵是否迟缓以及酵母的絮凝情况等。你可以在自己的啤酒厂或者家中专门腾出一块地方建立酵母基础实验室，只需用一些简单的工具就可以进行更深入的研究，比如，酵母的胁迫发酵实验和突变菌株的平板筛选实验等。

养成计算酵母菌数的习惯。起码每次酿酒时要测量酵母的体积或质量，也要定期测定酵母活力。毕竟，要想各批次啤酒的品质一致，保持每次添加的酵母菌数及其活力水平一致是非常重要的。

酵母菌株对发酵也是至关重要的。和人一样，不同的酵母菌株都有独特的"个性"。实际上，不论是发酵温度、需氧量，还是降糖速度，即使是相邻代数的同一酵母菌株，性质也各不相同。最后需要指出的是，保证良好发酵的最重要因素是防止杂菌污染，因为这些杂菌会与酵母菌竞争。除了高温煮沸过程，整个低温发酵阶段都要防止杂菌污染。

如果你能够控制好低温发酵阶段，比如，保持一致的接种量，很好地了解酵母特性，并保证酵母不被杂菌污染，那么低温发酵阶段就很可能成功，而且极有可能最终酿造出优质的啤酒。

1.4　良好发酵的要素

啤酒发酵期间到底发生了什么？酵母开始发酵时，糖类逐渐转化成醇类，同时赋予啤酒较低的pH及关键的啤酒风味化合物。低pH保护发酵产物免受有害细菌污染，风味化合物（酯类、高级醇、含硫化合物等）则赋予啤酒独特的风味。如果只是简单地将酒精添加到麦汁或者葡萄汁中，这样的产品并不会像啤酒或者葡萄酒那么好喝，因为其中缺乏这些关键的发酵副产物。

那么，我们需要为发酵做些什么呢？很多书籍中都详细介绍了酵母细胞的生物化学知识，但是本书不是一本介绍酵母生物学知识的书。对于酿酒师而言，他们更关注的是自己可以为实现良好发酵做些什么以及需要什么样的装备，而不是酵母细胞内发生了什么反应。所以本书除了介绍酵母以及适合发酵的糖液之外，其他的生物学知识鲜有介绍。但是，要想成功酿造啤酒，获得我们想要的风味、香气和口感，我们必须具备以下要素：合适的糖、健康的酵母、合适的酵母营养物、可控的温度和能够准确监测发酵进程的设备。简言之，我们要控制发酵过程。

1.4.1 酵母

酵母是啤酒发酵过程中最重要的角色。它能将糖转化成酒精、二氧化碳和其他影响啤酒风味的多种化合物。当然，酵母之所以这样做，并不是因为它要帮助你酿造优质的啤酒，而是因为它们要为自己的增殖获取必要的能量和营养物质。

那我们需要什么样的酵母呢？嗯，这就是有意思的地方啦！很多种酵母都能将糖转变成酒精，但是你当然想使用一种能为啤酒创造最好风味的酵母。有时，历史已经为你做出了选择。它可能是一百年之前被带进啤酒厂用于酿造并一直延续下来的酵母；也可能是工厂为了保证啤酒风格的准确和一致，在配方中指定加入的酵母。可是，如果你可以灵活地选择使用什么样的啤酒酵母的话，那么你就可以听取供应商和其他酿酒师的建议，或者研究培育自己特色的啤酒酵母菌种。

不论你选择什么酵母，要实现最优发酵，酵母都必须健康，而且接种量要准确。如果是从微生物实验室购买的酵母，那么实验室一般可以保证酵母的纯度，并且可以提供足量的酵母用于发酵而不需要扩大培养。如果购买酵母的数量不足或者需要扩大培养保存在斜面或者平板上的酵母，那么在扩大培养过程中一定要注意观察酵母的存活率、活力和纯度。

1.4.2 糖

酵母利用糖产生酒精，糖的来源和种类会对发酵产生影响。大多数酿酒师都知道，糖的类型，无论是麦芽糖化产生的糖、麦芽提取物中的糖还是加入发酵罐中的糖，都会影响麦芽汁的发酵能力。一般来说，简单糖比长链的多糖更容易发酵。但是许多酿酒师并不知道，糖的种类还会影响发酵风味。例如，用高葡萄糖含量的麦芽汁酿造的啤酒，其中的酯类（尤其是溶剂味的乙酸乙酯和香蕉味的乙酸异戊酯）浓度较高。相反，麦芽糖含量较高的麦芽汁酿造的啤酒中这些酯类物质浓度较低，且原麦芽汁浓度越高，上述规律就越显著。

不同来源的糖，其中所含的酵母营养物质、风味前体物质等不同，也会影响发酵。虽然糖的最常见来源是大麦芽，但是酿酒师们还会使用其他多种不同的淀粉原料来酿造啤酒。比如，高粱在非洲很受欢迎，而且在北美也越来越受到关注。北美地区将高粱当作原料酿造啤酒，是因为当地的一些消费者对小麦过敏。此外，酿酒师还使用小麦、玉米、大米及再加工的糖和糖浆酿造啤酒。

向麦汁中添加大米、玉米等辅料，其中的淀粉也会产生同样的糖（大多是麦芽糖），这是因为能将大麦中的淀粉转化为糖的糖化酶同样可以糖化辅料中的淀粉。不过使用高比例辅料的酿酒原料要注意的是：辅料中的淀粉缺乏大麦芽中所含的（酵母）营养物质和风味前体物质，因此，会影响啤酒的发酵过程和风味。

1.4.3 氧气

氧气对于酵母的生长至关重要，是酵母生长的限制性因素。酵母利用氧气合成固醇，利用固醇保持酵母细胞壁的流动性，对于其细胞的生长和健康非常重要。发酵前，需向冷却的麦汁中充氧来促进酵母生长。一般情况下，麦汁中氧气的最低浓度应该保持在8~10mg/L，需氧量因酵母菌株和其他因素（包括原麦汁浓度）的变化而不同。酵母接种量高的啤酒往往需要较多氧气，如拉格啤酒和原麦汁浓度较高的啤酒。

与很多酿酒师的观点背道而驰的是，如果向麦汁中充入纯氧，很有可能导致麦汁充氧过度，从而造成酵母生长繁殖过旺，产生过多的发酵副产物，最终使得酵母的发酵特性并不理想。

1.4.4 酵母营养物

酵母细胞需要获得100%的必需维生素和矿物质作为营养才能"精力充沛地"为第二天的"工作"（发酵）做准备，就像我们人一样。

全麦汁是氮素、矿物质、维生素的极好来源。为酵母增殖提供了所需的大部分维生素，如核黄素、肌醇、生物素等，还为酵母提供了几种关键的矿物质，如磷、硫、铜、铁、锌、钾、钙、钠。酵母利用麦汁中的维生素和矿物质合成自身生长繁殖和发酵所需的酶类。因此，我们可以合理控制麦汁中酵母营养物的含量来保证酵母的健康，使其更好地发挥作用。如果你的酵母是重复使用的，那么酵母的健康尤为重要。一些商业化的酵母营养补充剂可以方便地添加到麦汁中，为酵母提供健康生长所需的矿物质和维生素。

1.4.5 发酵系统

不同的发酵系统产生迥异的结果。就传统酿酒工艺而言，酿酒师使用很大的敞口容器发酵。这种发酵容器的优点是便于酿酒师收获多代酵母，因为酿酒师可以舀出发酵液表面的酵母。目前，这种发酵容器在英格兰依然很流行。很多年前，酿酒师用天然酵母与啤酒酵母组合起来酿造啤酒，并重复使用酵母。

如今，虽然大多数啤酒是用单一菌种酿造的，但是上述这种用复合酵母发酵的啤酒依然存在。

然而，这种敞口的发酵容器存在一系列的问题。比如，它们很难清洗，不如现代密闭的发酵设备更容易保持卫生。现在，大多数的酿酒师用锥形发酵罐发酵。当然，这种发酵罐也有优缺点。这些发酵罐可以就地清洗，其温度可以得到很好的控制，但是，发酵罐的高度会对酵母施加额外的压力。发酵液中逐渐升高的气压会影响酵母的性能和啤酒风味。家酿酿酒师因时间和经济是自由的，所以他们完全可以尽己所能将敞口发酵罐换成小型商业化的柱锥形发酵罐。

1.4.6 温度控制

温度控制对于酿造稳定的高质量啤酒是非常必要的，这比不同发酵罐（不锈钢锥形发酵罐还是塑料桶）所产生的差异要大得多。本书最重要的内容之一就是阐述发酵温度对啤酒质量的重要性。当啤酒出现非污染类的问题时，首先要检查啤酒发酵各阶段（从酵母接种到最后的啤酒储藏）的温度。发酵起始阶段过高或过低的温度会导致多种异味前体物质的产生，也会影响发酵后期酵母代谢异味化合物的能力。大幅度且不受控制的温度变化会使啤酒品质变差，尤其是小规模发酵，因为发酵规模越小，外界温度的改变所带来的影响就越明显。

1.4.7 发酵监控

监控设备和检测方法在价格和复杂程度上差异甚大。酿酒师通过简单的观察、使用温度计和一些最简单的人工检测方法就可以达到监控的目的；而大型商业化的啤酒厂一般使用高级的电脑检测系统对发酵过程实施监控。

发酵期间最重要的检测指标（按优先顺序）包括温度、密度、pH、氧气和二氧化碳。值得注意的是，需要定期检测上述指标来监测啤酒的发酵进度，并做好记录。每条记录应包括以下内容：酵母接种量、来源及存活率、啤酒相对密度和pH、啤酒体积、温度和每日进度报告。密切观察发酵过程，及早发现发酵过程中的问题，或许就可以避免酿酒的巨大损失。

2

第 2 章
生物学、酶和酯类

2.1　酵母生物学

我们说这不是一本生物学书，但我们确实有必要了解一点生物学知识来更好地利用这个小生物。分类学家将酵母归类到真菌界，与此平行的还有细菌界、动物界和植物界。真菌界的大部分生物体是多细胞生物，如霉菌和蘑菇，但酵母却是单细胞生物。这意味着酵母没有多细胞生物所具有的保护方式，如表皮。然而，这些小的单细胞生物具有神奇的适应性，在缺乏保护的情况下也能迅速大量繁殖。

单个酵母细胞直径为5~10μm，呈圆形或卵圆形。虽然酵母细胞比细菌大10倍，但仍然不能被肉眼所见。事实上，十多个酵母细胞的长度才等于人类一根头发的直径。培养平板上一个小而可见的酵母菌落至少含有100万个细胞。

酵母菌有500多个种，每一个种都包含数千种不同的菌株。我们在世界各地都能发现酵母的存在，它们可以在土壤、昆虫和甲壳类动物、动物和植物上生存。早期的分类学家将酵母归类到植物界。任何一个成熟的水果上都存在酵母。酵母可以随灰尘、空气转移，不论落在任何地方，首先利用糖类生长，大量繁殖。漂浮着的灰尘里，其中很有可能夹杂着天然酵母以及细菌，只是在等待一个契机污染制作中的啤酒。大多数酿酒商不希望在他们的啤酒中存在天然酵母，故称之为野生酵母。但是，在我们的啤酒中偶然出现了另一株啤酒酵母菌株会怎样呢？任何不被啤酒厂利用的酵母都被认为是野生酵母，本书的其余部分也这样定义野生酵母。然而，当大多数人说野生酵母时，他们通常是指啤酒酵母以外的酵母菌。

啤酒厂、葡萄酒厂和蒸馏酒厂都有几种明确的酵母菌种用来发酵他们的产品。啤酒厂使用的是酿酒酵母属，起源于拉丁希腊语，意思是"发酵糖的真菌"。啤酒酵母主要有2种：酿酒酵母（*S. cerevisiae*）和巴氏酵母（*S. pastorianus*）。分类学家追溯进化关系想知道巴氏酵母属于酿酒酵母还是两者属于不同种，目前认为它们是两个不同种，这也被酿造界所认可。巴氏酵母在过去拥有不同的名称，如*S. uvarum*和*S. carlsbergensis*。酿酒师最常使用酿酒酵母或者贝氏酵母（*S. bayanus*）发酵，有趣的是，拉格啤酒酵母是这两个菌种发生稀有杂交而来的（Casey，1990）。

2.1.1 酿酒酵母的遗传学研究

一个基因编码一种蛋白质，酵母大约有6000个基因。我们知道这一点，因为酵母是第一个完整测定全基因组序列的真核生物，1996年由国际科学团体完成测定。基因位于染色体上，酵母有16条不同的染色体。相比之下，细菌有1条染色体，人体细胞有23条。通常情况下，酵母和人类细胞都是二倍体，这意味着它们含有2个染色体组；单倍体细胞只有一个染色体组。

酵母在自然条件下通常是二倍体，含有32条染色体，每组染色体有16条不同的染色体。酵母在自然环境中可以形成孢子，这是酵母有性生殖的关键一步。这种野生酵母细胞之间的有性结合促进了进化，有利于酵母多样性发展以及健康生长。然而，酿酒师想要稳定的酵母，而不是性状多样、变异快速的酵母。幸运的是，过去的酿酒师通过努力研究，筛选并不断驯化酵母，最终使酵母失去了形成孢子和有性生殖的能力，从而严重削弱了菌种的变异能力。今天啤酒厂可以利用酵母更稳定地进行连续化批量生产。另外，啤酒酵母也被开发出了拥有更多个染色体组的酵母，称为多倍体。虽然染色体的不同拷贝不一定完全相同，但是多倍体的优势就是某一个基因的突变不会影响细胞正常生长，因为酵母拥有多个该基因的拷贝以表达所需的蛋白质产物。多倍体酿酒酵母可能是利用进化胁迫的结果，酿酒者每次只选择性状方面表现得像上一批的酵母来进行重复利用。

酵母的基因序列决定了它是爱尔酵母（*S. cerevisiae*）还是拉格酵母（*S. pastorianus*）。基因也决定了细胞的一切。即使我们知道了爱尔酵母的DNA序列，但我们并不知道每个基因的作用是什么。基因表达的微小差异和环境共同决定了酵母的性状。性状是细胞的每一个特征：比如它发酵什么糖，合成什么物质，有怎样的营养和氧气需求。科学家正在设法搞清楚酵母的哪些基因在什么时候活跃，但是目前对酿酒师来说几乎没有什么帮助。酿酒师今天仍然采用过去的技术：通过观察酵母在发酵期间的生理表现来确定酵母的种、条件、性能和纯度。

2.1.2 酵母细胞结构

2.1.2.1 细胞壁

细胞壁是一个厚实的屏障包裹着细胞，主要成分是碳水化合物，酵母细胞壁就像一个柳条篮，保护着细胞内容物。多糖、蛋白质和脂质占细胞干重的30%，大约10%的蛋白质镶嵌在细胞壁上。细胞壁有三个交联层，最内层是主要由葡聚糖组成的几丁质层；最外层主要由甘露糖蛋白构成；中间层则是葡聚糖和甘露糖蛋白的混合体（Smart，2000）

酵母细胞无性生殖分裂出一个新的子细胞，它的细胞壁上会留下永久性疤痕，称为芽痕。芽痕主要由几丁质组成，与昆虫外骨骼成分相同（Boulton和Quain，2001）。芽痕有时在光学显微镜下可见。发酵一批啤酒，啤酒酵母通常只出芽几次，但在实验条件下，他们可以出芽多达50次。一般来说，普通爱尔酵母一生（多批次发酵）最多出芽30次，而拉格酵母最多能出芽20次。酵母细胞结构如图2.1所示。

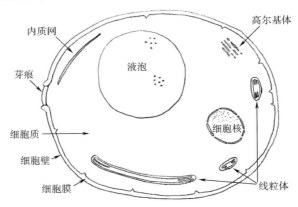

图2.1　酵母细胞结构简图

2.1.2.2　细胞膜

质膜或细胞膜是位于细胞壁和细胞质之间的脂质双分子层。这种半渗透膜决定了物质可以进出细胞，也能给细胞提供额外的保护。细胞膜由脂质、固醇和蛋白质组成，具有流动性、柔韧性，而且使细胞能出芽分裂出子细胞。

酵母需要氧分子才能在脂肪酸中形成双键以控制脂肪酸的饱和度。脂肪酸的饱和度决定了脂肪酸之间形成氢键的难易和强度，并决定了脂肪酸的熔点。脂类的饱和度控制着它们的疏水尾巴间形成氢键的强度。

膜的流动性对于正常的膜功能是必需的。磷脂双层膜本身是可流动的，这种流动性是由脂质相互结合程度决定的。通过控制脂质的饱和度水平，使酵母能在不同温度下保持合适的流动性，如啤酒厂所需的发酵温度。没有适当的通气量，酵母不能控制合适的膜流动性直到发酵结束，这会导致发酵中止或者产生异味。酵母细胞质膜如图2.2所示。

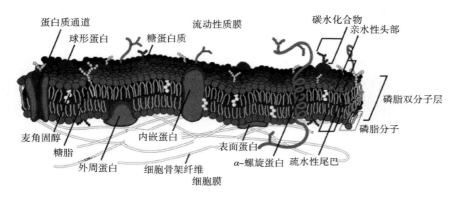

图2.2　酵母细胞质膜放大图

2.1.2.3　细胞质

很多反应在细胞质中发生，细胞质包括细胞膜内除了细胞核的所有物质。细胞内液称为细胞质，是一类溶解在水中的复杂混合物。最重要的是，细胞质含有参与厌氧发酵的酶。这些酶使葡萄糖进入细胞转化后供给能量。细胞质还包含专门的细胞器，如液泡，它包含蛋白酶。蛋白酶能将蛋白质降解成小片段，有些情况下会降解成必需氨基酸。酵母也会在细胞质中储存糖原，这是一类储能碳水化合物。酿酒师利用光学显微镜和碘染色可以看到储存的糖原（Quain和Tubb，1983）。

2.1.2.4　线粒体

线粒体是有氧呼吸发生的场所。线粒体有双层膜，丙酮酸（一种代谢化合物）转化成二氧化碳和水（有氧呼吸）的反应就发生在此。即使啤酒酵母发酵过程中几乎不需要有氧呼吸，线粒体仍然存在且对于细胞保持健康至关重要。线粒体含有少量DNA，可以表达一些线粒体蛋白。酵母细胞能在线粒体中合成固醇，也能够形成和利用乙酰辅酶A，后者是许多代谢途径的中间化合物。酵母发生突变，线粒体受损的细胞通常会产生异味，如苯酚和双乙酰。

2.1.2.5 液泡

液泡是一种能储存营养物的膜状结构。液泡也是细胞消化蛋白质的地方。啤酒酵母的液泡很大，通过光学显微镜能看到。然而，液泡异常大是环境胁迫过高的征兆。

2.1.2.6 细胞核

细胞核储存细胞DNA，类似于细胞膜的脂质膜包裹住细胞核。真核细胞例如酵母和人类细胞，将这种细胞器作为"神经中枢"。细胞核中的DNA存储细胞的信息，细胞利用mRNA将信息转移到细胞质中用于蛋白质合成。

2.1.2.7 内质网

内质网是一个网状膜，是细胞合成蛋白质、脂质和糖类的场所。啤酒酵母的内质网很少。

2.1.3 新陈代谢

单个酵母细胞在生命周期中形态上不会显著地长大。但是，随着菌龄的增长，细胞确实会长大一些。通常我们说到酵母的生长，指的是酵母产生新细胞的过程，酵母细胞数量在增加。酵母可以通过几个不同的代谢途径获得生长所需的能量和营养物质，尽管有的途径对于酵母来说更容易、更有益。

酵母接种到麦芽汁后，首先利用储存的糖原和可用的氧使细胞膜复原并保持最适的渗透性，用于营养物质和糖类的转运。细胞迅速吸收氧，然后开始利用麦芽汁中的糖和营养物质。一部分化合物很容易通过细胞膜扩散进入细胞，而一部分化合物需要酵母细胞的运输机制才能进入细胞。因为酵母利用某些糖比其他糖更容易，所以糖的利用就有了特定的顺序，酵母优先利用结构简单的糖，如，葡萄糖、果糖、蔗糖、麦芽糖，然后是麦芽三糖。典型的全麦芽麦汁中的大部分糖都是麦芽糖，另有较少量的葡萄糖和麦芽三糖。酵母通过协助扩散作用将葡萄糖摄入细胞，不消耗能量。酵母很容易利用葡萄糖，葡萄糖实际上会抑制酵母利用麦芽糖和麦芽三糖的能力。所有的啤酒酵母都可以利用麦芽糖，但对麦芽三糖的利用程度不同。利用不同糖类的能力、麦芽汁中各种糖的比例以及麦芽汁的营养成分等因素决定了酵母的大部分代谢。酵母的代谢反过来又决定了发酵速率和发酵度。酵母的代谢过程如图2.3所示。

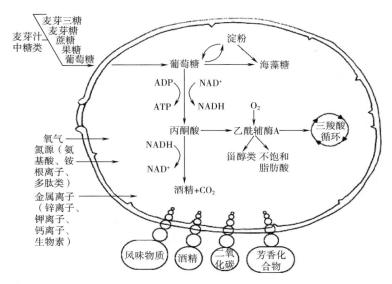

图2.3 酵母的代谢过程（糖类、氧气、氮源、无机物进入酵母细胞；乙醇、二氧化碳、芳香化合物排出酵母细胞）

酵母吸氧速度很快，通常在接种后30min内吸尽麦芽汁中溶解的氧。在自然环境中，酵母在一堆腐烂的水果表面生长，可以消耗大量的氧以分解糖，这称为有氧生长，是生物体从糖分子中获得能量的一种最有效的途径。然而，氧气是有时空限制的，在无氧环境中分解糖会导致细胞厌氧生长。19世纪60年代，路易斯·巴斯德创造了一个术语"厌氧发酵"，来描述酵母在缺氧条件下的生长能力。

2.1.4 乙醇

酵母发酵酒类最重要的作用之一是产生酒精。无论行业承认与否，对于人类而言，如果没有酒精，啤酒和葡萄酒将仅仅是区域性的文化饮料，就像口感柔和的大麦汁饮料一样。全世界的人大量消费酒类是因为其含有乙醇。描述酵母将糖转化为乙醇的总反应方程式是：

$$葡萄糖 + 2ADP + 2磷酸盐 \rightarrow 2乙醇 + 2CO_2 + 2ATP$$

这个反应式可以分成很多独立的反应步骤，但是我们可以将这个反应式分为两个主要部分：葡萄糖至丙酮酸，然后丙酮酸至乙醇。第一部分的反应是将一个葡萄糖分子分解成两个丙酮酸分子：

$$\text{葡萄糖} + 2ADP + 2NAD^+ + 2Pi \rightarrow 2\text{丙酮酸} + 2ATP + 2NADH + 2H^+$$

上述反应发生在细胞内的细胞质中，是细胞质中的酶催化这一反应以及后续其他代谢反应。丙酮酸并不是都转化成乙醇。它有两个可能的路径：进入线粒体被分解成二氧化碳和水（有氧呼吸）；或者留在细胞质中，转化为乙醛然后变成乙醇。葡萄糖途径如图2.4所示。

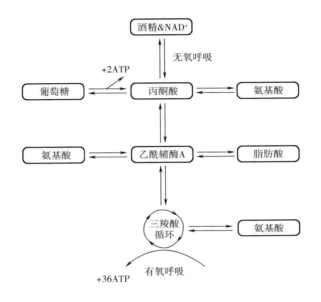

图2.4 葡萄糖途径

你更倾向于哪条路径？水或乙醇？酵母是不情愿产生乙醇的，它们只有在高糖或缺氧的特殊条件下才会产生乙醇。酵母在有氧条件下将丙酮酸转化成水和二氧化碳能够得到更多的能量。因此，我们需要通过厌氧发酵利用酵母产生乙醇。

酵母细胞喜欢有氧呼吸的主要原因是有氧呼吸能使它们从葡萄糖分子中获得最大的能量。酵母在厌氧发酵生产乙醇时，从每个葡萄糖分子中获得的能量相当于有氧呼吸的8%。这就很容易理解为什么在有氧条件下培养酵母细胞时能出芽分裂出更多子细胞了。这个途径效率这么低，那么酵母为什么还会产生乙醇呢？因为产生乙醇是它们能在无氧环境中生存的一种途径。

酵母依赖于烟酰胺腺嘌呤二核苷酸辅酶（NAD^+和NADH）进行氧化还原反应（其中烟酰胺腺嘌呤二核苷酸可接受或提供电子）并作为酶底物。酵母在第一步分解葡萄糖中使用NAD$^+$。如果有氧，产生的丙酮酸就进入线粒体，在那里再进入三羧酸循环。三羧酸循环产生一种能量丰富的化合物，就是三磷酸腺苷（ATP）。三磷酸腺苷对细胞很重要，因为它是细胞蛋白质合成和DNA复制的能量来源，这对于细胞增殖至关重要。如果细胞没有氧，那么上步反应产生的丙酮酸不能进入三羧酸循环。这就会造成丙酮酸的积累，没有能量产生（以ATP的形式），并且没有NAD$^+$产生。实际上，这包含了很多个反应，但是基本点是没有NAD$^+$，细胞就不能产生丙酮酸和ATP。酵母需要"重新产生NAD$^+$"，当没有氧时，它们开始下列代谢途径。

丙酮酸转化成乙醇并产生所需的NAD$^+$的两步反应。酶催化丙酮酸脱羧如图2.5所示，酶催化乙醛还原如图2.6所示。

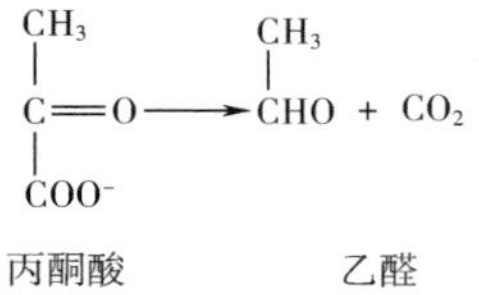

图2.5 酶催化丙酮酸脱羧 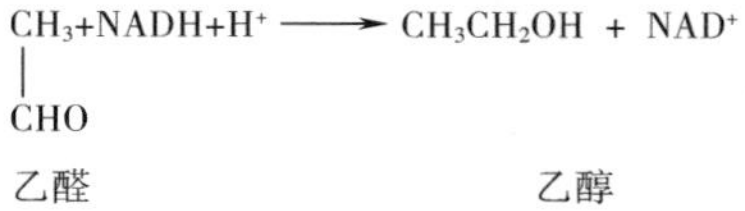   图2.6 酶催化乙醛还原

虽然酵母菌并不乐意产生乙醇，但至少这样可以生存。当酵母产生乙醇时，乙醇会扩散到细胞外。这可能是一种防御机制，因为乙醇对许多生物体是有毒性的。事实上，乙醇含量的增加对酵母本身也是有毒性的，酵母越健康，它们对乙醇耐受性越强，发酵越彻底。

在氧气限制下葡萄糖转化途径的改变与人类细胞缺乏氧气时发生的情况类似。剧烈运动时，肌肉细胞活动供氧有限，我们的肌肉细胞要保持活跃需要能量，就需要再生NAD$^+$，所以在氧不足的情况下，肌肉细胞通过反应将丙酮酸分解成乳酸。

通过乳酸脱氢酶催化，细胞能够产生它们需要的NAD$^+$。我们的肌肉产生乳酸而不是乙醇，是因为人类细胞缺乏丙酮酸脱羧酶。丙酮酸分解成乳酸如图2.7所示。

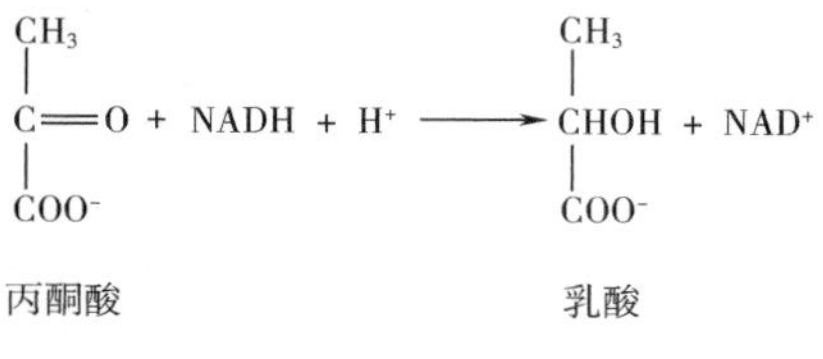

图2.7 丙酮酸分解成乳酸

酵母还会以另一种厌氧发酵的方式生成乙醇：葡萄糖效应，这对酿造非常重要。即使在有氧条件，当葡萄糖浓度足够高时，酵母仍然产生乙醇（厌氧发酵）。葡萄糖效应所需的葡萄糖浓度是

4g/L，当酿造啤酒的麦芽汁中一直高于此浓度时，即使存在氧气，酵母也进行厌氧发酵产生乙醇。事实上，在麦芽汁发酵期间催化糖酵解的酶类浓度很高，酵母仅仅通过糖酵解产生ATP比通过氧化磷酸化产生ATP的速度更快。发酵期间接触氧气的问题不在于损失乙醇，而在于激活了产生异味的代谢途径。例如，啤酒发酵过程中接触氧会产生更高浓度的乙醛，因为乙醇被氧化成了乙醛。

2.1.5　絮凝

絮凝使酵母聚集在一起，可以说是一种魔力。絮凝对啤酒酵母很重要，也是其独有的特点，因为絮凝能帮助啤酒酵母漂浮到发酵罐顶部或沉到发酵罐底部。在发酵末期，成千上万的单细胞聚集成团。不同酵母菌株的絮凝性不同，絮凝较早的菌株发酵度偏低，絮凝较困难且晚的菌株发酵度偏高。啤酒发酵过程中酵母絮凝过早倾向于导致发酵不彻底和啤酒发甜。但是，当酵母不能完全絮凝时，啤酒会浑浊不清并带有酵母味。

大多数野生酵母菌株不能很好地絮凝，并且可长时间保持悬浮状态。大多数酵母细胞都更倾向于以悬浮状态存在，因为悬浮有利于它们得到可利用的营养和能量。在重力作用下，所有的酵母都会在发酵液中沉降，这可能需要几个月的时间，大多数酿酒师没有这么多时间来等待。事实上，啤酒酵母絮凝性的提高是数个世纪以来酿酒师不断利用选择压力驯化的结果。酿酒师收集发酵罐底部或顶部的酵母重复利用，同时会放弃那些絮凝不好的酵母，被放弃的酵母不会用于下批次的发酵，这些酵母随即被淘汰。我们今天使用的絮凝性好的菌株就是经历不断驯化的酵母的后代。

科学家在酵母絮凝的生物化学方面已经做了多年研究，但目前仍没有弄清楚它的机理。细胞壁的组成是影响相邻细胞间能否相互作用的关键因素，酵母细胞壁较厚，由蛋白质和多糖组成，具有电负性，是因为细胞壁中有磷酸盐。这种电负性的强弱取决于酵母菌株的生长阶段、供氧状况、营养状况、繁殖代数、缺水程度和菌龄（Smart，2000）。由于疏水肽腱的暴露，酵母细胞也是疏水的（Hazen，1993）。疏水性的强弱取决于酵母菌株的生长阶段、成链能力、营养状况、繁殖代数、絮凝程度和纤维丝的形成（Smart，2000）。酵母细胞壁还含有甘露糖蛋白，也就是蛋白质上结合着大量甘露糖，能够帮助调节细胞形状，孔隙度和细胞间相互作用，包括影响絮凝的胞间作用。

决定酵母絮凝性的主要因素是菌株本身。每个酵母菌株有其独特的DNA序列，决定了蛋白质在细胞壁上的精确排列。细胞壁组成的这些微小差异在酵母的絮凝中起关键作用，决定了酵母絮凝性的强弱。此外，影响酵母絮凝的因素还有原麦芽汁的浓度、发酵温度、接种量和初始溶氧量。任何影响酵母健康和生长速度的因素都会影响酵母的絮凝性。

酿酒师将酵母絮凝性分为强、中和弱（表2.1）。爱尔酵母絮凝性跨越每个类别，而拉格酵母大部分具有中等絮凝度。例如，英式或伦敦爱尔酵母通常是强絮凝度的一类，它们是在英国经过几个世纪的驯化得到的强絮凝度的酵母。有趣的是，经过几个世纪的驯化，尽管这些菌株具有很强的絮凝性，近年来，酿酒师又对它们施加选择压力使它们更好地沉在底部。现在，这些菌株呈絮状，而且也可以很好地沉在发酵罐底部。

表 2.1   **絮凝度的分类**

絮凝程度	说明
强	3~5d 开始絮凝 有时候需要活化酵母 双乙酰含量高和发酵度低 适合爱尔啤酒
中	6~15d 开始絮凝 最适合爱尔啤酒 香味干净、平衡 也被称为"粉末型酵母"
弱	15d 以上才开始絮凝 大多数野生酵母属于这种低絮凝度 适合小麦啤酒和比利时风格啤酒 过滤困难

那些加利福尼亚/美国爱尔酵母菌种通常具有中等絮凝度，小麦啤酒酵母是弱絮凝度的代表。虽然强絮凝度能够使啤酒迅速清澈，但是过滤可以更快速地澄清啤酒，所以只要啤酒厂愿意使用过滤，就几乎可以使用任何絮凝度的菌株。

絮凝性强的酵母会在发酵3~5d开始聚集，当它沉降到发酵罐的底部时，会形成一层结实紧密的酵母泥。实际上，一些酵母絮凝可以形成阻塞出口和截止阀的紧密塞子。家酿啤酒使用小型发酵设备有时通过搅拌酵母层来保持发酵活力，但即使搅拌酵母层也只能分成大块。利用强絮凝度酵母生产一款发酵彻底的啤酒需要特别注意，例如可将絮凝的酵母活化后重新加入啤酒中，即使这样，强絮凝度的酵母通常仍会导致发酵度低、双乙酰和酯类含量高。

絮凝性中等的酵母更适于生产风味更"纯净"的啤酒，并且双乙酰和酯类含量更低。因为这类酵母细胞悬浮时间更长，它们发酵啤酒相对更彻底，减少了双乙酰和其他发酵副产物的积累。在商业啤酒厂，使用絮凝性中等的酵母比使用絮凝性强的酵母生产难度略大，是因为它们往往需要过滤来加快生产周期。当然，大多数家酿啤酒不需要过滤，并且有足够的时间等待酵母自行沉降；絮凝性中等的酵母需要比絮凝性强的酵母使用更长的时间。絮凝性中等的酵母发酵啤酒的风味倾向于更纯净的特点，突出啤酒的酒花香味，使得他们非常适合生产许多美式爱尔啤酒，这类啤酒的香气纯净，可以非常好地衬托出酒花的香气。

酿酒师很少使用弱絮凝性酵母，因为他们不能解决发酵液浑浊和过滤的问题。但是，有些风格的啤酒需要保留一些悬浮酵母，例如德国小麦啤酒和比利时白啤酒都需要弱絮凝性酵母来增加啤酒外观的朦胧感。一些啤酒厂会过滤小麦啤酒，然后在装瓶时加入拉格酵母，因为拉格酵母絮凝性稍弱、容易悬浮更长的时间，在二次发酵和储存过程中它们更有利于啤酒的彻底发酵。有些拉格啤酒看似非常浑浊，这就很好地给啤酒外观增添了朦胧感。

钙离子是影响酵母絮凝的重要因子。酵母絮凝情况会受钙离子最低浓度的限制，一般情况下，麦芽汁中含有足够的钙离子，酿酒师不需要额外添加。如果使用软水酿造啤酒，需要注意酵母对钙离子的需求。通常50mg/L的钙离子足以满足酵母的需要。

2.2 酶

酵母不是唯一的未得到酿酒师充分认知的啤酒原料，酶是仅次于酵母的第二种被忽视的原料。可以说没有酶，就不会有啤酒。在酿造的所有阶段都会涉及酶，包括麦芽糊化、糖化和发酵过程。从这个角度看，酿造就是一个酶反应的过程。酿酒师对酶的了解越多，他能解决的问题就越多。

酶是一类特殊的蛋白质，可加速化学反应。它们对于生命至关重要，并且存在于所有的生物体中。酶是由生物产生（或合成）的蛋白质，作为化学反应中的催化剂，激发或加速反应，并且在这个过程中自身不发生改变。

在19世纪中叶，化学家研究发酵过程证明了酶的存在。1897年，爱德华·毕希纳（Eduard Buchner）第一个发现细胞提取物仍然具有催化活性。他证明了酵母粉碎过滤后无细胞的溶液可以将糖转化为二氧化碳。毕希纳因为这个发现获得了1907年诺贝尔化学奖。酶在许多年前一直被称为"酵素"，这个术语来自于拉丁文的酵母。1878年，研究人员从希腊语中引用了"酶"，意思是"在酵母中"。

路易斯·巴斯德（Louis Pasteur）最伟大的发现就与酿造相关。虽然没有发现酶的作用，但他证明了是酵母负责将麦芽汁中的糖转化为乙醇的。当时的化学家坚定地认为，生物体酵母在糖转化中没有作用。他们坚持认为这完全是化学过程，和生物无关。他们认为这是麦芽汁中的某种物质，在进行氧催化转化反应。化学家说对了一部分，因为酵母含有用于发酵的酶，酶作为催化剂作用于许多将糖转化为乙醇的反应。从发酵的角度看，酵母细胞只是装了许多酶的口袋。

酶是蛋白质，蛋白质是由氨基酸组成的生物体中的主要生物成分。数百个氨基酸组成一个蛋白质分子。蛋白质分子大小大约是糖分子的10倍，是酵母细胞的1/1000。不是所有的酶都大小相同，它们可以由50~50万个氨基酸残基构成，通常大于其作用的底物。酶最重要的部分是酶结构内的活性位点，活性位点是酶中的氨基酸以正确的顺序排列的，以催化给定的化学反应，类似于钥匙和锁。每种酶都可以催化一个特定的化学反应，但它们也可以催化可逆反应。反应方向取决于条件和底物。我们来看看乙醇脱氢酶催化乙醛和乙醇的反应：

$$乙醛 + NADH \rightarrow 乙醇 + NAD^+$$

我们通常考虑的是乙醛转化成乙醇这个反应，但相同的酶可催化其逆反应。作为典型的逆反应实例，人类有乙醇脱氢酶，我们的身体利用该酶将乙醇分解成乙醛。

没有乙醇脱氢酶，理论上上述反应仍然会发生，但需要几天而不是几秒。生命是如此依赖酶（每个人类细胞都有3000多种酶）以至于在20世纪50年代之前，化学家曾认为酶包含遗传密码，DNA只是一个组成结构。

啤酒酵母不具备从大麦到酿造啤酒所需的所有酶。例如，酵母细胞不产生可以将淀粉转化为糖的淀粉酶。这就是酿酒师必须利用醪液中淀粉酶的原因，为了将淀粉转化为糖。

2.2.1 酶是如何工作的?

酶通过结合底物催化特定的反应,这些键结合很紧密,但是反应完成后,底物和结合键的性质发生了改变,酶被释放,然后再结合新的底物。分析酶催化反应的机理和动力学超出了本书的范围,用简单的公式表示如下:

酶+底物→底物-酶复合物→酶+产物

酶活性(用生成产物的量衡量)取决于几种反应条件:pH、温度、溶液的离子强度和底物浓度。因为酿酒师可以控制大部分条件,所以要控制酶促反应和产物,了解酶需要什么条件很重要。温度控制可能是最重要的因素。酶是由氨基酸组成的,每种酶以特定的方式折叠使活性位点发挥作用,如果酶变性了,就会失去活性,也不能复性。高温是酶失去折叠结构的主要原因,煮沸会使绝大多数酶变性,然而即使温度轻微升高也会使许多酶失活,例如,麦芽汁温度接近淀粉酶的最高耐受温度,会使许多蛋白酶变性。

pH也非常重要,因为它影响酶与底物的结合结果。酶与底物的结合包括独立氨基酸之间的相互作用,这种相互作用通常取决于氨基酸所带的电荷,如果电荷不正确,酶与底物无法结合。电荷随pH而变化,每种酶都有自己的最适pH,这取决于氨基酸。就像温度一样,pH太低或太高都可能使酶永久变性(失活),添加酶时,应注意将溶液调节到生产厂家推荐的温度和pH。

2.2.2 麦芽制造中的酶

大多数酿酒师都熟悉糖化过程中淀粉转化为糖的酶促反应,但是,酶在麦粒发芽过程中也有重要作用。麦粒发芽过程中淀粉分解对生产优质麦芽至关重要。大麦胚芽(谷物)生长需要糖,在胚芽生长过程中,酶把淀粉和蛋白质分解成更小的可溶性成分,为胚芽的生长做准备。三种类型的酶负责这一分解过程:

麦芽制造中的酶及其作用如表2.2所示。

表2.2	麦芽制造中的酶及其作用
酶	**作用**
细胞溶解酶	降解胚乳细胞壁
淀粉酶	把淀粉降解成糖
蛋白酶	将蛋白质大分子降解成较小的蛋白质分子

细胞溶解酶和蛋白酶破坏细胞壁结构,然后蛋白酶(降解蛋白质的酶)降

解基质蛋白。接下来，蛋白酶发挥作用产生游离氨基酸，被生长的胚芽用来合成蛋白质。

接下来，麦粒发芽过程激活了α-淀粉酶和β-淀粉酶，这些酶将淀粉分解成糖类。α-淀粉酶是一种内切酶，β-淀粉酶是一种外切酶。内切酶从大分子的内部移除片段，而外切酶从大分子的末端切除片段。淀粉酶将淀粉转化为胚芽生长可利用的糖。但是，如果是用于做啤酒的麦芽会被生产商通过把麦芽干燥到临界点来阻断这个过程。如果麦芽生产商允许酶催化反应继续，剩余的淀粉就会转变成糖，这是制作水晶麦芽的一部分，但是如果麦芽生产商都这样处理，我们就不需要糖化过程了，只需浸泡这些麦粒来提取糖。

2.2.3　糖化过程中的酶

影响啤酒发酵的酶不仅有α-淀粉酶和β-淀粉酶，用于酿啤酒的醪液中也有几种其他类型的活性酶，包括β-葡聚糖酶、蛋白酶和酯酶。例如，在43℃左右进行阿魏酸休止，可以提高麦芽汁中阿魏酸的含量，一些酵母菌株可以将阿魏酸转化成4-乙烯基愈创木酚（4VG），这是德国小麦啤酒典型的风味和香气成分。

蛋白质残留也可能对发酵产生影响，因为它们可以增加麦芽汁中的氨基酸含量。使用优质麦芽不必有蛋白质残留，但一般的麦芽或六棱麦芽可能需要蛋白质残留。

大多数酿酒师都明白，通过控制醪液温度能够影响酶活性，从而平衡简单糖和复杂糖的比例。复杂糖（糊精）含量高的麦芽汁可发酵性低。虽然有些菌株可能更偏好利用麦芽三糖，但是效果是相对的。一般来说，糖化温度越高，麦芽汁发酵能力越差。

麦芽汁中绝大部分酶在麦芽汁煮沸时失活，并且许多酶因为受冷热交替而破坏，之后沉淀下来。

2.2.4　发酵过程中的酶

现在关键部分开始了。如果酵母在发酵过程中没有产生乙醇，啤酒不会有很大的市场，糖转换成乙醇可以简单地表示为：

$$C_6H_{12}O_6 \rightarrow 2CH_3CH_2OH + 2CO_2$$

$$葡萄糖 \rightarrow 乙醇 + 二氧化碳$$

然而，糖转化成乙醇并不是一个简单公式可以描绘的。事实上，这种转化需要许多步反应，并且需要许多酶，每一步都需要不同的酶催化。酵母将糖转化成乙醇产生的能量用于强壮自身和繁殖。对酵母自身来说，它们产生的乙醇是副产品。每个化学反应也都有产生副产品的可能，每一步反应都可能产生那些你喜欢或者不喜欢的风味和芳香物质。

虽然酿酒师在发酵过程中极少加酶，但是在有些情况下加酶是有益的，如发酵停滞时，尽管这种情况是非常罕见的。这种情况可能是由于淀粉转化效率低或者太多长链、不可发酵的糖引起的。在这种情况下，酿酒师可以直接向发酵罐添加 α-淀粉酶催化糖的进一步分解，这种办法可能会提高发酵度。当然，这种方法也有缺点。厂家利用微生物繁殖获得这些酶制剂，所以它们可能含有少量细菌。啤酒加入这些没有经过高温灭菌的酶有可能会污染啤酒。从食品安全的角度来看，细菌的数量不多而且无害，但对于啤酒而言是不能接受的。这些酶产品中允许的细菌水平通常是限制在1000~5000个菌落单位的，这在啤酒中是不能接受的（Briggs等，1981；Mathewson，1998；Walker，1998）。

2.3 酯类、醇类和其他

啤酒酵母可以产生500多种不同的风味和芳香物质（Mussche和Mussche，2008）。接种后，酵母经历一段生长迟滞期后进入非常快速的指数生长期。在这两个时期里，酵母合成氨基酸、蛋白质和其他细胞组分，这些组分大部分不会影响啤酒的风味，但是涉及的代谢途径还会产生许多其他化合物，这些化合物分泌到细胞外会影响啤酒的风味。对风味影响最大的化合物是酯类、杂醇类、含硫化合物和羰基化合物如醛类、酮类（包括双乙酰）。虽然其中很多化合物在啤酒典型的风味和香气中发挥作用，但当这些化合物中的含量高于阈值时很容易被察觉出来，就会成为啤酒的缺陷。

2.3.1 酯类

酯类在啤酒特别是爱尔啤酒的性状中发挥着重要作用。酯类是由有机酸和醇形成的挥发性化合物，使啤酒带有水果香气和风味。即使是"最纯净的"啤酒也含有酯类，甚至有些啤酒含有多达50种的酯类物质（Meilgaard，1975）。没有酯类，啤酒喝起来会很寡淡。我们可以通过气相色谱法测定啤酒中酯类的含量，酯类图谱可以作为区分啤酒的一个好方法。酯类的产生随酵母菌株和发酵条件的变化而变化。常见的酯类有乙酸乙酯（溶剂味）、己酸乙酯（苹果味）

和乙酸异戊酯（香蕉味）。

酸和醇结合形成酯的过程是需要时间的，因为酵母首先需要产生乙醇。酯类比单独的酸类和醇类具有更多的风味影响（Bamforth，Beer flavours：esters，2001）。乙醇乙酰基转移酶Ⅰ和Ⅱ能催化酯类的形成，这些酶可将乙醇与活性酸结合。在啤酒中，最丰富的是乙酰辅酶A。发酵前在有氧条件下，酵母合成甾醇以准备出芽繁殖子细胞，这类固醇从酯类中分解出乙酰辅酶A，导致啤酒中的酯类含量较低。这是氧效应的一个解释，较高的通氧量会降低酯类含量。另一个解释可能是氧直接抑制乙酰基转移酶编码基因的表达（Fugii，1997）。也有很多其他的因素会影响酯类的产生，但能促进酵母生长以及能分解出乙酰辅酶A的因素通常会减少酯类的合成。概括起来有三个主要因素可控制酯类的产生：乙酰辅酶A的浓度、杂醇浓度、关键酶的总活性。

2.3.2　杂醇

气相色谱法可以同时检测杂醇和酯类。啤酒含有约40种杂醇的任意组合（Meilgaard，1975）。正丙醇、异戊醇和异丁醇等杂醇的味道类似于乙醇，虽然不同种类和浓度的杂醇组合可以增加绵柔顺滑的口感，但是没有哪种风格的啤酒需要这些特征。但是，许多口感好的啤酒中都存在一定数量的杂醇，低于或略高于其风味阈值，所以它们是啤酒中重要的酵母源风味成分。啤酒中的杂醇成分主要包括戊醇，如异戊醇。在葡萄酒中，50%以上的杂醇都是异戊醇（Zoecklein等，1999）。人们通常将饮酒引发的头痛归因于酒精饮料中含有的杂醇。对于一般啤酒，杂醇的含量高是一个缺陷，没有理由酿造喝起来有油漆味的啤酒。

在发酵的迟滞期，酵母细胞在氨基酸合成过程中通过丙酮酸和乙酰辅酶A产生杂醇或者从氨基酸中分解产生杂醇。杂醇的形成涉及NADH在最后一步中再氧化为NAD^+，还有一些科学家认为酵母产生杂醇使NAD^+可以再次用于糖酵解（Kruger，1998）。

酵母菌株不同，产生杂醇的能力不同，爱尔酵母会比拉格酵母产生更多的杂醇。研究人员经常将其归因于爱尔酵母有较高的发酵温度。发酵液中杂醇的浓度确实受发酵温度的影响；然而，其他发酵条件对杂醇的产生也有一定影响。例如，麦芽汁中过多或过少的氮源也可能导致产生更多的杂醇。通常，促进细胞生长的发酵条件，如温度、通风和氮源，将导致更高浓度的杂醇产生。杂醇越多，越容易与现有的乙酰辅酶A形成酯类物质。酿造低酯啤酒就是控制各因素保持平衡，防止酯类形成的同时又提高了杂醇的浓度。

2.3.3　双乙酰

双乙酰是一种小分子的酮类化合物。尽管许多经典的啤酒风格允许少量双乙酰的存在，一些消费者也觉得口感还不错，但许多酿酒师认为只要有双乙酰存在就是缺陷。即使很少量的双乙酰，也会使啤酒口感更顺滑。双乙酰含量高时，会使啤酒带有一种黄油或奶油的香气和风味。另一个通常在啤酒中出现的酮是2，3-戊二酮。它和双乙酰非常相似，实验室人员在衡量啤酒的双乙酰水平时，会用邻二酮表示，包括双乙酰和2，3-戊二酮。纯生啤酒中双乙酰的风味阈值为0.1mg/L。家酿啤酒和精酿啤酒经常会达到0.5mg/L甚至大于1.0mg/L。

许多酿酒师不喜欢啤酒中存在双乙酰的一个原因在于，双乙酰预示了发酵没有完成或有微生物污染的可能。但是，在通过双乙酰预测啤酒特点时也有例外，这很可能是因为酵母菌株和发酵工艺基本决定了酿造结果。有些酵母菌株，特别是高絮凝的英国啤酒酵母菌株，能产生大量的双乙酰。过早地降低发酵温度阻断了酵母还原双乙酰的过程，是发酵结束时啤酒中能够检测出双乙酰的另一个原因。只要记住，酵母悬浮时间越长，酵母就有越多的时间来降低发酵中的中间产物。幸运的是，酵母会再利用双乙酰，将其还原成乙偶姻以再生NAD^+。

啤酒中产生双乙酰的代谢途径相对简单。缬氨酸是酵母在迟滞期和指数期产生的一种氨基酸。合成缬氨酸的中间化合物是乙酰乳酸。不是酵母产生的所有乙酰乳酸都会形成缬氨酸，因为部分乙酰乳酸会从细胞中排到啤酒中。从细胞排出的乙酰乳酸经化学氧化变成双乙酰，虽然这是所有酵母都有的代谢途径，但不同菌株在同样条件下会产生不同浓度的双乙酰。

2.3.4　有机酸

在发酵过程中，酵母还会产生不同含量的有机酸，如醋酸、乳酸、丁酸和己酸。在大多数发酵中，产生低于阈值的有机酸，通常来说是一件好事。这些酸具有醋味、腐臭味。但是，这些酸是必需的，因为它们是酯类形成的关键因素。

2.3.5　含硫化合物

谁放屁了？许多第一次做拉格啤酒的酿酒师可能都会问这个问题。拉格酵母发酵会比爱尔酵母产生更多的含硫化合物。较低发酵温度是拉格酵母发酵产生更多含硫化合物的关键因素（Bamforth，Beer flavours：sulpuhr substances，2001）。酵母发酵期间可产生大量的含硫化合物，但这些化合物通常具有足够的挥发性，强烈的发酵活动会驱动它们与CO_2一起从溶液中逸散出去，在消费者喝啤酒的时候硫化物含量已经大大降低了。拉格酵母发酵温度较低，通常导致发酵活动较弱（麦芽汁的物理运动减少），并且低温下气体溶解性的提高，都导致气体排出较少。因此，拉格啤酒更容易残留超过风味阈值的含硫化合物，而在大部分爱尔啤酒中很少发现含硫物质。

啤酒中主要的含硫化合物包括二甲基硫醚（DMS）、二氧化硫、硫化氢和硫醇。其中有些含硫化合物来自麦芽，而其他化合物则来自酵母，或由二者结合产生。例如，二甲基亚砜（DMSO）在麦芽汁中的含量取决于麦芽的不同来源，也就是说，这种二甲基亚砜的氧化产物并不像二甲基硫醚及其前体物S-甲基-甲硫氨酸（SMM）等成分那样会受煮沸影响。发酵过程中酵母能将二甲基亚砜还原为二甲基硫醚，从而使啤酒有类似煮玉米和熟白菜的风味。

酵母产生的二氧化硫，不仅有利于形成啤酒风味而且赋予它抗氧化性能。人们经常会描述二氧化硫的味道类似于烧焦的羽毛。二氧化硫容易被还原成另一种含硫化合物——具有臭鸡蛋气味的硫化氢。幸运的是，从发酵液中释放的二氧化碳会带走绝大部分的硫化氢。健康、高活力的发酵是减少这些含硫化合物的关键。

2.3.6　酚类化合物

酚类化合物是一类羟基化的芳香族碳环化合物，来自原料和发酵过程。它们是酚类防腐剂的成分，这就是人们把酚类化合物描述为有药品味的原因。酚类化合物也被描述为塑料味、黏胶味、烟熏味和辛辣味。酚类化合物的挥发性低于杂醇，这意味着它一直存在于啤酒中。一旦酚类化合物含量达到可检测的水平，就可能会尝出它的味道。

在大多数风格的啤酒中，酚类味道是一个缺陷，但也有一些明显例外的风格。巴伐利亚小麦啤酒一定要有丁香味，烟熏啤酒必须要有烟熏味，有的比利时啤酒有其他酚类物质的特征，但当酚味无意中出现时，可能就是一场灾难。

酵母产生的主要酚类化合物是4-乙烯基愈创木酚（4VG）。麦芽和啤酒花提供阿魏酸，酵母在阿魏酸脱羧酶的作用下使得阿魏酸脱羧产生出4-乙烯基愈创木酚（脱羧是一种伴随二氧化碳释放的还原反应）。产生酚类的酵母具有完整的编码阿魏酸脱羧酶的基因（*pof*）。

大多数啤酒酵母菌株都是天然的*pof*基因突变体，不能产生4VG。事实上，酚类物质的无意产生表明啤酒已经受到了野生酵母的污染；也有可能是啤酒酵母发生了突变，使酵母再次产生出了酚类物质，不过这种情况是非常罕见的。

你可能会问，什么样的酵母菌株能够酿造巴伐利亚小麦啤酒呢？这种成功的案例是，酿酒师对野生酵母菌的不断纯化培养，选择出了不产酚类物质的菌株。但是只要这些酵母菌株的*pof*基因保持完整，就能生产具有酚类风味的啤酒。

酒香酵母属是另外一种酵母属，许多啤酒和葡萄酒酿酒师认为它是污染物，而有些人则把它视为一种独特的菌种，能够产生一般啤酒酵母不能产生的风味和香气。酒香酵母在自然环境中很丰富，经常存在于水果皮上，这种酵母对发酵条件要求低，而且耐乙醇，它产生的风味和香气类似于稗子、马毯、汗水和各种其他风味化合物，包括4-乙烯基愈创木酚。啤酒中存在酒香酵母很容易被检测出来，但有一些啤酒风格，如比利时拉比克、佛兰德斯红色爱尔以及许多精酿啤酒的新兴创作需要酒香酵母。

发酵不是酚类化合物的唯一来源。有时酿造师会特意地添加酚类化合物，比如使用烟熏麦芽。葡萄酒中酚类风味特征来自酵母，但也可以来自橡木桶陈酿过程和所使用的葡萄。威士忌也能从原材料、酵母和老化的酒桶中获得酚类成分。在啤酒生产中某些水果和木材的老化也会带入酚类化合物。苯酚如图2.8所示，4-乙烯基愈创木酚如图2.9所示。

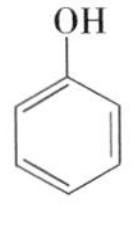

图2.8　苯酚（α-羟基苯） 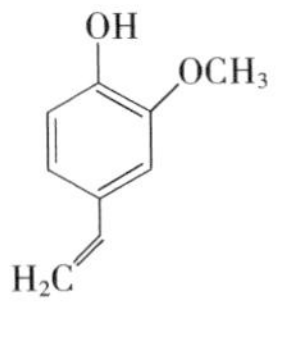　　　图2.9　4-乙烯基愈创木酚

3

第 3 章

如何正确选择酵母？

在酿造啤酒时，许多酿酒师会坚持用传统方法。即使酿造一款新啤酒，他们也更倾向于使用已经用惯的酵母菌株。多数情况下，使用自有酵母菌株是酿酒师唯一的选择，因此这种做法是可以理解的。但是当酿酒师可以选择使用其他酵母菌株时，却坚持使用自有菌株，那就不免有些令人遗憾了。通常来说，出现这种情况，不是因为酿酒师缺乏创造性或者没有探索新菌株的兴趣，而确实是因为他们不知道如何去挑选最合适的酵母菌株来酿造所需要的优质啤酒。

3.1 挑选酵母的原则

你完全可以尽自己所能，充分发挥自己的优势来为啤酒发酵挑选合适的酵母菌株。这就像建房子，需要一种紧固件，但是紧固件的类型有很多种，它取决于建的房子是什么类型：是市政住宅？儿童游乐室？还是其他附属建筑物？它们所用的紧固件很相似，但实际上却有很大不同。所以建房子之前，你要有初步的设想：你打算建一座什么样的房子？同样道理，在酿造啤酒时，也应该事先想好，你究竟想酿一款什么样的啤酒。这非常重要。你希望它是干爽而具有辛辣口味的？还是带有甜甜的麦芽香气的？抑或是清爽的还是富含酯香的？是酒精度高的还是低的？所以，只有当你对这款即将酿制的啤酒有了预先的设想时，才可能找到合适的酵母菌株。当然，也有可能找不到一种符合所有要求的酵母菌株，但是别忘了，还可以在一款啤酒中同时使用多种菌株。总之，在挑选酵母菌株时应该考虑下面这些因素：

- 发酵度
- 风味特征
- 絮凝性
- 供给是否有保证
- 发酵的温度范围

有趣的是，虽然酿酒师可以通过适当调整配方、发酵过程或者发酵参数，在一定程度上影响酵母的上述特性，但是这种影响是有限度的。多数情况下，当发酵的某个特性发生改变时，另外的特性也会相应地发生改变。例如，为了适应啤酒厂的环境可以将酵母菌株的发酵温度稍微调高一些，但这很可能会导致产生的风味化合物比预期的更多；同理，如果为了减少酯类物质的产生而选择较低的发酵温度，那么又会使啤酒的发酵度降低。酵母的所有特性都是相互关联的，当改变其某种特性时必然会影响到另一种特性。

面对种类繁多的酵母菌株，应该如何选择呢？究竟哪种酵母菌株才最适合酿造棕色爱尔啤酒呢？你可以通过查阅相关文献、跟其他酿酒师交流或者在网络上检索来寻找答案，但是最好的办法是通过实验来确定。可以把用来酿造棕色爱尔啤酒的麦芽汁分装在几个不同的发酵桶里，然后向每个发酵桶中接种不同种类的酵母菌株，同时注意保持这几个发酵桶的条件完全一样，尤其是酵母接种量和接种时的温度，这样就可以比较不同种类的酵母菌株对这款啤酒的影响了。如果选定了某种酵母菌株，接着就可以进一步测试在不同发酵温度、不同充氧量以及不同的酵母接种量等条件下，该菌株对这款啤酒的影响了。如果想要研究酵母的回收再利用情况，那么就需要小规模多次重复上述实验，从而来观察该酵母在不同代际之间有哪些特性发生了改变。

3.2 啤酒风格和酵母的选择

有的酿酒师可能会思忖，在有关酵母的书里讨论啤酒风格是否真的有必要。说到底，啤酒风格难道不是由酿造啤酒所使用的谷物和酒花决定的吗？答案其实既肯定又否定。对于葡萄酒来说，酒的风格通常是由主要原料——葡萄决定的。酿造葡萄酒所使用的葡萄品种非常多，有时还会根据葡萄的产地来对葡萄酒进行分类。

对于啤酒来说，我们主要根据酿造时所使用的谷物、酒花和酵母的种类来对啤酒进行分类，而不去关注这些原料的产地和啤酒酿造的地点。在酿造啤酒的时候，你可以用来自不同地区的麦芽和酒花相互替代。柑橘味儿的美国酒花是某些风格的啤酒所特有的。饼干口味的英国淡色爱尔啤酒，以及具有颗粒感的欧洲大陆生产的比尔森啤酒，它们使用的麦芽是某些风格的啤酒的关键原料，但是不同风格的啤酒的主要区别在于发酵的过程、配方和选择的酵母。事实上，酵母对啤酒的特性至关重要，有时甚至主要就是依靠酵母菌株的不同，来区别两种不同风格啤酒的。加利福尼亚普通啤酒和杜塞尔多夫的阿尔特老式啤酒，它们就是比较典型的例子，尽管两者配方中所使用的谷物十分相似，但是因为所使用的酵母菌株不同，从而使这两种啤酒表现出很大的差异。

大多数啤酒爱好者习惯将啤酒分为爱尔啤酒和拉格啤酒，这也是最常见的啤酒分类法。尽管根据发酵工艺将啤酒分为爱尔啤酒和拉格啤酒是比较合理的，但是酵母菌株对啤酒风格的影响绝不仅仅局限于此。有些混合型啤酒，它们的风格介于爱尔啤酒和拉格啤酒之间。这些啤酒使用拉格酵母却在爱尔酵母适合的温度下进行发酵，或者使用爱尔酵母但是发酵温度却低于正常爱尔啤酒的发酵温度。

根据最新发布，"啤酒品酒师资格认证协会"（BJCP）将80种不同风格的啤酒分为了23类。"啤酒品酒师资格认证协会"（BJCP）根据爱尔、拉格和混合型啤酒的特征，以及啤酒的地理起源和各自的优势将啤酒进行了分类。拉格啤酒在市场上受欢迎度非常高，你可能会理所当然地认为它们的风格多种多样，但是事实并非如此。拉格啤酒的风格种类还不到啤酒风格总数的四分之一，但是它对于啤酒行业来说却十分重要，因为在整个啤酒酿造历史中，它是比较新颖的类别。许多风格的拉格啤酒是酿酒师根据当地人的喜好酿造的。不知道是不是酿酒师有意为之，他们常常收集当地人喜爱的啤酒酵母并加以再利用，从而筛选出具有优良特性的酵母菌株。正是由于这种慎重的筛选，才使得这些风格的啤酒和酵母菌株流传至今。

你也许会发现，许多酵母供应商首先会将酵母菌株分为爱尔酵母和拉格酵母，然后再进一步根据酵母菌株的地理位置（国家、地区、城市）和啤酒的风格进行更精确的分类。如果你打算从酵母供应商处购买酵母，那么根据他给出的分类信息和相关描述，很容易就能挑选出合适的菌株。比如，你想酿一款比利时风格的啤酒，那么就可以从带有"比利时"字样标签的酵母菌株中挑选。如果你想酿造一款德国风格的拉格啤酒或者英国风格的爱尔啤酒，也可以采取同样的方法。当然，这就好比给你提供了选择的范围，而你需要考虑所有的选择标准，从而最终确认哪种菌株最符合你的需要。

3.3　酵母菌株

晚年的乔治·费斯（George Fix）设计了一种独特的酵母分类方法，这或许对你有用。费斯根据酵母产生的风味特征将其分为5类。他将爱尔酵母分为纯净爱尔酵母、中性爱尔酵母、麦芽香爱尔酵母、酯香爱尔酵母和特种爱尔酵母；同时将拉格酵母分为干爽口感脆爽型拉格酵母和圆润口感产麦芽香拉格酵母（Fix and Fix，1997）。费斯的酵母分类法既别致又实用，它不是根据啤酒的产地和风格来分类的，而是根据酵母的发酵特性来分类的。根据这种分类方法，酿酒师完全可以打破酵母菌株的地域限制，而提出不凡的创意。例如，可以使用欧洲爱尔酵母来发酵一款美国淡色爱尔啤酒，而不用拘泥于常用的美国酵母菌株。酵母菌株当然不了解啤酒风格的分类标准，但是对于了解啤酒风格分类标准的酿酒师来说，他可以尽情发挥自己的创造性，在更加广泛的范围内选用酵母菌株。我们认可费斯的酵母分类法，同时我们也根据酵母菌株的特性对酵母进行了以下分类。

爱尔酵母

- 纯净爱尔酵母
- 果香爱尔酵母
- 杂交爱尔酵母
- 酚类爱尔酵母
- 特种爱尔酵母

拉格酵母

- 干爽口感的拉格酵母
- 圆润口感的拉格酵母

3.3.1 爱尔酵母概况

爱尔酵母是酿酒酵母的一种，酿酒酵母是酵母菌属的一个种，包括面包酵母、蒸馏酒酵母和许多实验室用的酵母菌株。酿酒师通常根据爱尔酵母的特性以及它们酿造啤酒的风味来对它们进行识别。爱尔酵母具有酿酒师所期待的特性，如，发酵速度快、消耗糖的种类比较合理、中等酒精耐受性、在厌氧条件下发酵时能够存活。

爱尔酵母是上面发酵酵母，在发酵过程中，爱尔酵母的疏水表面能够使得絮凝的酵母菌株吸附二氧化碳，并且最终上升到发酵液的表面（Boulton and Quain，2001），因此发酵液上层泡沫中通常含有许多酵母。这样酿酒师就可以从发酵罐的顶部进行收集，这个过程也称为"上面收集酵母"。上面收集酵母一般得到的酵母量较多，并且这些酵母非常健康，几乎没有掺入杂质。上面收集酵母的缺点是啤酒和酵母会暴露在环境中，这样很容易使啤酒受到污染。如今除英国之外，很少有商业啤酒厂还进行"上面收集酵母"。但是这种方法在家酿者中逐渐获得认可，因为在适当条件下，这是一种有效收集酵母的成功方法。更多有关"上面收集酵母"的内容详见本书"酵母收集"部分。

爱尔酵母多种多样，将不同的爱尔酵母菌株进行比较，你会发现它们的絮凝性不同，发酵度不同，而且发酵过程产生的风味也不同。例如，在爱尔酵母中既包括发酵后酒体特别纯净的"奇科（Chico）-风格"的菌株，也有可产生酚类物质的比利时菌株；既有絮凝性特别差、几乎不絮凝的菌株，也有沉降后紧实得像砖块一样的酵母菌株。

尽管不同爱尔酵母菌株之间差异很大，但是它们也有共同之处。大多数爱尔酵母较理想的发酵温度在20℃左右；大多数爱尔酵母菌株可以忍受较高的温度，最高可达35℃；大多数爱尔酵母菌株在18~21℃发酵时产生的风味最好。在不确定耐受温度，尤其是面对不熟悉的爱尔酵母菌株时，适宜将20℃作为发酵的起始控制条件。爱尔酵母能产生多种化合物，从而形成爱尔啤酒特有的风味和香气。如果某种菌株产生的化合物种类较少，酿酒师则认为它是"纯净发酵"酵母菌株。而如果某种菌株产生的化合物（特别是酯类和杂醇类）种类较多时，酿酒师则认为它是"产果香"或者"产酯类"酵母菌株。

3.3.2 纯净爱尔酵母

纯净爱尔酵母在美国十分受欢迎，因为即使在最适的温度下发酵，其产生的果味和杂醇味也和使用拉格菌株时一样少。因此使用这些纯净爱尔酵母能够更好地展示酿酒师的酿造工艺。酿酒师更多通过选择麦芽、酒花、糖化温度和发酵温度来控制啤酒的风味和香气。纯净爱尔酵母比水果味爱尔酵母发酵更慢，以适当的速度絮凝，从而可以保持足够长时间的悬浮状态来改善啤酒的品质。纯净爱尔酵母在压力较高、营养物质缺乏、温度波动较大或者发酵温度很低等特殊条件下，会产生少量含硫物质。美国加利福尼亚、苏格兰和欧洲的大部分爱尔酵母属于纯净爱尔酵母。

3.3.3 果香爱尔酵母

果香爱尔酵母在英国较为常见，随着消费者认可度的提高，它们在美国也越来越受欢迎。但是有些酿酒师认为，果香爱尔酵母的适用性不及纯净爱尔酵母；另外一些酿酒师则认为，果香爱尔酵母生产出的啤酒更有特点，可以产生更多的发酵风味，这无疑会为啤酒增添更多特色。酵母菌株和其他原料一样，也是影响啤酒特色的重要因素。虽然果香爱尔酵母和纯净爱尔酵母的发酵温度相同，但是在相同温度下，果香爱尔酵母菌株可以从酵母细胞中释放出更多独特的、迷人的风味和芳香。果香爱尔酵母发酵速度和絮凝速度通常都很快，所以相比使用纯净爱尔酵母，可以缩短酿造时间。果香爱尔酵母菌株在絮凝的时候往往形成很大的块状物，这样便于快速形成明亮、澄清的啤酒。快速发酵和快速絮凝的共同缺点是，酵母菌株往往会产生一些副产物，例如双乙酰。有些啤酒可以产生蜂蜜味、梅子味、柑橘味和辛辣味的化合物，这主要取决于酵母菌株的类型。英国、爱尔兰、澳大利亚和比利时的部分爱尔酵母属于果香爱尔酵母。

3.3.4 杂交爱尔酵母

在生物学上，杂交爱尔酵母的概念是不严谨的。尽管有人将拉格酵母菌株描述为酿酒酵母和贝氏酵母杂交进化的产物（Casey，1990），但是这并不是大多数酿酒师称拉格酵母为"杂交酵母"的原因。酿酒师口中的杂交爱尔酵母，一般指发酵温度低于普通爱尔酵母的菌株；这些酵母菌株发酵产生澄清、像拉格一样的啤酒。根据传统，酿酒师一般会用这些菌株生产德国老式啤酒，或者科隆风格的啤酒。杂交爱尔酵母在较高的温度下发酵时，果香味会被抑制。现在杂交爱尔酵母除了在上述风格的啤酒中得到应用外，在其他风格的啤酒中也很受欢迎，比如在美国小麦啤酒和大麦啤酒酿造中都会用到杂交爱尔酵母。较纯的杂交爱尔酵母通常比果香爱尔酵母发酵更慢，它们以中等速度絮凝，能够在发酵液中停留足够长的时间来消耗糖并调节啤酒的风味。杂交爱尔酵母也会产生少量含硫物质，但没有拉格酵母菌株多。

酿酒师通常认为美国加利福尼亚普通酵母是杂交酵母菌株。实际上，它是拉格菌株，并且它的发酵产物与酯类拉格菌株相似。你也可以将拉格菌株在爱尔菌株适应的温度下进行发酵，但是请注意，不同菌株最终产生的结果可能会有天壤之别。

3.3.5 酚类爱尔酵母

酚类爱尔酵母常用于发酵比利时风格的爱尔啤酒和德国的小麦啤酒。许多酿酒师认为，比利时爱尔酵母菌株的特征就是会产生较多的酚类。苯酚是一种羟基化的环状芳香族化合物，羟基（—OH）直接连接在六元环的碳原子上。酚类化合物是许多消毒剂中的成分，有些消费者认为其味道和香气具有药用价值。

这些酚类爱尔酵母菌株发酵度较高，但絮凝度却往往偏低，但也有很多例外。例如，过去酿造初始麦汁相对密度很低（6~8°P）的比利时农场爱尔啤酒时，酿酒师好像喜欢回收再利用发酵度较低的酵母，或许这样可以保持啤酒不至于太单薄和干爽。目前筛选到的这些酵母菌株的发酵度只有50%左右。过去许多农场的爱尔酵母都不够纯，因为在农场里没有实验室来维持纯培养的环境，酿酒师培养的酵母往往是混合的酵母菌株，甚至含有少量的细菌。这些混合的菌株会使啤酒的发酵度进一步提高，同时也会为啤酒增添更多的风味。

德国小麦啤酒酵母能够发酵产生酚类和酯类，这些成分在德国小麦啤酒中也比较常见。如果啤酒没有辛辣味和香蕉的风味，就不能称作德国小麦啤酒。如果使用纯净爱尔酵母，采用酿制德国小麦啤酒的配方和发酵过程，最终就不可能生产出一款不含酚类或酯类的美国小麦啤酒。如果一款啤酒没有使用酚类酵母菌株发酵，但是发酵产物中却含有这些风味物质，野生酵母可能就是原因所在。然而，有经验的酿酒师知道如何使用这些酚类爱尔酵母，来为啤酒赋予令人满意的风味，并使其与其他配料产生的风味相得益彰。

商业化开发利用的德国小麦啤酒酵母只有几种，它们之间略有差异，最主要的区别是发酵产生的风味不同。例如，某些酵母菌株在发酵中产生的香蕉味的酯香强度会随着发酵温度的变化而变化，而另外一些酵母即使在适宜的发酵温度下也不会产生大量的香蕉酯。

这些酚类小麦啤酒酵母菌株有些会产生含硫物质，但是产生的双乙酰含量一般都低于检测限。在发酵过程中使酵母保持较高的发酵活力，并且在发酵完成之后再密封发酵罐，对啤酒十分重要。有些酿酒师喜欢在发酵快结束的时候密封发酵罐，然后利用酵母产生的CO_2来饱和啤酒。这样做会使啤酒在发酵过程中产生的含硫物质保留在啤酒中，用特殊的方法才能除掉。拉格啤酒也是如此。

大多数酚类啤酒酵母和野生酵母一样，絮凝性都不好。这恰恰是许多德国小麦啤酒所共有的优良品质，因为这有助于增加酒体的浊度。不过，工艺上仍然要求酵母具有一定程度的絮凝和沉淀，否则啤酒会像酵母菌培养基一样呈乳白色，口感也会很单一。

典型的酚类爱尔酵母菌株如德国小麦啤酒酵母、比利时爱尔啤酒酵母和比利时修道院-特拉比斯特爱尔酵母等。

3.3.6 特种爱尔酵母

酿酒师通常将不属于上述类别的爱尔酵母统统归类到特种爱尔酵母中，在酿造比利时风格的啤酒时，会更多地用到这些特种爱尔酵母。这些特种爱尔酵母菌株会产生有趣的、独特的风味化合物，如泥土味、谷仓味或酸味，有些特种酵母菌株还表现出了非常特殊的性质，比如具有超高的密度。

实际上，特种酵母和酚类酵母在分类上是有一些重叠的，比利时风格的爱尔酵母种类是如此之多，以至于许多酵母菌株都无法进行特定的分类。不过，所有比利时风格的啤酒都有共同的特征，即酵母的特性对于特定风格的啤酒起着至关重要的作用。某些比利时风格的啤酒中酵母的作用比较有限，而大多数啤酒中酵母的作用则比较突出。我们必须承认，只要是典型的比利时风格的啤酒，都依赖于与这些酵母菌株特异性相关的发酵产物。在所有酵母菌株中，大多数酿酒师都更喜欢比利时风格的啤酒酵母，因为它们易于发酵，而且能够产生有趣的风味物质，其中很多发酵产物含有酚类物质。然而，不同的比利时风格的酵母菌株之间仍然有许多不同。所以，不能认为仅仅使用某一种"比利时风格"的酵母，就能酿造出一款比利时风格的小麦啤酒。即使有些消费者可能会认为啤酒具备了某些"比利时特征"，但是只要没有使用正宗的比利时小麦啤酒菌株进行发酵，酒体就不会具备与传统的比利时小麦啤酒同样的香气和风味。实际上，许多比利时风格的酵母菌株发酵后不仅仅能产生酚类物质，还能产生很多酯类、杂醇类、泥土味甚至酸味的化合物。但是这些酵母的絮凝性一般都比较差，这虽然不是酿酒师想要的性质，却因此使得这些酵母与那些絮凝性较好的酵母相比，发酵度更高。

如今，对于大多数比利时酿酒师而言，酵母的作用举足轻重。虽然许多比利时酿酒师愿意自由地分享酿酒信息，但是关于酵母的任何信息都极其神圣，需要严格保护。比利时酿酒师认为，他们用于酿造啤酒的酵母至关重要，因此规模较大的比利时酿酒厂，甚至某些规模很小的啤酒厂，都建立了自己独立的酵母实验室，拥有最先进的实验设备、发酵工艺和质量管理体系。

智美（Chimay）啤酒厂就是一个很好的例子。智美的父亲西奥多（Theodore）于1948年通过纯培养技术分离出智美酵母。从那以后，智美就用这单一的菌株来酿造啤酒。智美啤酒厂的啤酒发酵和酵母筛选包含了大量的实验室检测工作。酿酒师每次生产啤酒都用新的酵母发酵液，并将啤酒离心分离三次，以除去发酵后的酵母并将其回收再利用。酿酒师认为酵母的健康对啤酒的品质至关重要。

同样，比利时的其他酿酒厂也通过严格的管理来保护它们的酵母菌株，并不断筛选出能够产生独特风味和香气的新的酵母菌株。啤酒在比利时文化中占有重要地位，因此大量的、具有不同特征的爱尔酵母都被用来进行试验，人们试图研制出传统类型的比利时风格啤酒或对传统的风格做出新的诠释。

3.3.7　拉格酵母概况

拉格酵母除了具有发酵蜜二糖的能力外，它和爱尔酵母之间还有什么区别呢？有些酿酒师认为拉格酵母是"下面发酵酵母"，因为在发酵过程中大多数的拉格菌株不会上升到发酵液面或仅仅有极少数上升到发酵液面。即使大多数拉格菌株都是下面发酵酵母，但它们的絮凝性并不高。许多酿酒师经常误以为"絮凝"是指酵母沉降到发酵罐底部的过程，在发酵期间不会上升到发酵液面的菌株必定是絮凝性很高的菌株。如前文所述，絮凝是聚集的酵母形成的酵母菌块，不是沉降到底部的过程。酵母菌株絮凝性越好，在发酵期间越容易产生二氧化碳气泡。因为大多数拉格菌株絮凝性不是很好，所以它们往往不会上升到发酵液面。相反，它们悬浮在发酵液中的时间比大多数爱尔菌株更长，这样可以减少发酵过程中副产物的生成。

在较低的发酵温度下（通常为10~13℃）拉格酵母发酵更慢，产生的酯类和杂醇类化合物更少，但同时发酵速度较慢，温度较低也促使发酵液能溶解更多的硫，使得酵母更难重吸收双乙酰。几乎所有的酵母在较低的温度下都会产生少量的酯类，但是有些酿酒师可能会考虑这样一个问题，为什么大多数拉格菌株在相同温度下比爱尔菌株产生的酯类更少？其中的一个原因是酯类释放的多少取决于酵母的细胞膜，大多数的拉格菌株会将更多的酯类保留在细胞内部（Mussche，2008）。

拉格菌株大致可以分为两类：一类拉格菌株发酵的啤酒更干、更纯、更清爽；另一类拉格菌株发酵的啤酒仍然较纯，同时具有麦芽香味和圆润复杂的啤酒风味。在酿造美国、斯堪的纳维亚和德国某些风格的拉格啤酒时，人们常选择新鲜的、口感干爽的拉格酵母。相比之下，酿造慕尼黑清亮啤酒、慕尼黑深色啤酒和所有其他的具有麦芽香味的拉格啤酒时，通常都使用能产生麦芽香味的酵母菌株。这些酵母发酵的产物除了能为啤酒增添一些麦芽香味外，通常还具有更浓的硫味和轻微的果香味。酵母生产商经常把这些酵母标注为德国拉格酵母或慕尼黑拉格酵母，并且在产品的描述中强调它能够使啤酒产生麦芽香味的特性。

3.4 啤酒厂菌种的多样性

我们在酒吧品鉴啤酒，对每款啤酒进行品尝时，可能会感觉这些啤酒的口感全都一样，而酿酒师在酿造每款啤酒时所使用的谷物和酒花却都不同，这是为什么呢？最可能的原因是啤酒厂在整个产品系列中都只使用了单一的酵母菌株。有些酿酒师只使用一种菌株是因为他们担心使用过多种类的菌株可能会产生交叉污染，从而给啤酒带来不良的风味。而对于那些使用多菌株酿酒的酿酒师来说，他们最担忧的是如何在酿造过程中保持多种菌株的存活和健康。

值得庆幸的是，越来越多的酿酒师开始探索、使用多种酵母菌株进行酿酒。厨师不可能只在一个温度下只用一种调味料烹饪出所有食物；酿酒师也不可能只使用一种酵母菌株生产出各种风格的啤酒。如果没有多种多样的酵母菌株，酿酒师又怎能完全发挥他的创造力呢？

我们在上文中已经讨论过有关酵母的七种分类，每个种类的酵母都能生产出美味的啤酒。多种多样的菌株为酿酒师提供了多种可供选择的机会，使得他们能够创造出具有独特风味的啤酒。现在，全世界的酿酒酵母菌株已达数百种，大多数酿酒师已经使用过五十种或更多。那么，酿酒师到底该如何决定使用哪种酵母菌株呢？表3.1是在啤酒酿造中使用多菌株的实例。

表 3.1　　酿酒厂使用多菌株发酵时所具有的更多选择性和可调节性

典型的啤酒类型	使用一种菌株	使用两种菌株	使用三种菌株	使用四种菌株	使用五种菌株
金色爱尔	美国/加利福尼亚	美国/加利福尼亚	美国/加利福尼亚	美国/加利福尼亚	美国/加利福尼亚
淡色爱尔	美国/加利福尼亚	美国/加利福尼亚	美国/加利福尼亚	美国/加利福尼亚	美国/加利福尼亚
红色/琥珀爱尔	美国/加利福尼亚	美国/加利福尼亚	美国/加利福尼亚	英国	英国
印度淡色爱尔	美国/加利福尼亚	美国/加利福尼亚	美国/加利福尼亚	英国	英国
比尔森	美国/加利福尼亚	美国/加利福尼亚	德国拉格啤酒	德国拉格啤酒	德国拉格啤酒
德国小麦	美国/加利福尼亚	德国小麦啤酒	德国小麦啤酒	德国小麦啤酒	德国小麦啤酒
德国小麦	美国/加利福尼亚	德国小麦啤酒	德国小麦啤酒	德国小麦啤酒	德国小麦啤酒
英国棕色爱尔	美国/加利福尼亚	美国/加利福尼亚	美国/加利福尼亚	英国	英国
干世涛	美国/加利福尼亚	美国/加利福尼亚	美国/加利福尼亚	英国	爱尔兰
博克	美国/加利福尼亚	美国/加利福尼亚	德国拉格啤酒	德国拉格啤酒	德国拉格啤酒

以啤酒厂最常酿造的10款啤酒为例，它们最多使用5种酵母菌株。没有这些菌株，酿酒师就不可能酿造出某些特定风格的啤酒。不同的酵母菌株可以使啤酒产生不同的风味、香气和特色。例如，在酿造棕色爱尔啤酒时，如果把加利福尼亚爱尔酵母换成英国爱尔酵母，虽然可以增加麦芽的甜度和水果的酯香味，但同时也会导致一些微妙的变化。

保持多种菌株的健康十分重要。酿酒师该如何确定有多少种酵母可以在啤酒酿造中发挥作用呢？使用式3.1可以大致计算出有多少种酵母菌株在酿造过程中能够保持活力。

例如，每月酿造12d时则可能有4种酵母菌株在酿造过程中保持活力。从发酵开始到酿酒师需要再次接种酵母时大致需要9~10d。通常爱尔酵母的发酵会在5d内完成，之后用4~5d使酵母沉淀、啤酒后熟和酵母收集。高度絮凝的菌株，如英国爱尔酵母，发酵会更快地完成，而拉格菌株则需要更长的时间。用上面的公式计算出的菌株数量是上限，只有经验丰富的酿酒师可以在一周酿造3d时间时同时观察4种菌株。酿酒师一般会根据啤酒的销售情况有选择地使用酵母菌株，比如一些更受欢迎的啤酒，如淡色爱尔啤酒和琥珀啤酒，酿酒师则会更多地使用酿制这些啤酒的酵母菌株。

成本可能是酿酒师考虑使用多菌株的另一个原因，但是这和使用单一的菌株相比没有太大的不同，因为每种菌株都可以被重复使用5~10代，就像使用单一的菌株一样。使用多菌株发酵的啤酒厂获得的好处就是，可以加大酵母接种量并将每种酵母重复使用多次，这样可以节约成本。同时，若某啤酒厂拥有更多的、种类独特的啤酒，它会吸引到更多的顾客，使销售量提高。如果真是这样，那么使用多菌株所花费的成本和努力都是非常值得的。

交叉污染是酿酒师考虑使用多菌株时的另一个担忧。这个担忧是有道理的，因为这些"其他"的菌株在啤酒中浓度较高。啤酒中微生物的浓度越高，交叉污染的机会就越大。不过，和发酵一样，注意保持清洁和良好的卫生习惯将在很大程度上决定酿制能否成功。使用多菌株发酵的酿酒师认为，如果采用的工艺方法不会导致污染，那么加入更多种类的菌株也不会有问题。

在同时使用多种菌株时，应注意以下几点。

保持一致性。始终保持在该菌株最佳的发酵阶段收集酵母，并且使用不同种类的酵母时，其接种量和鲜酵母质量保持相同。保持不同酵母的一致性有助于早日察觉问题所在。

使用"酵母专用"贮存容器。每种不同的酵母都用不同的专用容器贮存，并做出清楚的标记。当贮存酵母时，记得要保持较低的温度，同时注意排出空气，并使二氧化碳的压力保持在较低水平。

将存放酵母的容器放在专属的、干净的冷藏区域。避免用来存储食物或作为其他用途使用。

最好使酵母保持新鲜。尽量缩短酵母的贮存时间。最好将酵母贮存在1~2℃条件下，并在收集后7d内使用。贮存时间不得超过14d。

贮存期间监测酵母培养液的pH。pH升高超过1.0，表明酵母细胞已经大量

酵
母

死亡，该酵母培养液不能再使用。

仔细记录所有内容。应该特别注意记录不同啤酒的发酵温度、时间、酵母的絮凝性和啤酒的发酵度。还应记录啤酒的感官质量、酵母来源、所用酵母的代数、啤酒贮存的温度、贮存时间等数据。

了解啤酒中每种菌株的需求和行为。每一种菌株的需求和行为都会有所不同。

每周进行一次品鉴活动。请几位值得信赖的朋友，每周用相同的评判标准品尝每款啤酒，这样便于更早发现问题。确保品尝的啤酒来自发酵罐，以便在重复使用酵母之前早日发现潜在的问题。

平时要对仪器设备进行彻底清洗和消毒，包括各种连接配件。定期监测常见的故障点，如换热器和发酵罐的表面。在出现问题之前更换配件，如橡胶垫片等。

3.5　一款啤酒的菌株多样性

自从埃米尔·克里斯汀·汉森（Emil Christian Hansen）建立了纯培养技术以来，酿酒师通常都是使用单一的纯酵母菌株进行啤酒发酵。在此之前，也有酿酒师会在麦汁中加入几种不同的菌株，这些酵母菌株对啤酒发酵有利有弊。现在大多数酿酒师都认为菌株是构成啤酒风味的重要组成部分。例如，我们都知道美国安海斯–布希（Anheuser–Busch）公司自19世纪末以来，一直在使用原始的拉格酵母菌株进行发酵。即便是许多小型的啤酒厂也都使用单一的菌株。当然在酿造不同的啤酒时会使用不同的菌株，但是通常也只是使用一种特定的菌株。

在发酵中使用多种酵母菌株会有益处吗？至少在某些啤酒中答案是肯定的。

啤酒厂可以通过向麦汁中加入发酵度较高的中性菌株来改善过甜的啤酒。这样一来，啤酒一方面可以获得中性菌株的发酵能力，另一方面又可以得到那些由发酵度低的菌株产生的复杂风味。

酿酒师可以混合两种菌株产生不同的风味，互补的菌株能够使啤酒产生更为复杂的风味。

使用多种菌株发酵可以制作出具有独特风味的啤酒，这些风味难以被其他酿酒师复制。

酿酒师可以同时使用耐酒精菌株和自有酵母菌株进行发酵，以此来调节季节性的相对密度较高的啤酒。为实现特定目标的多菌株发酵如表3.2所示。

表3.2 为实现特定目标的多菌株发酵

目标	菌株	时间
实现更高的发酵度，或者在保持自有酵母菌株发酵风味的同时，实现更高的酒精度（ABV）	某种酵母菌株用来增添风味，另一种酵母菌株用来提高发酵度	首先添加能产生风味的酵母，然后在距离发酵结束还有三分之一时间时加入发酵度较高的酵母
增加啤酒风味的复杂性，或者得到风味独特的啤酒	两种或两种以上的菌株	所有酵母都在发酵开始时添加

值得注意的是，酵母细胞通常在发酵的前72h产生大部分的风味化合物，所以，如果酿酒师要把来自不同酵母菌株的风味进行混合，那么在发酵开始时就应该把所有的酵母菌株加进去。而添加高发酵度或耐酒精的菌株则有所不同，一般酿酒师会在发酵快结束时进行添加，酵母会利用剩余的糖来达到合适的发酵度，但是这样产生的风味化合物一般会较少。这样添加酵母的缺点是，只有当要添加的这株酵母产生的风味比前面的酵母更强时才能添加。

把酵母添加到正在发酵的发酵液中需要一些技巧。由于发酵过程没有氧气存在但是有酒精存在，因此酵母需要处于非常活跃的状态。处于起始生长阶段、繁殖阶段或者是已经历1~2d活性发酵的酵母，当它们接种到发酵液后，会经历一个发酵很旺盛的时期。

许多酿酒师避免使用多菌株发酵，是担心不同菌株之间会相互竞争，最终只有某种菌株存活。而大多数酵母菌株在啤酒发酵时生长速率相近，因此上述担心几乎是多余的。许多野生酵母确实会相互竞争，有些甚至有致死效应，但是啤酒酵母不会这样。或许这正是历代的酿酒师在酵母相互竞争的过程中刻意保护的结果。酿酒师若担心某种菌株会战胜另一种菌株的话，可以做一个简单的实验：首先分别确定每种菌株的生长速率，然后将它们混合，以此来确定它们在一起生长是否会更好。

将不同菌株混合培养发酵时，最重要的是要考虑它们絮凝性的差异。即使絮凝性不好的菌株，当它与具有更高絮凝性的菌株在一起时会发生共同絮凝，以此改善自身的絮凝性，但是在共同絮凝中它们仍然会有一些差异。在混合菌株的发酵过程中收集这些菌株时需要注意它们的差异，否则会影响收集的每种酵母菌株的百分比。例如，将絮凝性较高和絮凝性较低的菌株混合培养，然后从发酵罐的底部收集酵母，这样会增加絮凝性较高的菌株的百分比。在现实的生产过程中，酵母菌株在五代之内百分比就会改变。在这种情况下，即使是等量接种的混合菌株，最终也会出现某种菌株占到整个批次菌株总量90%的情况。有趣的是，酿酒师仍然可以看到使用混合酵母菌株的益处。

你不需要对酵母悬浮物过于关注，因为监测相对比较容易。在本书"轻松拥有自己的酵母实验室"（Your Own Yeast Lab Made Easy）一章中介绍了几种监测酵母的技术。最简单的方法类似于测定某种酵母菌株纯度的方法，只需将酵母涂布在沃勒斯坦营养板（Wallerstein Nutrient，WLN）上，这样混合培养中的菌株无需经显微镜或遗传分析就能被检测出来。

为了探索混合菌株的功效，怀特实验室为部分啤酒厂提供了混合培养技术。酿酒师对此都给予了好评。多菌株酿造试验结果如表3.3所示。

表3.3　　　　　　　　　　多菌株酿造试验结果

啤酒类型	目标	使用菌株	酿酒师的意见
德国小麦啤酒	改善风味	在发酵开始时就加入 50% 的 WLP300 和 50% 的 WLP380	比只添加 WLP300 的啤酒风味更均衡、更复杂
德国小麦博克啤酒	改善风味	在发酵开始时就加入 70% 的 WLP380 和 30% 的 WLP830	具有较好的德国小麦啤酒的风味
法国赛松啤酒	具有更高的发酵度	在发酵开始时添加 WLP566，在麦醪相对密度为 1.022 时加入 WLP029，啤酒的初始相对密度为 1.048，最终相对密度为 1.009	WLP566 可以发酵产生赛松啤酒的风味，而且自有酵母菌株（WLP029）可以使得啤酒更干爽
大麦酒	具有更高的发酵度	在发酵开始时添加 WLP002，在麦醪相对密度为 1.030 时加入 WLP001，啤酒的初始相对密度为 1.094，最终相对密度为 1.014	自有酵母菌株（WLP002）的风味将会很显著，同时添加的 WLP001 可以使啤酒更干爽
超浓啤酒	具有更高的发酵度	在发酵开始时添加 WLP001，当开始补加糖的时候添加 WLP715，在第三次加糖的时候添加 WLP099，加糖后的麦汁初始相对密度为 1.095，最终相对密度为 1.008，啤酒的 ABV 为 15.3%	能够产生复杂的风味，WLP099 可以提高啤酒发酵度，主要的风味由 WLP001 产生

虽然菌株的混合培养发酵并不能解决所有有关啤酒风味或发酵度的问题，但显然使用多菌株可以为酿酒师增添更多创意。

3.6 酒香酵母

经验丰富的酿酒师都知道酒香酵母（*Brettanomyces*）也是一种酵母，而许多经验不够丰富的酿酒师经常把它当成细菌。酒香酵母跟爱尔酵母和拉格酵母一样，也是无孢子形成的酵母。酿酒师经常把酒香酵母称作"布雷特"（Brett）酵母，有些人认为这种称呼像是一种诅咒，而另外一些人则喜欢这个名字。

1904年，新嘉士伯啤酒公司总裁耶尔特·克劳森（N. Hjelte Claussen）在丹麦哥本哈根分离出酒香酵母，并且首次向世界介绍了这种酵母。他表示，英国烈性啤酒中的酒香酵母会经历很慢的二次发酵，这个二次发酵会产生英国烈性啤酒所具有的特征风味。事实上，酒香酵母的名字来自希腊语"英国真菌"，通过纯培养技术把它接种到啤酒中能够重现英国啤酒的风味。

在汉森（Hansen）研究发明纯培养技术之前，酒香酵母已经存在于许多啤酒中。纯培养技术应用的开始意味着酒香酵母黑暗时代的来临，因为许多酿酒师一直试图在发酵中消除它。如今尽管大多数啤酒厂和葡萄酒厂仍在回避酒香酵母，但是有些酿酒师已经开始尝试接受它了。可以说，这饱受诋毁的酵母如今终于迎来了新的曙光。酒香酵母发酵的产物闻起来像唐老鸭农场：混杂着马毯、谷仓、马汗、创可贴、皮革、湿羊毛、大肠、烧焦的豆子、燃烧的塑料、辣椒、慕斯等味道。这样我们就很容易理解为什么大多数酿酒师认为酒香酵母带来的作用是负面的了。但是，这些气味恰恰是拉比克和其他某些比利时风格的爱尔啤酒所特有的风味。如今许多啤酒厂已经慢慢开始接受酒香酵母。有些前卫的商业酿酒师和家酿师也在尝试它，有些已经取得了巨大成功。酒香酵母发酵产生的化合物被认为是罗登巴赫特级庄园、奥瓦尔、汤姆珍酿、拉比克等啤酒的重要风味来源；这些化合物也是其他酿酒厂，如加利福尼亚州圣马科斯的迷失大教堂酿造公司以及俄罗斯河圣罗莎酿造公司酿造的啤酒中受消费者欢迎的风味成分。

为什么这些啤酒厂会使用这种奇怪的酵母呢？万一这种风味不讨人喜欢呢？这就好比是在本地超市引进来自印度杂货商的香料一样（当然，除非你住在印度），会给当地消费者带来一种新鲜感。你发现当你准备酿制下一款优质啤酒时，有了许多新的风味和香气可以选择。如果酿造方法可行，并且能保证各种风味相对均衡，就可以酿造出一款风味既复杂又美好的啤酒。

3.6.1　污染问题

许多酿酒师不敢尝试酒香酵母的主要原因是担心交叉污染。如果你操作不当，那么在所有的啤酒中都能迅速发现酒香酵母的痕迹。酒香酵母和其他生物体一样，很容易通过空气中的尘土、木材、果蝇、传输设备等传播。更令人头疼的是酒香酵母能形成一种生物膜，这就要求在进行表面消毒之前，需要首先进行严格的清洁。然而，仅仅注意清洁和消毒还远远不够。如果你有将不同设备分开使用的习惯，那么将一套设备规定为酒香酵母专用，另一套设备规定为其他酵母使用，这样就不会遇到问题了。

3.6.2　酒香酵母菌

酒香酵母菌（*Brellanomyces*）是酵母菌属（*Saccharomycetaceae*）中不形成孢子的酵母菌。可形成孢子的酵母菌属于德克拉属（*Dekkera*）。在过去的100年里，随着研究人员开始利用许多新酵母，对酒香酵母的研究也逐渐发展起来。到目前为止，研究人员根据核糖体DNA序列同源性已经鉴定了五种酒香酵母。

布鲁塞尔酒香酵母（*B. bruxellensis*），其中包括中性酒香酵母（*B. intermedia*），拉比克酒香酵母（*B. lambicus*）和库斯特酒香酵母（*B. custersii*）。

异常酒香酵母（*B. anomalus*），其中包括克劳森酒香酵母（*B. claussenii*）。

班图酒香酵母（*B. custersianus*）。

纳尔登酒香酵母（*B. naardenesis*）。

纳努斯酒香酵母（*B. nanus*）。

酿酒师在酿造中经常使用3种酒香酵母菌株。

布鲁塞尔酒香酵母是典型的二次发酵菌株。奥瓦尔啤酒厂使用此菌株在修道院–特拉比斯特爱尔啤酒中产生了次级风味。新比利时、南安普敦和麦肯齐也用该菌株生产啤酒。

拉比克酒香酵母最常见于拉比克风格啤酒中，也存在于弗兰德斯红色和棕色爱尔啤酒中。俄罗斯河啤酒厂在其多款啤酒中都使用了这种菌株，其中最著名的是圣化啤酒。

异常酒香酵母不像上面两种酒香酵母那样更为人所知，但由于它属于布鲁塞尔酒香酵母，因此也有一些名望。或许由于这种菌株是从英国和爱尔兰黑啤酒中分离出来的，所以它比其他菌株酿造的啤酒味道更加微妙，果味更浓郁。

3.6.3 酒香酵母特殊在哪里

酒香酵母与典型酿酒酵母的行为有所不同，最显著的区别是卡斯特效应（Custer effect）。卡斯特效应是指在无氧的条件下抑制酒精发酵的作用。虽然一般的酵母在没有氧气的条件下会产生酒精（厌氧发酵），但是酒香酵母在有氧的条件下会以更快的速率产生酒精（需氧发酵）。在有氧存在时，酒香酵母能将葡萄糖转化为乙醇和乙酸。

许多酒厂担心酒香酵母会消耗橡木桶中存在的木糖。酒香酵母能分泌 β-葡萄糖苷酶，可以分解木桶中的纤维二糖，所以酒香酵母能够在木材中生长。新橡木桶的烧成工艺可产生纤维二糖，所以比用过的旧木桶含有更多纤维二糖，因此有可能使得更多的酒香酵母生长。酒香酵母产生 β-葡萄糖苷酶，β-葡萄糖苷酶可进一步分解纤维二糖并产生葡萄糖，给细胞提供能量。葡萄糖苷酶的酶解作用会产生水果香味。许多酿酒厂会选择销毁酒香酵母发酵过的木桶，但是也有一些酿酒师却很珍惜这些木桶。如果想利用 β-葡萄糖苷酶，请注意高浓度乙醇能抑制这种酶的活性，其最适pH为5~6。酒香酵母主要产生4类副产物：挥发性有机酸、酯酶、四氢吡啶和挥发酚类。最常见的有机酸是乙酸，因此，使用能产生高浓度乙酸的酒香酵母酿造的啤酒，也有高浓度乙酸的味道。酒香酵母酿造的啤酒还含有其他的活性风味成分，比如脂肪酸的衍生物，最常见的有异戊酸、异丁酸和2-甲基丁酸等。

四氢吡啶类化合物通常具有麝香味。酒香酵母发酵通常会产生挥发酚类，如4-乙基苯酚（创可贴的主要成分）和4-乙基愈创木酚（烧木材的主要成分）。挥发性酚类具有辛辣味，如肉桂味、辣椒味、谷仓味、马蹄味等酒香酵母发酵产生的典型风味。4-乙基苯酚是证明酒香酵母存在的强有力的指标。

3.6.4 酵母接种量和其他因素

正如许多酿酒师所知，即使你不使用酒香酵母，啤酒中也会出现少量酒香酵母。而当你尝试进行酒香酵母发酵时，许多酵母细胞反而不会呈现良好的状态。我们发现每毫升麦醪接种200000个酵母是比较高效的，但是这远远低于爱尔或拉格酵母的接种量。迷失修道院的修士汤姆·亚瑟（Tomme Arthur）建议使用新木桶时酵母的接种量应为上述的2倍，这样菌种才能够在桶里构建起生态系统。俄罗斯河啤酒厂的维尼·奇卢尔佐（Vinnie Cilurzo）最初只接种一半量的酵母，但此后每个月接种另一批次的酒香酵母，以至于达到发酵所需的量。不管进行什么发酵，你都需要对酵母接种量进行实验探索，从而找到生产出你想要的啤酒所需要的酵母接种量。

酒香酵母虽然生长缓慢，但是寿命很长。虽然有些酒香酵母需要5个月的时间才能达到快速生长期并且产生特殊的风味，但是一般情况下，正常菌株在适当的条件下约5周就可以达到该水平了。

氧在酒香酵母发酵啤酒和化合物（如乙酸和乙醇）的形成过程中起重要作用。适量的氧可以促进酒香酵母的生长。研究人员发现，布鲁塞尔酒香酵母生长的最佳供氧量为4mg O_2/（L·h），这相当于空气流速为60L/h，这比爱尔酵母推荐的供氧量高4倍。过高或过低的供氧量将会抑制细胞生长。乙醇和乙酸的产量也取决于氧的含量，增加氧的含量将会产生更多的乙酸和更少的乙醇（Aguilar Uscanga等，2003）。如果你的目标是促进酒香酵母生长或者让你的啤酒产生很大的醋味，那么给啤酒提供大量的氧是不错的选择。

啤酒的相对密度也会影响酒香酵母二次发酵时产生的风味。克劳森（Claussen）在研究酒香酵母时发现，将酒香酵母接种到相对密度为1.055的麦醪中可以产生"英国啤酒"的风味。西姆惠尔（Shimwell）后来也证实啤酒"迷人"风味的产生确实需要一些特定条件。例如，相对密度低于1.050（12.4°P）的啤酒，发酵后的味道会变差并且酒体会很浑浊，产生的味道和香气也很平淡；而初始相对密度为1.060（14.7°P）的啤酒将会具有很好的品质。西姆惠尔（Shimwell）指出，在同一家啤酒厂中，酒香酵母既可能是某种啤酒理想的酵母，也可能是另一种啤酒完全不适用的酵母（Shimwell，1947）。

3.7 捕获野生酵母

很多人可能有过这种经历，当我们享用一款超级比利时拉比克啤酒时，会思考是否也能在自家的后院酿制这样的啤酒。我们还会有很多设想：如果我们在夜间放置一桶麦芽汁到室外将会怎样？如果我们把树上的苹果浸泡到麦汁中又会怎样？虽然多数啤酒厂努力避免出现上述情况，但是一些大胆的酿酒师却一直试图在啤酒发酵过程中添加某些天然物质。说到这，很多人会马上联想到布鲁塞尔郊区塞恩河谷的啤酒厂。他们已经引领了数百年自然发酵啤酒的酿造工作，现在越来越多的酿酒师正在开始探索新的酿酒技术。来自密歇根州德克斯特的快乐的南瓜手工爱尔啤酒（Jolly Pumpkin Artisan Ales）就是一款典型的新工艺啤酒。据罗恩·杰弗里斯（Ron Jeffries）（啤酒厂的老板）说，啤酒厂设计的加热和冷却系统可以使未过滤的夜间凉空气进入发酵罐，使得空气中残留的某些微生物能够在敞口的发酵罐里生存。快乐的南瓜啤酒（Jolly Pumpkin）最初只用购买的商业酵母菌株来发酵啤酒，但在长期重复使用过程中，随着其他微生物的"侵入"，酿出来的啤酒渐渐地能够产生独特而迷人的香气了。

在自然发酵中，我们通常用葡萄、苹果、梨等植物原料、空气中的尘埃或昆虫上的微生物来给麦醪接种。正如你所预料的，结果往往是极其难以控制的。虽然可能会有一些酵母发酵成你想要的结果，但是它通常是与其他微生物（如细菌和霉菌）共同发挥作用的。

能否在各种水果表面发现产酒精的酵母目前尚无定论。从理论上说，酵母存在于已经用于加工和发酵的设备上。尽管有研究发现自然发酵的苹果上存在着酿酒酵母（Prahl，2009），但这并不意味着酿酒酵母存在于所有水果或植物上，即使大多数水果表面会存在少量的酿酒酵母。

无论是从水果中收集酵母还是让微生物随着夜间的空气进入发酵罐，这些酵母的数量即使用来发酵最小批次的啤酒也远远不够。许多酿酒师通过纯培养技术先接种合适数量的酵母，然后再允许其他的微生物进入开放的啤酒发酵罐中。啤酒暴露的时间和初次接种的酵母量会对发酵过程产生很大影响。因目前没有任何标准方法可循，所以你能做的只是对初始酵母接种量、啤酒暴露时间，以及你是在发酵之前、发酵期间还是在发酵之后暴露麦芽汁这些因素进行试验。pH、国际苦度单位（IBU）、酒精度、季节和残糖量等都对次生发酵有影响。

如果你想更好地控制啤酒发酵，想避免所有的细菌和霉菌污染，该怎么办呢？也许你也想在发酵过程中建立纯培养技术。你可以进行一些小型发酵试验：将麦芽汁敞口过夜或者把水果浸泡到麦芽汁中。制作麦芽汁很简单，只需要淡色麦芽和少量啤酒花。可以品尝酿成的啤酒，看是否有哪款啤酒具有某个你想要的特征，然后收集酵母并投入啤酒中。用平板上生长的菌落进行更多的发酵试验，看是否有酵母可以产生你喜欢的风味。

可以充分发挥你的优势，因为这些混合的菌株在所提供的环境中重复多代发酵后，最终生物体会发生某些变化。换种说法也就是：你所提供的环境会对生物进行筛选，因为它只对其中的部分菌株有利。如果你的发酵罐中已经开始酒精发酵：pH已经下降、营养物质的含量有限、没有氧、酒精含量上升，那么某些突变的酿酒酵母可能在酒体中存活力最强，它们应该能够胜过酒体中大部分的细菌。

一旦你从不同批次的试验中找到了最满意的菌株，就利用该菌株，以相同的麦汁相对密度、IBU等条件进行另一个发酵试验。这些条件将对一些生物有利但同时对其他的生物不利，以此将那些不能适应环境的生物体清除。如果你的目标是用新发现的酵母做一款高酒精度的啤酒，你可能同时需要使用中性爱尔酵母，因为中性爱尔酵母能够保证啤酒的酒精度更高，而且有助于清除在该环境中无法生存的任何生物体。重复使用这些酵母将最终对酒精耐受性较高的生物有益。

如果你想要分离一种微生物，请反复使用以下步骤纯化菌株。

（1）从发酵液中收集沉淀物。

（2）稀释沉淀物并过滤，以便你可以选择单一、纯净的菌落。

（3）将分离的菌落转移到小批量的麦汁中。

（4）通过味道、香气或其他试验来评判是否是纯种的微生物。如果试验失败了，那么重新开始。如果结果正如你所愿，那么继续进行下一步。

（5）利用这个结果，并进行更大规模的发酵试验。

研究野生酵母很有趣，但是得到好的结果并不是一蹴而就的。这取决于发酵所使用的发酵液，有些发酵液还具有潜在危险。在有氧的情况下，如果发酵液的pH足够高，可能会促进某些病原体的生长。任何时候当你品尝野生酵母发酵的啤酒时请小心，尤其是闻起来不像啤酒的，即使它没有腐败，也可能很危险。除非是你自己分离出的酵母，并且对它们进行了纯培养，这样才可以试着去品尝。

4

第 4 章
发酵

发酵就是酿造啤酒。俗话说："酿酒师做麦汁，酵母酿啤酒"。确实是这样的，但酿酒师有很多方法可以控制酵母如何酿造啤酒。也许某些菌株偶尔能够达到我们的使用要求，但是我们需要学习如何使菌株稳定地工作，并利用这些技能来控制酵母。一个酿酒师之所以出色，很大程度上取决于他是否有能力按照预期目标来掌控发酵。虽然我们不能让酵母菌来做它本身不能做的事，但可以使它的能力得到最大发挥。

4.1 发酵周期

酵母接入麦芽汁后，它们会做什么呢？一个公认的答案是：它们消耗麦芽糖并产生新的酵母细胞、乙醇、二氧化碳以及风味化合物。

$$糖 + 2ADP + 2磷酸盐 \rightarrow 2乙醇 + 2CO_2 + 2ATP$$

为了得到最大量的目标风味物质，一些专家将发酵分为4个或更多阶段：迟滞期、生长期、发酵期和沉降期，这有助于了解在啤酒发酵中酵母是如何工作的。事实上，许多酵母的行为并不遵循鲜明的阶段划分，没有确定的开始和结束，相反，很多阶段是同时进行的。例如，起始阶段细胞生长和发酵同时进行。在某个时间说细胞处于哪个阶段并不准确，因为不同的细胞个体在以不同的速度进行发酵。

我们简单地把啤酒发酵划分为3个阶段：发酵0~15h为迟滞期，发酵1~4d为对数生长期，发酵3~10d为稳定期。确切的发酵阶段并不重要，重要的是酿酒师要明白酵母菌从发酵中获得了什么以及他们为啤酒做了什么。

4.1.1 迟滞期

酵母接种到麦芽汁中，它开始适应环境。虽然你没有看到任何活动，但细胞从麦芽汁开始吸收氧、矿物质和氨基酸（氮）并合成蛋白质。如果酵母不能从麦芽汁得到所需的氨基酸，它们就会自己合成。

全麦芽汁的氮、矿物质和维生素非常丰富。麦芽汁能够提供酵母正常发酵所需要的大部分维生素，必需维生素如维生素B_2、肌醇和生物素；重要矿物质如磷、硫、铜、铁、锌、钾和钠。酵母从麦芽汁中摄取矿物质和维生素，开始合成生长所必需的酶。还可以在麦芽汁中额外添加矿物质和维生素，即通过使用商业酵母营养补充剂来改善酵母的健康和活力，锌是一种经常供不应求的营养补充剂。

氧是酵母需要的营养物质，因为麦芽汁在煮沸过程中氧气被除去。在迟滞阶段，酵母细胞迅速吸收麦芽汁中可利用的氧。细胞需要氧才能合成重要的化合物，其中最重要的是固醇，它对保持酵母细胞膜的渗透性至关重要。发酵开始时给酵母提供足够的氧很重要。一般来说，之后不需要再充氧气，因为会打破风味和香气化合物微妙的平衡。有一个例外是在酿造高浓度、高酒精度的啤酒时，这时酵母为了把啤酒发酵彻底需要做大量储备；在接种12~18h再次充氧，这对啤酒发酵到合适程度有极大的作用。

温度直接影响酵母生长，发酵温度较高会产生更多的细胞。接种量较少时常用的一个技巧是，提高迟滞期的温度，虽然它可能不会直接增加不好的风味物质，但可能会增加一些前体物质，如α-乙酰乳酸，这是双乙酰的前体。如果是在较高温度下接种酵母，那么在发酵末期也要将温度提高至相同温度条件或者在更高的温度条件下进行啤酒发酵，这样有助于酵母利用这些发酵中间化合物而使酒体更干净。除了这些前体，酵母会在迟滞期产生微量的风味化合物。酵母在此阶段可产生极少乙醇，因此不用考虑会产生酯类物质，当酵母产生适量的醇类物质后才会合成酯类，然而，这个时期细胞生长过快会影响发酵后期的风味。一些酿酒师把迟滞期温度控制在22~24℃，发酵温度控制在20℃。拉格啤酒也可以这样酿造成功，迟滞期温度控制在22~24℃降低发酵温度10~13℃。对于接种量偏小的啤酒发酵，这种处理方式是可被接受的，但是，对于接种量太小的发酵批次这种方法就没有效果了。当啤酒厂有适量可接种的健康酵母，并能够在合适时间将麦芽汁冷却到发酵温度时，通常接种温度控制在等于或者稍微低于发酵温度对啤酒质量更好。酿酒师允许发酵温度在12~36h上升，直到达到预期的温度。这个过程的好处是酵母生长受到控制，通常使得酵母更健康，减少细胞膜的外泄，因此啤酒更干净。

在迟滞阶段，你看不到任何可见的活动，但这个阶段是产生新的健康细胞进行发酵的非常重要的一步。接种率也在迟滞期起了重要的作用，过量接种可以缩短滞后期，但是每个细胞在发酵结束时健康程度不一样，虽然酿酒师可能因为在1h内看到发酵活动而感到欣慰，但这个时期不是酵母培养的最佳条件。当接种率过低试图通过温度和营养物补偿也是一样的，细胞生长过多通常会降低理想形态的酵母数，对于接下来的发酵和下一批次的发酵都不利。

4.1.2　对数生长期

当酵母经历迟滞期后，它们开始消耗糖类并产生二氧化碳和其他物质，这是酵母指数或对数生长期的开始。在这个阶段，细胞数量迅速增加，酵母产生乙醇和风味化合物。酵母开始产生大量的二氧化碳并在啤酒表面产生一层泡沫。对于大多数爱尔酵母而言，在这个阶段发酵的香气有一种"橄榄"的气味。

指数期酵母快速耗糖。酵母利用糖有一定顺序，优先利用简单的糖：先是葡萄糖，然后是果糖和蔗糖。酵母可以吸收这些简单糖进入细胞内，迅速地进行新陈代谢。葡萄糖约占麦芽汁糖分的14%，麦芽糖是麦芽汁的核心，麦芽糖一般占麦芽汁中糖分的59%，并且利用麦芽糖发酵是使酵母产生啤酒风味特征的一部分。酵母利用麦芽糖酶进行水解（水解是通过与水反应分解化合物）将麦芽糖变成葡萄糖单糖，酵母可以通过正常代谢循环利用葡萄糖。

酵母最后可发酵更复杂的糖，如麦芽三糖，这是酵母不容易消化的糖。一些菌种发酵麦芽三糖比其他菌种好一些，而有些菌种根本不能发酵麦芽三糖。一般絮凝度越高的菌种，对麦芽三糖的发酵能力就越低。发酵麦芽三糖的能力决定一个菌种的发酵度。

我们称酵母的活力高度为"峰值"。发酵"泡盖"的颜色从黄色到棕色，颜色主要来自沉淀的麦芽和酒花组分，还有氧化的酒花树脂与酵母形成的棕色斑点酵母。

4.1.3　稳定期

此时，酵母生长速度减慢进入稳定期。酵母已经产生了大部分的风味物质，其中包括杂醇类、酯类和硫化物。我们称之为"生啤酒"，因为这个时候啤酒中存在的许多风味物质还没有达到风味的平衡。

啤酒在稳定期成熟，也称为调整期。发酵过程中产生的双乙酰和乙醛被酵母大量重新吸收，硫化氢继续以气体状态从发酵罐顶部排出。酵母活力降低，酵母絮凝开始沉淀。当使用新的菌株时，通过测定此时的发酵度对确定菌株的真实发酵度非常重要。有些菌株在啤酒发酵完成之前就开始絮凝和沉淀了，酿酒师就需要采取适当措施，方法可能包括活化酵母，提高发酵温度或进行再次接种。

在这一点上，很多啤酒厂都会控制发酵液温度使其逐步降到2~4℃，以促进酵母絮凝和沉淀，商业酿制中这样做则是为了快速、高效地出酒。家酿通过将发酵罐移动到冷藏室或降低控制器温度也可以做到这点，但我们建议不要这样做，因为这样做会迫使酵母在可以清理发酵中间产物之前进入休眠状态。商业啤酒厂的爱尔啤酒因为发酵旺盛期双乙酰含量高，一旦在短时间内略提高发酵温度，啤酒会从带有浓重黄油味变得香气极好。特别是对于家酿爱好者来说，我们的建议是等待酵母完成发酵并尽可能清理完发酵副产物再降低发酵温度。传统的家酿建议"等待7d后装瓶"这样不是很好。不同的啤酒和不同的酵母有不同的要求，最好的做法是直到酵母没有活动迹象，让发酵液自然澄清，然后啤酒装瓶。

总之，识别这几个主要阶段很重要，因为这有助于更好地识别潜在的问题。在发酵方面，应该关注啤酒质量而不是关注影响速度的关键因素，如温度、时间和接种率。

4.2　麦芽汁组成

麦芽汁组成对发酵非常重要，从营养成分到各种糖的比例。没有足够的营养和合适的糖比例，发酵不能按照酿酒师的预期进行，啤酒质量也将受到影响。

4.2.1 糖

大部分酿酒师都知道醪液温度与醪液中产生糖的种类有关。较高的温度容易形成分子复杂、可发酵性低的糖类，这能导致啤酒发酵度低。醪液浓度对麦芽汁的发酵性能也有一定影响，酿酒师通过微调醪液温度就可以轻松消除这种影响。

时间和温度是酿酒师调节麦芽汁发酵能力的主要因素。尽管酶催化反应发生的速度很快，酶活性的提高仍然可以影响麦芽汁的发酵能力。

麦芽汁例行发酵试验既便宜又简单，并能得到对于发酵有价值的信息。有了这样的数据能够更容易地判断发酵是否与温度有关。酿造新啤酒前，养成每次进行麦芽汁发酵试验的习惯，并定期测试已经做好的啤酒。你可以在第六章中找到更多详细的信息。

有些酿酒师认为，较高的醪液温度会导致啤酒"麦芽味"突出，也就是啤酒有更多的麦芽甜味。但是较高的醪液温度既不会使啤酒形成麦芽的特征风味，也不会导致啤酒太甜，在较高的糖化温度下产生的长链糊精是微甜的。这使得酿造两种啤酒成为可能，一种是通过高温糖化酿造高相对密度啤酒；另一种是通过低温糖化酿造低相对密度啤酒，但高相对密度啤酒比低相对密度啤酒口感更干（甜度更低）。有许多低相对密度比利时风格啤酒仍然有甜味。抛开发酵本身，影响啤酒甜度的因素有很多，包括醇类、苦味化合物、单宁、碳酸化和酵母未分解的糖。

4.2.2 酶

家酿爱好者渴望酿造最好的啤酒，每一步操作都做到极致。那些大批量酿造啤酒的大工厂有时会额外在啤酒中添加淀粉酶。添加酶进行发酵最主要的问题（除了细菌污染的风险）是未经煮沸，酶仍然保留了充分的活性，它们将一直分解淀粉和糊精，直到啤酒彻底发酵为止，这损害了啤酒的风味。啤酒厂灭酶的唯一合理方法是将啤酒进行巴氏杀菌还需持续一定时间才能使酶变性。几乎没有精酿啤酒厂甚至极少的家酿爱好者会对啤酒进行巴氏杀菌，所以这个方法对许多精酿啤酒厂来说是不可取的。

高相对密度啤酒，特别是全麦啤酒，原麦汁中不可发酵糖的比例较高，造成的问题是实际发酵度低于啤酒厂的目标。在发酵停滞的高相对密度啤酒中添

加 α-淀粉酶后，又可以重新发酵。正如所料，酶继续工作，但高酒精浓度会阻止酵母工作，尽管酶催化反应形成新的可发酵糖。一些酿酒厂已经报道了使用这种方法取得的成功，尽管结果可能是比预期的啤酒逊色。随着高酒精度啤酒越来越受欢迎，越来越多的酿酒厂尝试使用添加酶的方法。

营养缺陷也可能导致发酵速度缓慢。当使用的麦汁中含有大量非麦芽糖或者使用的麦芽质量较差时，重要的是确保麦芽汁中有足够的氮源供酵母细胞正常生长和发酵。使用质量差的麦芽利用蛋白质休止可确保麦芽汁中含有足够的氨基酸，麦芽汁中非麦芽糖含量高时可能需要补充氮。矿物质缺乏也会导致发酵缓慢。很多酶需要特定的矿物质作为辅助因子才能有效地工作。例如，制作啤酒的麦汁经常含锌不足，锌是乙醇脱氢酶的辅助因子，在酵母中负责产生乙醇，该酶不能利用其他金属离子代替锌。

酶的来源有很多，包括植物来源如麦芽。大多数制造商都是利用微生物来生产酶的，利用细胞高密度发酵罐培养大量的微生物（细菌或真菌）非常经济有效，微生物体通常释放所需要的酶，所以只需要去除细胞并浓缩含有酶的培养液即可。产品的规格和预期用途决定了酶制剂是否要进一步纯化。纯化酶的成本很高，所以大多数酶制剂不会进行完全纯化。因此，每种酶制剂通常含有许多不同种类的酶。制造商也可以利用DNA重组生物（基因修饰的生物体或转基因生物）来生产酶，但是目前在酿造中使用得极少。啤酒厂商是保守派而且知道消费者对添加转基因生物产品的反感。来自诺和诺德公司的一款转基因生物产品（Maturex）已经获得美国联邦药品管理局批准用于啤酒中，它是一种乙酰乳酸脱羧酶，可将乙酰乳酸直接转化为乙偶姻而不产生双乙酰，减少了双乙酰还原的步骤，但是不能去除酵母或球菌代谢已经产生的双乙酰。使用这种酶至少可以减少等待双乙酰还原的时间，但缩短啤酒成熟时间可能会对啤酒风味产生其他影响。

当购买这些酶制剂时，不必为量太少而感到惊讶。因催化反应不消耗酶，所以只需要很少的用量。不同酶的用量有所不同，但是通常情况下在美国每包接近1g。你买到的产品很有可能是以液体或粉末形式包装的，如果是粉末状的，最好使用"防尘"措施避免接触皮肤、眼睛或吸入肺部。蛋白酶是一种混合制剂，高浓度的酶可刺激皮肤。冷藏保存可以延长酶的保质期，在4℃条件下，大多数酶制剂的保质期是一年。

4.3 酵母营养

酵母生长需要足够的糖、氮、维生素、磷和微量元素。爱尔酵母
（*Saccharomyces cerevisiae*）和拉格酵母（*Saccharomyces uvarum*）具体的营养
需求不同，同一类型的不同菌株其营养需求也不同，甚至相同的菌种在不同的
啤酒厂使用，营养需求也不相同。

除了氧和锌以外，全麦芽麦汁中包含酵母发酵所需的所有营养物质。酿酒
辅料如玉米、大米或糖浆等却缺乏许多基本的营养素如氮、矿物质和维生素
等。即使是全麦芽麦汁，酿酒师添加营养物质也可以改善和提高其发酵性能。
一些可用的酵母营养物能够提供氮源、矿物质和维生素的营养平衡。酿酒师也
可以单独添加特定的营养素，但要注意过量的营养也可能产生问题。目标是找
到发酵的最佳平衡条件。

氮元素约占酵母细胞干重的10%。麦芽汁中氮主要是以氨基酸形式存在
的。氨基酸有20种不同的类型，而酵母可以合成自身需要的氨基酸或从麦芽汁
中吸收氨基酸。麦芽汁中的氨基酸和无机氮补充剂都会影响风味，有利还是有
害取决于你的目标。

类似于利用不同的糖，酵母也尽可能快速有效地吸收、利用麦芽汁中的
氨基酸。第一天，酵母优先吸收利用某些氨基酸（A组），而另一些氨基酸（B
组）在发酵过程中被酵母逐渐摄取；直到发酵后期酵母才会利用其他氨基酸
（C组）；酵母完全不利用而麦芽汁中含量又很丰富的氨基酸是脯氨酸（D组）。
运输氨基酸通过细胞膜的转移酶的活性决定了氨基酸的利用率。酵母利用氮的
最快方式是通过转氨作用，在这个过程中，供体氨基酸给予了其α-氨基氮相
应的酮酸，从而形成酵母所需的氨基酸，因此，麦芽汁中的大部分氨基酸被转
化成α-酮酸。这就是酵母不利用脯氨酸的原因，因为它的α-氨基是一个仲胺
（结合到两个碳上），不能转氨。

这个过程对风味形成有重要影响，α-酮酸经过脱羧形成醛，随后还原变成
醇类，这是杂醇的来源，说明氨基酸补充剂能够影响形成杂醇的数量和类型。
另外，杂醇的组成变化影响形成的酯类，这也是氨基酸补充剂不一定优于无机
氮的原因之一。

常见的无机氮源是硫酸铵和磷酸二铵（DAP）。DAP已经成为葡萄酒行业
迄今为止最受欢迎的氮源，因为它也提供磷酸盐。磷是脱氧核糖核酸（DNA）

以及细胞膜磷脂的重要组成部分。磷占干细胞重量的3%~5%，大部分存储在酵母的液泡中。如果酵母缺乏磷酸盐，就会因DNA复制存在问题而影响发酵，也可能导致发酵停滞和发酵不彻底。例如，使用辅料制作啤酒，或者非全麦酿制的啤酒，如果出现发酵停滞，添加磷酸盐可能会起到促进发酵的作用。

维生素在许多酶促反应中是必不可少的，但酵母不能合成多种必需维生素。典型的维生素需求包括生物素、烟酸和泛酸。生物素是酵母最重要的维生素，它几乎涉及所有合成酵母关键成分的酶促反应：蛋白质、DNA、碳水化合物和脂肪酸。缺乏生物素将导致酵母生长缓慢并发生发酵停滞。

必需的矿物质包括钙、钾、镁、锌和许多微量金属离子，它们是酶促反应的辅助因子。矿物质促进酵母细胞吸收营养物质，并可作为细胞结构组成的成分。钙对酵母絮凝和新陈代谢很重要，但研究人员认为麦芽汁中钙离子不是酵母生长和发酵的限制因子。酿酒师有时候向发酵液添加钙盐以调节pH并改善酵母絮凝状况。锰可以刺激酵母生长，通常被添加到许多酵母营养配方中。钾在细胞内具有许多功能，占到酵母细胞干重的2%，这对矿物质来说是非常高的含量（大多数在0.1%以下）。ATP是细胞内的能量储存形式，镁在ATP合成过程中具有重要作用。事实上，没有镁元素酵母不能生长，当镁的摄取受限时，酵母细胞必须尝试产生某些化合物替代镁的功能。研究人员已经发现，镁能改善细胞的抗压能力，当乙醇在细胞内积聚时，镁能起到防止细胞死亡的作用（Walker，2000）。

如前所述，麦芽汁通常含有有限的锌。锌在细胞繁殖中具有重要作用，并且是负责产生乙醇的乙醇脱氢酶的辅助因子，即使可能存在其他金属离子，也不能替代锌离子。发酵所需的理想浓度是0.1~0.15mg/L，可以使用食品级（FCC）或药品级（UPS）的硫酸锌或氯化锌。在确定剂量和成本时要注意食品级或药品级硫酸锌是七水合盐（$ZnSO_4 \cdot 7H_2O$），锌含量只有23%；另一方面，氯化锌的锌含量为48%。另外需要注意，锌会随热量损失一部分，添加量要超过发酵目标的理论量。在麦芽汁煮沸结束前额外添加0.2~0.3mg/L的锌会导致发酵罐中的锌含量很高。

有趣的是，与其他酵母相比，啤酒酵母还含有非常多的铬。我们还不知道铬在发酵中起什么作用，但铬水平如此之高，以至于啤酒酵母通常在许多营养品和化妆品中存在。

即使麦芽汁具有充足的矿物质，也不能保证矿物质是酵母细胞可转化利用的。金属离子倾向于螯合，意味着与蛋白质或其他化合物结合，可使得它们不能被酵母利用。即使金属离子可以进入酵母细胞，它们可以在细胞质内形成螯合物，但这实际上也是酵母细胞的自然防御机制，有助于防止有毒金属影响发酵，例如，铯、锂和铅都会抑制酵母生长。

另外，还有一种独特添加物——酵母营养补充剂（Servomyces），可以解决酵母营养缺乏的问题，这是北美的怀特实验室（White Labs）提出的。通过在金属离子锌和镁存在的条件下培养啤酒酵母，这个方法已经申请专利。荧光测试显示，在生产过程中把大部分金属离子聚集在细胞壁中，这样可能会防止它们加入麦芽汁时形成螯合物，加入酵母补充剂后，除了提供必需的锌和镁之外，死酵母细胞的其他营养成分也一起被加入。因此，添加酵母补充剂的效果要好于仅添加相同数量的营养盐（Mclaren等，2001）。

4.4 发酵通气

酵母不是严格的厌氧菌；他们需要氧气进行繁殖。酿酒师通常会在加入酵母开始厌氧发酵之前向麦芽汁中充氧。尽管会担心他们的产品氧化，但他们知道酵母需要氧气才能进行健康稳定的发酵。

在麦芽汁发酵的早期阶段，适当的氧含量是必要的，因为氧在细胞壁的脂质合成中起着不可或缺的作用（Fix和Fix，1997）。麦芽汁的含氧量、甾醇的合成量以及发酵性能之间有很强的相关性（Boulton等，1991；Boulton和Quain，1987）。没有足够的甾醇供应，酵母细胞就表现出活性低和发酵性能差的特点。

美国加利福尼亚州奇科的西拉内华达酿酒公司在20世纪80年代初期开始进行商业酿造。酿酒师们为了得到淡色爱尔啤酒进行了3个月的尝试，由于一些未知的原因，一直得不到他们想要的风味。有一个现象就是发酵迟缓，他们发现问题在于通气不好，为了改善通气，他们整修了设备，可以将麦芽汁喷射入发酵罐（Grossman，2009）。

4.4.1 对氧气的需要

酵母繁殖时，他们需要为子细胞合成新的脂质。为了做到这一点，酵母需要2种化合物：甾醇和不饱和脂肪酸。甾醇可以保持脂质细胞膜的流动性并调节其渗透性。酵母可以从麦芽汁中获得甾醇或合成它们。但是，麦芽汁中的甾醇并不总是足够进行发酵的（不是所有类型都合适），所以酵母需要合成甾醇。有趣的是，即使麦芽汁中所有甾醇可用，酵母在有氧条件下仍很难吸收甾醇（Shinabarger等，1989）。

甾醇的合成和调节是复杂的。简言之，酵母利用甘油来获得乙酰辅酶A，它们用于制备角鲨烯，然后，经过一系列氧化反应后，再将角鲨烯转化为2，3-环氧喹喔啉，然后它们环化形成羊毛甾醇，这是合成的第一个甾醇。然后，他们合成其他甾醇，包括麦角甾醇，经过各种不同的反应，其中一些需要更多的氧。从乙酰辅酶A到角鲨烯共经过10种酶催化反应，另外10~12种酶可形成麦角甾醇。大多数游离甾醇存在于质膜上，有些结合在细胞内各种细胞器的膜上。

脂质膜的另一种重要成分是不饱和脂肪酸，如棕榈油酸和油酸。与甾醇一样，合成开始于乙酰辅酶A。例如，乙酰辅酶A转化成棕榈酸需要10个反应。然后氧气将棕榈酸去饱和转化成棕榈油酸。

许多商业啤酒厂担心添加氧气可能会加快啤酒在贮存期的老化速度，所以他们对寻找新的方法为酵母提供发酵所需的甾醇感兴趣。在科罗拉多州柯林斯堡的新比利时酿酒公司，在酵母培养物中添加不饱和脂肪酸来代替给麦芽汁充氧，它选择橄榄油作为丰富的油酸来源。啤酒厂添加橄榄油的最高浓度是在接种前5h每250亿个细胞加1mL，结果发酵时间和充氧控制的发酵时间差不多，加油的发酵时间是94h，而通气控制的时间是83h。因为发酵达到彻底的程度，所以可以假设橄榄油的添加对不饱和脂肪酸水平有积极的影响。发酵的啤酒是琥珀爱尔，其酯类物质含量更高且杂醇含量更低（不通气），但口感没有明显差异（Hull，2008）。新比利时酿酒公司没有长期坚持这个技术，但实验已经激发了许多啤酒厂的兴趣。有一些想法要考虑：

（1）麦芽汁不充氧对发酵有利和不利的影响是什么？

（2）不充氧对于酵母繁殖有什么影响？

（3）给酵母添加橄榄油或者通气是否能改善发酵效果？

（4）添加麦角甾醇或者麦角甾醇和橄榄油可以提高发酵效果吗？

酵母细胞甾醇会过量吗？不会，因为酵母会谨慎地调节代谢，过量氧气不会产生多余的甾醇。相反，酵母使用氧气来制造更多的风味化合物。

4.4.2 需要多少氧气?

溶氧水平的重要性等同于接种量。溶氧不足会引发许多发酵问题，发酵停滞、发酵时间长、发酵度低、酵母受抑制以及产生异味往往是由氧气不足导致的。此外，通气不足可能会导致每代循环利用的酵母活性降低。

对于一般的麦芽汁和接种量，溶氧8~10mg/L是比较合适的（Takacs等，2007）。当涉及高浓度麦芽汁时，酿酒师就会对是否根据麦芽汁浓度或接种量确定充氧量感到困惑。你的目标是为酵母细胞从现有数量增殖到目标数量提供最适量的氧气。当然，麦芽汁浓度越高，接种量应该越高，那么氧气需求也会越高。有时候，酿酒师通过提高充氧量加快酵母生长可弥补接种量的不足，但是酵母过度生长不利于啤酒风味的美化。许多家酿爱好者使用喷射装置得到麦芽汁溶氧量约4mg/L，少于所需量的一半，商业酿酒厂使用类似方法将会得到相似的结果。预留足够的顶部空间，固定设备和多次剧烈振动，可使家酿制备麦芽汁达到8mg/L的溶氧水平，这是麦汁溶氧最大化的方法。使用带有气泡石的气泵，即使延长时间也不能达到8mg/L溶氧量，其实过量通气可能不利于发酵的启动和维持。唯一可以达到推荐的最低10mg/L溶氧量的方法是充氧，发酵罐的顶部空间充氧并大力振动能够使溶氧水平超过10 mg/L。如果你有瓶装氧气，那么用气泡石会更加容易。用瓶装氧气或氧气发生器以及气泡石，可以达到高水平的溶氧。有许多商业化的可利用系统能够帮助专业酿酒师和家酿爱好者把麦汁制作到必要的溶氧水平。

氧气过量几乎不是一个问题。但是，鼓励酿酒师使用大量氧气好像引发了一些不好的结果，在这些案例中氧气使用量已经到了损害啤酒风味的水平了。即使大多数酵母菌株能够应付高水平的溶解氧，但是过量氧气有可能引发啤酒的风味问题，过量使用纯氧可导致杂醇含量增加、乙醛增多以及其他风味问题。大多数小啤酒厂不测量实际的溶氧量，而是观察发酵过程。如果发酵设备、温度或其他变量有微小的问题很容易误导酿酒师，而导致啤酒具有过高或过低的溶氧水平。麦芽汁溶氧水平的检测设备约1000美元，这对于大多数商业啤酒厂不算贵。

家酿啤酒要怎么做呢？一些家酿爱好者为追求完美的啤酒，愿意购买检测设备，一般家酿爱好者做不到这样的投资。然而，更重要的是要对发酵过程进行控制。如果你的设备能稳定地输送相同的氧气量，就可以通过改变输送时间来控制总溶氧水平。许多家酿者想知道它们的方法可以获得多少氧气。确切的溶氧数量并不重要，除非你愿意添置检测设备。缺少溶氧量，你可以尝试评估不同溶氧量对啤酒质量的影响。如果1min的稳定氧气流不能使你得到你想要的结果，可尝试增加到1.5min或减少到只有30s。如果啤酒质量提高，那么保持调整后的充氧时间。你会发现使用这种方法，可以找到酵母发酵某种啤酒最合适的控制点，但很难确保每一次都有相同的充氧速率。如果预算允许，增加调节阀可以控制稳定的氧气流，这会是一个好的解决方案。否则，需要确保每次加氧时看起来一样。

为了帮助家酿爱好者解决每批啤酒添加多少氧气的问题，怀特实验室做了一个实验，用0.5μm不锈钢气泡石以1L/min的速度将纯氧注入20L相对密度为1.077（18.7°P）的麦芽汁中。结果表明，需要注射1min的氧气可以达到所需的8~10mg/L，如表4.1所示。

表 4.1　　　　　　　　20L 麦芽汁不同充氧时间的溶氧含量

通气方式	观测到氧气含量 /（mg/L）
震动 5min	2.71
通纯氧 30s	5.12
通纯氧 60s	9.2
通纯氧 120s	14.08

注：18.7°P 麦芽汁在 24℃使用 0.5μm 气泡石以 1L/min 充纯氧。

为了阐明溶氧水平变化对发酵的影响，怀特实验室将本实验室菌种WLP001以1200万/mL的接种量接入麦芽汁进行溶氧试验。如图4.1所示，溶氧3~5mg/L的样品不能像其他样品一样发酵完全，振荡发酵样品可以使发酵彻底。在发酵前三天，使溶氧水平提高到9mg/L以上会稍微加快发酵速度，但啤酒的最终浓度是一样的。

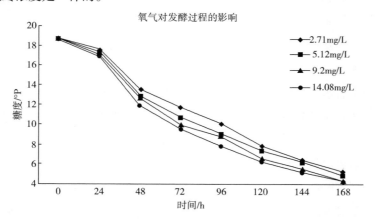

图4.1　比较氧气含量（mg/L）如何影响发酵过程（h）（18.7°P麦芽汁从24℃开始发酵）

不仅仅家酿爱好者还在努力计算需要向麦芽汁中加入多少氧气，怀特实验室的研究表明，许多小型啤酒厂仍然存在通气过高或过低的现象（Parker，2008）。怀特实验室抽选了12个商业啤酒厂向麦芽汁通气的案例，溶氧水平如表4.2所示。

表4.2　　　　精酿啤酒厂溶氧水平示例（Parker，2008）

麦芽汁体积 / bbl	通氧流速 / （L/min）	通氧时间 / min	麦芽汁浓度 / °P	溶氧水平 / （mg/L）
40	6	40	12.5	5
15	6	45	13.2	5.42
15	12	75~80	25.5	5.5
10	6	35	12.3	5.85
40	7	40	12.3	6.2
15	7	40	12.7	6.54
10	7	35	12.5	7.2
10	6	30	14.4	8.1
10	7	30~40	12	8.25
20	7	20	12.8	9
15	5	90	12.72	4.4
10	6	25~30	12.83	5.8

显然很少酿造厂的溶氧水平能达到推荐量8~10mg/L。这些啤酒厂都没有测量麦芽汁的实际溶氧水平。大多数啤酒厂使用流量计在线引入纯氧，根据麦芽汁充满发酵罐的时间来估算溶氧水平。

进一步测试表明，通过提高氧气含量到推荐范围，酵母细胞数量有所增加而且发酵速度显著提高，有的甚至提前24~48h完成发酵（图4.2）。

怀特实验室还研究了长期缺氧的影响，如图4.3所示，比较了酵母在溶氧5mg/L的水平下经历多代使用的发酵性能。到第五代，发酵显示出迟滞期时间显著增加，发酵时间增加，比前几代发酵最终浓度更高。

通过这项研究不仅可以得出，良好的发酵需要适当的溶氧量，而且说明通气不足会影响酵母循环使用。氧缺乏不仅可导致酵母减少，而且导致酵母在下一次发酵中表现不佳。因无法获得充足的底物合成细胞壁，所以只有少量的细

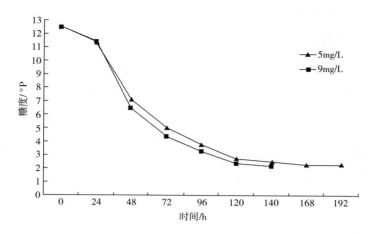

图4.2　一个酿酒厂的发酵速度随溶氧水平变化，高溶氧的麦芽汁比低溶氧麦芽汁提前24~48h结束发酵（Parker，2008）

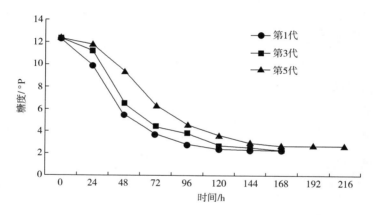

图4.3　长期缺氧情况下不同繁殖代数的酵母菌发酵性能比较（Parker，2008）

胞能够储备糖原，以保证细胞膜能够承受啤酒发酵过程中的压力以及高酒精、低pH的环境（Priest和Campbell，2003）。

4.5　高浓度啤酒

如前所述，麦芽汁的浓度会影响酵母并在很多方面改变发酵特性。酿酒师应对高浓度麦芽汁的方法之一就是提高接种量，增大通气量。如果它是非常高浓度的麦芽汁，超过1.092（22°P），就必须通入纯氧，因为空气不能提供足够高的溶氧水平。

不幸的是，即使通纯氧对于超过1.083（20°P）的麦芽汁溶氧可能还不够。对于高浓度啤酒，在发酵12~18h需要再次通氧，才能维持正常的发酵速度和发酵度（O'Conner-Cox和Ingledew，1990）。酵母很快利用氧气维持细胞膜功能并产生一些需要的中间化合物。研究表明，在发酵12h再次通氧（有人说超过7mg/L，有人说超过12mg/L），发酵速度可提高33%，减少风味物质如双乙酰和乙醛的产生（Jones等，2007）。为什么要等到12h？因为要等待酵母至少完成一次细胞分裂，在酵母未分裂一次之前再次通氧没什么作用。

也可以考虑调整接种量和发酵温度。对于1.106（25°P）的麦芽汁，最佳接种量是3500万细胞/mL或140万细胞/（mL·°P）（D'Amore，1991）。发酵48h，酵母有氧生长完成后，爱尔啤酒升温至25℃，拉格啤酒升温至20℃，提高温度有利于保持酵母的最大活性。

4.6 发酵系统

原则上，我们可以在任何容器中发酵啤酒，只要它能盛装液体。可以使用各种各样的容器，各种不同容量和不同规格，但不是所有的发酵罐效果都是相同的。今天常用的发酵容器涵盖了从塑料桶到高科技商业型圆锥体发酵罐。

为什么使用不同类型的发酵系统会有所不同？在2种不同类型的发酵罐中发酵相同的麦汁，往往会得到2种不同的啤酒。每种发酵罐的发酵流体机制都是独特的，一个啤酒厂使用2个不同类型的发酵罐将得到2种不同的发酵结果。在某些情况下，其结果的差异比其他情况更广泛。大多数情况下，如果发酵罐的大小和形状相同，酿酒师可以将2个结果足够接近的啤酒混合成一个商业上可接受的产品。

酿酒师可以调整发酵，使啤酒变得相同么？这是可能的，但通常需要改变发酵过程，有时甚至需要调整麦芽汁的生产过程。我们来看看2个完全不同的发酵批次来说明这一点。如果在21℃下发酵1000L啤酒，可能需要在19℃下发酵20L得到相同酯含量的啤酒。发酵容器的特征如静水压力、气体饱和点、温度梯度和死亡时间都导致必须在塑料桶中使用比大锥形发酵容器更低的发酵温度。你可能认为这不适你的啤酒厂，因为大多数商业啤酒厂从来不会在塑料桶中发酵，但是发酵罐设计的差异会影响发酵。当一个啤酒厂添加新的发酵罐时，它需要尝试不同的发酵条件直到生产的啤酒稳定为止。内华达州的首席酿酒师史蒂夫·德莱斯勒（Steve Dressler）说，公司在1997年开张最新的啤酒厂时，花了一个月尝试在新的发酵罐发酵出想要的风味。啤酒厂发现发酵罐的尺寸是一个比预期更大的变数。为达到所期望的发酵特征，啤酒厂也研究了发酵罐顶部压力、不同的通气方法和接种量对发酵的影响。啤酒厂往往不希望不同发酵罐之间存在差异。我们建议任何新的发酵罐运行之前必须进行测试。

4.6.1　家酿发酵罐

绝大多数家酿啤酒使用大约20L的塑料桶或玻璃桶。许多家酿爱好者开始用塑料桶，但最后换成玻璃桶，因为玻璃桶更容易避免污染。不幸的是，玻璃桶很重并且沾水后很危险。有些家酿爱好者因玻璃桶破碎受过严重伤害。塑料桶因为质软易破损而容易被污染，塑料桶上的划痕可以在清洁和消毒时掩盖和隐藏污染菌。只要定期更换，塑料桶用起来也很不错。最近一种由塑料制成的名叫高级瓶子的容器成为家酿啤酒的发酵罐。由PET制成，这种发酵罐比塑料桶耐刮擦，比玻璃桶更轻还不易碎。这是两种流行发酵罐之间理想的折中。

家酿爱好者也会在各种各样的其他容器中发酵，包括盛食品的桶、垃圾桶甚至开水瓶。一些家酿爱好者甚至尝试掀掉塑料桶的盖子进行开放式发酵。家酿爱好者富有创造性并且许多人对他们的爱好充满热情。有的使用小型专业的锥形发酵罐，一些型号配有高科技加热和冷却装置、取料装置、消毒装置等，如图4.4所示。

图4.4　典型家酿发酵罐：玻璃瓶、高级发酵桶、塑料桶
（摘自MoreBeer.com）

家酿爱好者经常使用盛装饮料的不锈钢小桶来装啤酒，有些甚至在这些容器中发酵，这种容器的优点是耐用、密封性好，缺点是大小和规格不一，它细长的形状使得它的发酵特征与其他家酿用的发酵罐不同。虽然桶的规格是19L

的，但它的顶部空间不足，所以不稀释就不能发酵出19L的啤酒，不过，酿酒师似乎喜欢用它们发酵。在尝试用它发酵之前，请确保有办法释放发酵过程中的CO_2压力。虽然容器相当坚固，但压力太高会杀死酵母，即使压力未达到致命的水平，CO_2升高也会抑制酵母生长，降低酯的产量、增加双乙酰和乙醛产量。带冷/热温控以及其他控制选项的家用高科技锥形发酵罐如图4.5所示。

图4.5　带冷/热温控以及其他控制选项的家用高科技锥形发酵罐
（摘自MoreBeer.com）

4.6.2　商业发酵罐

啤酒厂过去用过开放式的木制、石制及铜制发酵桶，最终他们选择使用不锈钢发酵池，不过仍然是开放式的，这种材质比木材或其他材料更容易清洁和消毒。在开放的发酵池中，酵母活动剧烈，酿酒师可以轻松地从上面收获酵母（详见"酵母回收"中"顶部收集"一节）。

这在美国还是有些罕见，但是精酿啤酒厂使用开放发酵的越来越多（图4.6）。内华达山脉啤酒公司保留了一些原始的开放式发酵罐，并用来酿造特种啤酒，它在100个开放发酵池内生产著名的大麦爱尔啤酒（Bigfoot Barleywine–Style Ale），这比最大的发酵罐要小10倍，但内华达山脉啤酒公司认为在较小开放的发酵罐中发酵能赋予啤酒更多的个性和特质。相同的还有乔利南瓜工匠爱尔啤酒（Jolly Pumpkin Ar–tisan Ales），是罗恩·杰弗里斯（Ron Jeffries）努力创造的特种啤酒；旧金山的铁锚啤酒厂称开放式发酵对于锚牌蒸汽啤酒的特质至关重要。

浅口的开放式发酵池，更容易接触大气中的氧气，甚至它的方形转角都会影响啤酒品质。毫无疑问，相同的麦芽汁在锥形发酵罐中发酵啤酒会有不同的口感。

现在大多数专业啤酒厂都使用锥形容器（图4.7）。高度比宽度大很多，不锈钢制成并有锥形底部和封闭顶部。很容易看出为什么商业啤酒厂改用锥形发酵罐，因为它们有很多优点。

（1）占用空间小，这对按平方英尺支付租金的啤酒厂来说很重要。

（2）可以使用在线清洗系统（CIP），比人工刷洗简单很多。

（3）圆锥形发酵提供了良好的卫生条件，因为它们是封闭的。

（4）锥形底部和垂直结构可以充分利用流体动力学，利于混匀和快速发酵。

（5）便于收集酵母，只需要等待和打开底部阀门。

图4.6　佛蒙特州南伯灵顿魔术帽酒厂的开放式发酵
（照片由Teri Fahrendorf提供）

图4.7　鹅岛啤酒公司的锥形发酵罐
（照片由Peter Symons提供）

锥形容器的早期亮点之一是啤酒厂可以使用它们进行发酵和贮存絮凝酵母。现在已经很少看到，因为大多数小型啤酒厂使用独立的酵母储罐，但这是家酿版锥形容器的亮点之一。

这些发酵罐最有趣的是它们的几何结构。发酵罐越垂直，发酵速度越快。二氧化碳气泡在流体力学作用下从锥体的底部向上穿过罐的中心，容器越高，达到表面时形成的气泡越大，运动的二氧化碳有助于将啤酒带到发酵液顶部，再沿发酵罐的内壁流下。冷却夹套甚至可以增强这种效果，并可影响发酵速度。

伦敦的富勒（Fuller's）啤酒厂现在使用锥形发酵罐，但是过去，它和许多其他英国啤酒厂一样，使用的容器带有"沉降"系统（图4.8）。啤酒厂先把麦芽汁转移到一个开口的容器中，24h后，再把麦芽汁转移到下面另一个容器里。这有助于消除冷凝物，并为早期发酵阶段提供氧气。容器很浅，"格里芬滑梯"可以直接把酵母从罐顶收集到容器里。

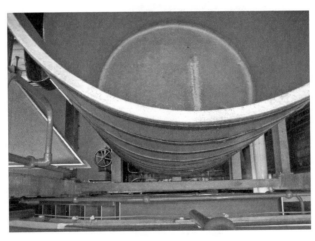

图4.8　富勒啤酒厂沉降容器的俯视图
（照片由Peter Symons提供）

19世纪中期，英国特伦特伯顿的啤酒酿造蓬勃发展。位于伯顿的巴斯（Bass）啤酒厂开发了被称为伯顿联合系统的发酵和酵母收集法。酿酒师把一系列木桶放在一排，每个木桶的顶部有曲颈，曲颈伸入槽中，啤酒桶中发酵的啤酒和二氧化碳推动过量的酵母菌进入曲颈，在槽中收集酵母，啤酒再流回到桶里。当时，这被认为是净化啤酒的好方法。

遗憾的是，这个系统太昂贵，酿造商业啤酒需要许多小木桶并且还需要雇佣修桶匠来保养它们。直到20世纪80年代，巴斯啤酒厂一直使用这个系统，但现在几乎不再用了。位于伯顿的马斯顿酒厂约10%的马斯顿系列啤酒仍然使用这个系统发酵（图4.9）。收集的酵母足够酒厂接种所有的麦芽汁并保持传统的风味。伯顿联合系统即使这样的生产量也需要数百万美元的投资和持续维护。

图4.9 马斯顿的伯顿联合系统
（照片由Matthew Brynildson提供）

美国加利福尼亚州帕索罗布斯（Paso Robles）的费尔斯通沃克（Firestone Walker）啤酒厂使用改进的伯顿系统，称之为费尔斯通联合系统（图4.10至图4.13）。它使用柔软的管道将料液运送到桶代替了复杂的曲颈和槽。虽然还有桶的费用，但比伯顿联合系统便宜得多。酿酒师马特·布莱恩森（Matt Brynildson）说啤酒厂发酵度变好，双乙酰还原变快，好的风味形成都发生在桶里。啤酒在不锈钢锥形发酵罐中发酵，控制温度保证良好的风味，24h后，把正在旺盛发酵的啤酒转移到没有温控的联合系统中。虽然发酵温度会升高，前24h的低温控制可以保证桶中的高温发酵不会产生典型高温发酵的特征。联合系统的发酵压力把很多棕色酵母从桶中排出，使得啤酒更清洁。啤酒在桶中完成发酵和双乙酰还原（成熟），然后转移到带温控的不锈钢容器中降温成熟和进一步排除酵母。

约克郡方形发酵系统曾经在英格兰北部流行，虽然我们今天很少看到人们使用这个系统。传统的是由石板制成方形或长方形容器，麦芽汁液面上有收集板。发酵期间，酵母上浮通过甲板孔被收集起来。现在很少有啤酒厂使用这个系统，因为建造和维护的费用高。约克郡北部的马沙姆（Masham）黑绵羊（The

图4.10　费尔斯通联合系统
（照片由Arie Litman提供）

图4.11　费尔斯通联合系统装料
（照片由Matthew Brynildson提供）

图4.12　费尔斯通联合系统排出棕色酵母，使啤酒更清洁
（照片由Matthew Brynildson提供）

图4.13 位于约克郡北部的马沙姆的Black Sheep酿酒厂采用现代化圆形Yorkshire square不锈钢制成
（照片由黑绵羊啤酒厂提供）

Black Sheep）啤酒厂率先使用了一个圆形不锈钢容器，人们认为这赋予了啤酒独特的苦涩和丝滑的口感（图4.13）。

未来的发酵系统是怎样的？大型不锈钢容器昂贵，并且需要使危险的化学品保持清洁，所以我们在未来可能会看到更便宜的一次性发酵系统。生物制药行业已采用无菌袋发酵。这里面有许多原因，例如不依赖于清洁和消毒程序。袋装啤酒已经存在，而且北美的酿造商可以使用一次性袋装发酵系统。也许这些袋子还可以被生物降解？

另一个创新可能是搅拌式发酵。搅拌发酵罐因为其发酵快速在生物制药行业中受欢迎，但啤酒行业因为担心氧气问题和酯类形成而避免使用搅拌式发酵。最近越来越多的啤酒厂一直在关注这些，为了提高发酵速度对搅拌式发酵罐的兴趣越来越大，而啤酒风味又会如何改变呢？

4.7　消泡剂的使用

啤酒发酵过程中会产生大量的二氧化碳，这些二氧化碳会催生大量的泡沫。如果酿酒厂商想充分利用发酵罐的容积，罐顶部预留空间大小的选择将是一个大问题。确保发酵罐顶部有足够的空间会增加成本，有些发酵罐需要预留25%以上的空间来满足泡沫的需求，所以大多数啤酒厂在生产过程中会偏向于添加消泡剂。

消泡剂通常会在麦芽汁煮沸即将完成时加入，既可以消毒又可以和麦汁充分混合。这类消泡剂大多数为有机硅酮类物质，一个标准的啤酒桶中需添加

5mL消泡剂，或者每20L麦芽汁中需添加1mL。除了保证发酵过程更顺利和起到消泡的作用外（也提高酒花利用率），事实上，消泡剂是通过抑制泡沫中蛋白质的活性来起到消泡的作用的，进而为发酵罐顶部预留足够的空间。在发酵结束至包装前，酿酒师会通过过滤或离心把消泡剂去掉。

既然有这么多好处，可为什么那么多啤酒厂不使用消泡剂呢？在啤酒酿制过程中，除了麦芽、酒花、水和酵母之外，很多啤酒厂不愿意添加任何其他东西进去，对他们来说，消泡剂不是一种好的选择。同时他们也担心消泡剂会影响到酵母的发酵活性，尽管目前市场上的消泡剂对酵母的质量和活性几乎没有或者完全没有影响。

4.8 发酵温度

啤酒在酿造过程中，其中酵母会因为自身的新陈代谢活动而产生热量。这些热量积累进而会提升麦芽汁的温度，如果不做好温度控制，便会产生如下现象：

（1）细胞高温死亡。

（2）产生副产物。

（3）细胞变异。

酿酒师最主要的工作之一就是控制发酵温度。对小型啤酒厂或者家酿啤酒而言，温度控制比较简单，但对于大型发酵体系，温度控制要复杂得多。

什么温度最适合发酵？这取决于酵母菌株的类型、啤酒的种类以及啤酒厂想要的风味。一般地，爱尔酵母多在20℃左右发酵，拉格酵母多在10℃左右发酵。但是，这不是酵母最适合的温度。爱尔酵母在32℃时生长最快，拉格酵母在27℃时生长最快，那么为什么要在低温下发酵啤酒呢？因为在较高的温度下，酵母菌发酵速度太快、菌体生长太多，并在啤酒中产生我们不想要的风味物质，比如杂醇。在酿造的历史发展过程中，酿酒师将发酵控制在一个不是很低的温度范围内，以保证酵母的生长速度适中，同时改善啤酒的风味。

拉格酵母与爱尔酵母的温度差异

和爱尔酵母相比，拉格酵母不能耐受高温。拉格酵母致死温度确实要比爱尔酵母低得多，因此保证拉格酵母在低温下操作、运输和贮存非常重要。在实验室环境下区分爱尔和拉格酵母菌的方法就是利用这个区别，通过在32℃培养酵母细胞，如果细胞生长，那么就是爱尔酵母。

让我们对爱尔酵母做个更详细的了解。从风味的角度来看，控制合适的发酵温度是很重要的，通常约20℃。这对人类来说不是一个很低的温度；大多数人无法感受到20℃和22℃的区别。然而，对于淹没在啤酒中的酵母菌株来说区别很大。记住酵母是单细胞，很小的温度变化都会被它注意到，如果温度从20℃升高，细胞会加速它们的新陈代谢直到细胞的最大活性。如果温度继续上升，酵母细胞开始表达热激蛋白以保护他们的细胞膜。同样的情况，如果温度从20℃迅速下降，细胞也会改变代谢途径表达热激蛋白以保护其细胞膜。不要被这个名字误导，酵母表达热激蛋白是为了应对压力，压力可能来自外界环境。这些蛋白质有助于保护其他蛋白质结构不受压力的影响。不幸的是，表达热激蛋白会导致细胞不能表达细胞分裂、发酵及其他功能所需的蛋白。

站在酿酒师的角度，发酵温度越低，酵母活动越慢。过低的温度可导致发酵越来越慢甚至停止发酵。发酵温度升高可使酵母活性增强，直到顶点。过高的温度，高于35℃会使爱尔酵母停止发酵。较高的发酵温度也增加了次级代谢产物和风味化合物的产生。

怀特实验室采用气相色谱法比较了相同麦芽汁、相同酵母发酵的两种啤酒，菌株是加利福尼亚WLP001爱尔酵母。一个发酵温度是19℃，一个发酵温度是24℃，这是许多啤酒厂常用的发酵温度。相同麦芽汁和酵母不同温度下发酵的两种啤酒的气相色谱比较如表4.3所示。

表4.3　相同麦芽汁和酵母不同温度下发酵的两种啤酒的气相色谱比较

化合物	阈值	19℃	24℃
乙醇（ABV为体积分数）	1.4%ABV	4.74%ABV	5.04%ABV
1-丙醇	600mg/L	23.78mg/L	22.76mg/L
乙酸乙酯	30mg/L	22.51mg/L	33.45mg/L
异戊醇	70mg/L	108.43mg/L	114.92mg/L
总双乙酰	150mg/m³	7.46mg/L	8.23mg/L
2，3-戊二酮	900mg/m³	5.09mg/L	3.17mg/L
乙醛	10mg/L	7.98mg/L	152.19mg/L

与19℃发酵相比，24℃发酵显示出乙醇、杂醇和酯产量小幅度地增长，但在感官分析中，啤酒口感非常不一样。主要的风味差异是因为乙醛的大幅增

长，比感知阈值高10.5倍。

啤酒发酵过程中，大部分的风味化合物是酵母在发酵的前72h内产生的，因此，在这个时间段，温度的控制非常关键。如果发酵温度太低，可能需要很长时间才能开始发酵；如果温度太高，酵母会产生许多风味化合物。第一代酵母特别容易受到接种温度的影响。

发酵接近结束时，温度控制仍然非常重要。如果以恒定的速度冷却发酵罐（例如家酿爱好者常用的冰箱或者冷库这样的低温环境）而不考虑酵母自身产热的变化，发酵可能会提前停止。发酵即将结束阶段，酵母生长速度减慢，产热降低。此时，如果冷却系统没有及时根据这种变化做出调整，那么酵母便会感觉到这种温度的下降，最终导致它们减缓发酵速度甚至停止发酵。这可能导致啤酒浓度比预期要高，同时，酵母也不能及时清理一些发酵中间代谢产物。拉格啤酒本身就是低温发酵生产的并且采用的制冷系统效果好，更容易出现这种问题。然而，使用爱尔酵母在低温发酵酿造清亮型啤酒时，也很容易遇到这种问题。

如果以合适的接种量接入健康酵母，比较理想的开始温度是低于目标发酵温度几度（1~2℃）。在发酵18~36h内，使发酵温度逐渐升高到目标温度。一旦达到目标发酵温度，需保持此温度直到完成整个发酵过程的2/3到3/4。接下来大概1~2d，温度可以提升几度（2~5℃）。此时大部分的风味物质已经形成，所以基本没有影响啤酒风味的风险。在接近发酵结束时，较高的温度有利于爱尔酵母的代谢活动，有助于酵母发酵彻底并分解发酵前期产生的中间化合物。酵母活性提高也有助于消除一些挥发性化合物，如硫化物等。这对于拉格酵母发酵是个很好的方法，因为拉格啤酒发酵温度低，发酵速度慢，容易保留更多的挥发性化合物。

当然，如果发酵温度已经相当高了——例如极端的比利时啤酒发酵，这时需要注意你的做法是否会影响到酵母。

4.8.1 发酵温度控制

现在大多数商业啤酒厂使用锥形发酵罐，同时利用乙二醇或其他液体在发酵罐夹套中流动来控制温度。它们会在发酵罐里设一个或者多个点来监控发酵温度，通过调整冷却液的流速来保持所需的温度。发酵罐可以有多个夹套，能够将发酵罐不同的部位控制在所需的温度点上。锥形底部带有夹套是非常重要的，因为酵母沉降到锥形底部需要一定时间。

通过夹套来控制不同的温度点对发酵过程是有利的。例如，为锥体位置设置单独的温度，酿酒师可以在发酵温度降低前冷却锥体，这样有利于絮凝，并确保锥体部位温度足够低，可以避免酵母在底部被收集之前产生过多的热量。

发酵罐夹套的起始和结束位置对啤酒厂来说很重要，他们得定期采样检测啤酒温度。不只是为了校正误差，主要在发酵过程中，层次化和死角会使得罐内不同部位发酵温度发生变化。有个故事可以说明这个问题。一个得克萨斯州的酿酒师打电话分享了他酒厂的啤酒出现异味的经历。他在他的啤酒厂使用了大量的酵母，奇怪的是其中有一个菌株发酵的啤酒有"泥土"味，他猜测一定是菌株出了一些问题。但是，这个不是酵母的正常特征，而且其他的啤酒厂也没有出现这样的风味。那时，得克萨斯州正处于一个炎热的夏天，我们怀疑这个问题与热量有关。很快，这个啤酒厂就发现了问题所在。当时发酵罐装满了，装有啤酒的发酵罐顶部高于冷却夹套，被认为有问题的酵母菌其实是好的上面酵母，发酵时位于啤酒上部，只是不幸的是，得克萨斯州夏天很热，顶部的啤酒因为没有被冷却，导致温度太高了。当酵母菌上升至啤酒表面后被热死，然后沉降，啤酒中增加了酵母自溶的味道。其他酵母菌株在使用中快速沉降，没有长时间停留在顶部，所以没有这种风味。啤酒厂可以通过降低每批次的啤酒体积将酵母保持在夹套冷却区来解决这个问题。

4.8.2 家酿啤酒的温度控制

家酿爱好者可以使用各种温度控制方法，范围从高科技温控冷却装置到"不做任何事只靠祈祷"。遗憾的是大多数人还是会依赖环境温度来控制发酵。一个酿酒师最伟大的事情就是通过控制发酵温度来改善他的啤酒，这比使用先进发酵罐甚至全麦芽酿造更加重要。经验丰富的酿酒师通过温度控制很好地掌控发酵过程比控制全靠运气的全麦芽酿造得更好。缺乏适当的温度控制，想要酵母按照自己的意愿来工作就更难了。如果能很好地控制酵母，它会回报你所要的风味。

当天气预报显示接下来的一周到两周不会太热或太冷时，下一步就是自然冷却。首先，试着为发酵罐选择一个位置，它需尽可能接近发酵温度。可选择室内墙壁、壁橱和地下室，因为这些远离外部天气变化的地方温度会更稳定。随时注意加热/冷却管道或散热器的安装位置。白天对发酵罐开通热气晚上关闭会破坏发酵进程，因为酵母不适应较大的温度波动。

为了应对炎热的环境温度，许多家酿爱好者把发酵罐放在水浴中进行，然后根据需要加入冰以保持低温，选择塑料桶甚至家庭浴缸都可以。这种方法的好处是它很便宜，而且不需要拆分其他部件。但最大的缺点是，它需要你花更多的精力和经验以保证达到你想要的温度，特别是在快发酵结束时，酵母产热减少。不过，如果你时间充裕并且喜欢尽可能多地摆弄你的发酵罐，这却是一个很实用的方法。

水浴方法的另一个好处是它也可以加热，只需要再增加一个热水器。使用热水器时，请注意几点，水电的组合是可以致命的。确保热水器使用接地故障电路断路器（GFCI）插座，并在电路下方留下一个出口，防止水流入插座里面。选购热水器时，你需要选一个能够完全浸没在水下或者是能将热水充分混合的设备。将热水器放置在水底会产生水的对流，从而起到混合的作用。热水器的型号很简单。功率0.1018W 24h可提供8.34 BTU，这是将3.8L的水加热0.5℃需要的能量。如果你设置24h内需要约8℃的热量输入你的发酵罐，加上水浴的总体积是76L，将需要至少30.54W的加热器。如式4.1所示。

$$24h热量输入 \times 液体总体积 \times 0.1018 = 所需功率 \qquad （式4.1）$$

$$15 \times 20 \times 0.1018 = 30.54$$

然而，现实情况是你需要一个比这功率更大的加热器。这些加热器在电力转换热能方面效率不是100%，热水器功率可能不会表示其实际输出量。合适功率的热水器是有很大选择空间的，买到功率太大的热水器是比较难的。但是，如果买的热水器功率比所需的高太多也不行，可能会超过上限发酵温度而杀死酵母。

蒸发冷却是家酿啤酒另一种常见的散发热量的方法。这个方法是，酿酒师将发酵罐放在水中并且在发酵罐上覆盖一块布，末端悬挂在水里，通过毛细作用把水带到布的纤维中再蒸发。液态水转化为气态需要相当大的能量，这有助于发酵罐冷却。有些布料的效果比较好，建议不要用人造纤维，棉质的材料比较好。高度纹理的面料，如毛毯，可能比低绒面料更好或者更差。用风扇吹布料有助于加速其冷却速度，但在湿度比较大的时候，这种方法不是很有效。另外，这种方法的最大缺点是无法精确控制整个发酵过程的温度。在一天中有温度的变化就需要花很多精力来控制。如果想要做更好的啤酒的话，缺乏精确度控制，就很难达到想要的效果。

如果增加一个温度控制器，发酵过程中加热、冷却就容易多了。温度控制器有各种尺寸和类型，从指针式到数显，具有各种设置和精度。最棒的功能是它可根据酵母在不同的发酵阶段产生热量的不同来自动调节加热或冷却模式。

缺点就是成本高，对于大多数家酿爱好者，如果能获得一个温度控制器，那将是最有价值的投资了。

使用控制器，加热会变得更加容易。家酿商店有专用加热包，甚至可以使用加热垫。热量不要集中在一个较小的区域，因为热量循环，有可能会弄破玻璃瓶。

家酿爱好者使用备用的冰箱或冷柜以及温度控制器可以很容易对发酵罐进行冷却。很多家酿爱好者很快就发现了车库里面有个备用冰箱是多么方便。不过，一些家酿爱好者更喜欢使用冷柜而不是冰箱。冷柜经常具有比冰箱更好的隔热效果，而且还能提供更多的可用空间。避免使用顶装式冷柜，除非里面的搁板足够结实；把发酵罐装入这样的冷柜只不过是种挑战。冷柜的主要缺点是它们设计的运行温度不是典型的啤酒发酵温度。将冷柜的温度调至爱尔酵母的发酵温度，甚至是拉格酵母的发酵温度时，通常会出现湿度的问题。一般冷柜具有高冷却能力以及良好的隔热性能，频繁的连续运转会使内部湿度较大，水气的积累会不断腐蚀冷柜。许多家酿爱好者需要花费钱和时间来处理水分问题（除湿剂或备用电脑风扇会对排除内部空气有所帮助）。另一个问题是冷却能力过剩，冷却得太快会导致发酵温度不稳定。

许多家酿者最初使用冷柜是因为它们想要获得在接近冰点0℃的拉格啤酒。然而，这比冷柜常运行的温度要高，冷柜还不是最好的选择。大多数冰箱可以让拉格啤酒达到合适的温度。

使用冰箱或冷柜控制温度时，避免压缩机短时间运转是很重要的。短时间运转是指在运行冰箱或冷柜的冷却循环时关闭它，然后在压力系统平衡之前又启动它，这可能会损坏压缩机并缩短其使用寿命。一些控制器具有反短时运转设置，可延迟重启时间。这是购买冰箱或冷柜的控制器的好选择。如果控制器没有这个功能，就要确保控制器探头没有悬挂在空中。无论是将探测器附到发酵罐的外周还是使用热套管，大批量发酵啤酒都会有助于避免控制器的快速循环。

比较有创意的冷热控制方法还有很多。其中一个就是加利福尼亚州康科德市莫雷啤酒公司（MoreBeer）使用的固定控温家酿锥形发酵罐。该公司已经将加热和冷却设备装在发酵罐周围。这样家酿啤酒就像商业啤酒厂一样，只需要在控制器上选择合适的温度就可以了。这种方法的主要缺点是成本高。

在所有这些方法中，测量啤酒温度至关重要。你要控制的是啤酒温度，而不是控制空气温度。许多家酿啤酒者误认为推荐发酵温度就是他们放置发酵罐的室内温度。室内的空气温度全天变化会很大，甚至可能在几分钟内发生剧烈变化，但这并不意味着啤酒也是在相同的温度下发酵的。发酵一批啤酒的量越大，啤酒的温度随周围空气温度变化需要的时间就越长。相反，发酵罐内由于酵母代谢活动可能会升温，但啤酒温度升高对大房间或冰箱温度的改变几乎是没有什么影响。

测量啤酒温度的方法有好几种。附在外壁上的温度计可以呈现出比较好的效果。不过准确的温度计会老化，最终还是需要更换。如果使用温度控制器的话，比较多的是选择温度计套管，它是发酵罐的一部分，也可以在啤酒中插入一个探头。将控制器探头放在热套管内，可以准确测量啤酒的温度。还有一个更便宜和污染更小的选择，即在发酵罐的外面使用控制器探头。如果选择这样的方式，必须用某种绝缘材料将探头包裹起来，比如用气泡膜、折叠布或聚苯乙烯。泡沫塑料是一个很好的选择，因为它经济又高效。这个外置探头读数与发酵罐内的啤酒温度非常接近。发酵罐中有任何发酵活动，探测器的温度显示会和啤酒温度一样。

许多温度控制器设计不同，控制器关闭或打开的控制点不同。对于啤酒发酵，通常希望温度能在较小的范围内波动。理想的啤酒温度控制范围在0.5℃以内。不过即便是相同的控制器，也有可能会有温控范围的差异。设置小于0.5℃的波动范围可能会使控制器快速循环。如果控制器没有快速循环保护功能，可以增加差速器避免其快速循环。有些控制器既支持加热也支持冷却，这样的控制器是一个不错的选择，特别是在夏季和冬季温度变化比较极端的地区。

4.9 优化发酵风味

酵母在啤酒中会产生很多香气和风味物质。酯类、杂醇、醛类和其他化合物与乙醇、CO_2，甚至影响啤酒口感的物质混合形成啤酒的特点，所有这些都是酵母的发酵特性。事实上就算完全相同的原料，不同的发酵过程也会产生不同的结果。这是因为酵母在发酵过程中涉及许多酶促反应。环境因素不仅影响一些基因的表达，而且影响酵母细胞生长的快慢、细胞健康程度、利用糖类等很多其他变化。我们为酵母做的一切工作，从温度到营养，都对酵母生长有很大的影响。所以，一个酿酒师了解和控制酵母生长可以优化啤酒发酵的风味，也就不足为奇了。发酵化合物的风味如表4.4所示。

表 4.4	发酵化合物的风味
发酵化合物	**风味和气味**
乙酸乙酯	果香、溶剂
高浓度乙醇	上头
异戊醇	香蕉、梨
乙醛	青苹果
双乙酰	黄油
硫化氢	臭鸡蛋
二甲基硫醚或二甲基亚砜	蔬菜、熟玉米
酚类	辣味、胡椒味、丁香味、烟味、药味

控制酵母生长的一个重要部分是控制接种量。不同的接种量导致不同的细胞生长数量。酵母生长速度会影响风味化合物的量和组成。如果接种10个单位的酵母，发酵结束时会有75个单位的酵母，还有不同数量和种类的风味化合物。细胞生长越多通常产生风味化合物越多。讨论接种量时会再细讲，因为接种量也会影响酵母生长。增加不同的发酵因子对酯和杂醇含量的不同影响如表4.5所示，发酵化合物以及它们的风味阈值，在啤酒、葡萄酒和威士忌酒中不同的含量如表4.6所示。

表 4.5　增加不同的发酵因子对酯和杂醇含量的不同影响（Laere 等，2008）

增加	酯含量	杂醇含量
OG	上升	上升
FAN（高或低）	上升	上升
脂类	下降	上升
pH	不变	上升
通气	下降	上升
锌	上升	上升
温度	上升	上升
振荡／搅拌	上升	上升
顶部压力	下降	下降
多锅满罐（麦芽汁不通气）	上升	上升
多锅满罐（麦芽汁通气）	下降	上升
接种率	下降	上升

表 4.6　发酵化合物以及它们的风味阈值，在啤酒、葡萄酒和威士忌酒中不同的含量

风味化合物	啤酒中风味阈值 / （mg/L）	啤酒中水平 / （mg/L）	葡萄酒中水平 / （mg/L）	威士忌酒中水平 / （mg/L）
乙酸乙酯	20~40	10~50	<150	100~200
己酸乙酯	0.15~0.25	0.07~0.5	0.3~1.2	
乙酸异戊酯	1~2	0.5~5	0.1~4	2.5
辛酸	5~10	2~8		15
2- 苯乙酸	125	25~40		5~50
聚丙醇	800	10~100	10~70	
戊醇（2- 甲基 – 丁醇）	50	10~150		100
异戊醇（3- 甲基 – 丁醇）	70	30~150	6~490	200
4- 乙烯基愈创木酚	0.3	0.05~0.55		
甘油	2500	1400~3200	2500~15000	5000~15000
乙醛	10~20	2-20	5~100	2~3
双乙酰	0.07~0.15	0.01~0.6	0.02~0.6	0.6
总 SO_2	20	10~100		
H_2S	0.004	0.001~0.2	10~80	
DMS	0.025~0.05	0.02~0.15	10~60	
乙酸	60~120	0.03~0.2		30~50
乙醇	1.5%~2%	3%~8%	5%~15%	30%~60%

　　酵母菌株及其生理状态也会影响啤酒的特性。例如，怀特实验室的加利福尼亚州爱尔酵母（WLP001）和英国爱尔酵母（WLP002）以相同的接种量和温度发酵，结果显示前者的苦味值比后者更高。当然，决定啤酒的苦味值的因素有很多，不过酵母是主要的因素。细胞形态、大小、接种量、生长速率以及絮凝特性等都会影响酒花酸的异构化，进而对啤酒的苦味值产生影响。

4.10　发酵末期

4.10.1　发酵度

　　在啤酒发酵中，发酵度是衡量酵母细胞发酵利用麦芽汁的彻底程度，通常用百分比表示。发酵期间酵母分解糖越多，发酵度越高。

为了计算发酵度，麦芽汁接种酵母前和二次发酵之前，酿酒师会使用糖度计或其他测量啤酒密度的工具来测量麦汁浓度。纯水在4℃时的密度为1.000，麦芽汁的密度由于有糖存在比水高。麦芽汁中含糖越多，溶液的密度就越高。发酵过程中酵母会利用糖，溶液的密度就降低。酿酒师发现在开始和结束时，测量表观发酵度是不同的。大多数现代化学计量器都有特定的密度计量，但不同行业历来都使用各自传统的计量单位，比如啤酒酿造用柏拉图度（Plato）、葡萄酒酿造用白利度（Brix）。不过使用任何计量单位都是可以的，只要在发酵前后检测时采用相同的计量单位就行。

应该记录起始相对密度（OG）和最终相对密度（FG），以及任何其他特殊的相对密度测量并记录测量的日期和时间。一个酿酒师可以通过每天测量啤酒的相对密度了解发酵进度和质量。重要的是要确保样品不被其他东西污染。当发酵液相对密度连续三天内都处在同一水平时，发酵有可能已经完成。如果通过测量相对密度衡量发酵度，可以使用式4.2计算发酵度：

$$[（OG-FG）/（OG-1）] \times 100\% \qquad\qquad （式4.2）$$

例如，如果起始相对密度为1.060，最终相对密度为1.012，则表观发酵度为80%。我们说表观发酵度，是因为酒精比水的密度低，存在酒精影响最终相对密度的测量。要获得准确的发酵度，必须要用水来更换这些酒精。不过，通常只有大型啤酒厂才能做到这样的程度，并得到真实发酵度。大多数啤酒厂还是测量表观发酵度。一般来说，当一个酿酒师提到发酵度，其实是指表观发酵度，这也是我们在这本书里所说的。

虽然有些发酵可达到100%或更高的发酵度，但啤酒发酵很少有消耗所有糖，达到100%的发酵度。要明白，乙醇比水的密度小，它的存在夸大了表观发酵度。真正100%的发酵度是罕见的，因为麦芽汁含有复杂的碳水化合物，其中许多碳水化合物是不能被酵母发酵利用的。麦芽汁含有的可发酵糖包括葡萄糖、果糖、麦芽糖和麦芽三糖。通常，麦芽糖最多，其次是麦芽三糖和葡萄糖。酵母不能发酵糊精而且不同酵母发酵麦芽三糖的能力不同。啤酒酵母菌株的发酵度范围通常是65%~85%。相比之下，由于简单糖的存在，葡萄酒通常会达到100%的发酵度。虽然复杂的多糖会导致浓度更高，但对啤酒而言不会有残留的甜味。发酵液中有大量复杂的多糖，会让啤酒口感更加饱满，但不一定是甜味。如果在一个发酵彻底的啤酒中有甜味，往往是由其他因素导致的，比如各种醇类和其他风味化合物的存在。

麦芽汁的特性和发酵条件也会引起发酵度的改变。因此，每种酵母菌株具有一个预期的发酵度范围而不是一个具体的数据。检查当前发酵度与预测范围对比是判断酵母是否已经完成或即将完成发酵的一种方法。在预测范围内不能保证发酵100%完成，但是发酵度不在范围内（对于一般麦芽汁）预示着发酵可能有问题。许多啤酒厂还没有检测发酵度就担心啤酒的质量。酵母可能已经达到预期的衰减水平。一般是啤酒起始密度越大，最终密度也就越大。然而，即使是相同的酵母相同的起始密度，两种麦芽汁组成不同的成分，发酵度也会不同。

发酵过程检测发酵度是创建稳定、优质啤酒的一个简单方法。如果不记录成功批次的发酵度，怎么判断正在发酵的批次有没有问题？发酵度是排查发酵问题的一个重要因素。一个酿酒师需要做的只是简单地检查发酵开始和结束的发酵液密度，再进行一个简单的计算。

4.10.2　絮凝性

在发酵过程中，有时酵母无法沉降下去，有时又会过早地絮凝起来。有些絮凝性强的菌株可能过早地沉降，给酿酒师带来麻烦。既然絮凝性强的菌株有可能导致啤酒发酵不彻底，那为什么要使用它呢？既然絮凝性弱的菌株可能难以得到清澈的啤酒，那又为什么要使用它呢？这两个问题的答案就是风味。有些很难生长的酵母，温度敏感的酵母可能会产生更好的风味。

一般来说，低温有利于酵母絮凝，而发酵液糖浓度高、存在氧气以及酵母活性差会抑制酵母絮凝。在大多数情况下，酿酒师、发酵环境或者发酵过程影响着酵母的生命活动也会改变酵母絮凝。酵母本身不会改变絮凝性。以下任何一种情况都可以改变絮凝模式：

（1）酵母回收与保存技术。

（2）矿物质、营养物和氧限制。

（3）酵母变异。

（4）野生酵母污染。

（5）麦芽发霉。

不管菌株的絮凝性如何，啤酒温度降低会导致絮凝性增强。与21℃相比，酵母在4℃条件下沉降更多。同样，与4℃相比酵母在0℃条件下沉降也会更多。一些酵母菌株在4℃时完全沉降需要两周或更长时间。絮凝度越高的菌株，絮凝温度也相应会高些。例如，高絮凝的爱尔菌株在18℃下絮凝很好。如果在低温下一两个星期没有效果的话，这时不能再等待酵母絮凝，可以考虑使用絮凝剂、过滤、离心或者三者组合的方式进行絮凝。有许多书描述了过滤和离心的好处，所以在这里我们不做详细介绍。过滤的优点是便宜、快速并且稳定，但有潜在污染的风险。离心可以更好地控制过程，留下更多需要的酵母，但它往往成本较高。加絮凝剂便宜有效，但容易造成质量不稳定，酿造师必须掌控一个合适的絮凝剂添加量，因为絮凝剂是通过相互交联起作用的，太少或太多都会造成质量不好。另一个常见的问题是絮凝剂与啤酒混合不匀。

添加絮凝剂的原则应该是刚好达到设计值。如果计划对啤酒进行瓶装，加絮凝剂后啤酒中酵母的浓度可能非常低。爱尔酵母添加鱼胶类的絮凝剂后，啤酒中酵母细胞浓度不到10^5个/mL，但如果你想将啤酒中酵母细胞浓度提升到10^6个/mL，那就需要做到及时充二氧化碳。

鱼胶是一种由鱼鳔制成的高效酵母絮凝剂。它是由3个胶原多肽结合的三螺旋结构胶原蛋白。虽然明胶也是一种絮凝剂，但它不是像鱼胶一样有效。明胶是由单一分子组成的多肽，容易变性。

市场上有许多形式的鱼胶，包括冻干、糊状和液体的。鱼胶的制备和使用取决于产品的形式。在使用鱼胶之前，需采用正确方式将其水解，预水解的鱼胶使用简便，在16℃左右快速搅拌几分钟后静置半小时就可以使用了。如果不是预水解的，则需要使用无菌水和有机酸制成的酸化溶液来溶解。调节pH至约2.5添加鱼胶量约0.5%，并缓慢搅拌30min，然后在16℃左右静置24h。制备正常的溶液呈半透明状态。将鱼胶添加到啤酒中，啤酒的pH越高，胶原蛋白越容易在溶液中沉淀。当它在啤酒中开始沉降时，带正电荷的胶原蛋白与带负电荷的酵母细胞静电结合，并将酵母拉到发酵罐的底部。但不是所有的酵母细胞都受絮凝剂的影响，有些菌株影响大，有些影响小。要想有一个理想的效果，在添加之前，可先做一个添加量的测试实验，确保添加的量刚好合适。选用一个高度23~30cm的容器，然后将啤酒倒入里面，再添加一定量的鱼胶做测试。比较理想的量是每升啤酒添加1mL鱼胶水解液。如果实验确定了最佳的投加比例，就可以放大到发酵罐中投加使用了，如图4.14所示。

4.10.3　双乙酰还原

酵母能够通过酶促反应还原双乙酰。酵母生长时产生双乙酰的前体——乙酰乳酸。稳定期，酵母重吸收双乙酰，并将其转化为乙偶姻，进而转化为2，3-丁二醇。乙偶姻和2，3-丁二醇都可以被排出细胞，但是二者的风味阈值很高，对啤酒风味影响很小。

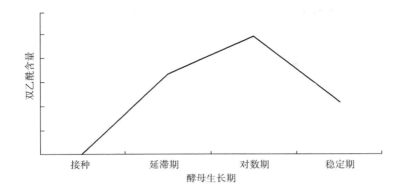

图4.14　双乙酰与酵母生长期的典型关系图

　　酵母的健康和活性对双乙酰水平影响很大。温度对酵母活性影响较大，控制好了温度，也就控制好了双乙酰水平。随着发酵温度的升高，双乙酰含量也会升高，反之亦然。温度较高时，酵母生长更快，乙酰乳酸也会积累更多。乙酰乳酸峰值越高，双乙酰峰值也就越高，但这并不一定是坏事，因为较高的温度也会促进双乙酰还原。相对较高的温度下，发酵啤酒可能比低温下发酵啤酒产生更多的双乙酰，但是在爱尔酵母的发酵温度下，双乙酰还原也更快。

　　大多数酵母菌株在健康、活跃时，在合适温度下会迅速降低双乙酰至阈值以下。虽然较低的酵母生长速度可以减少乙酰乳酸的产生，但是如果生长速率较低，会导致发酵不充分，也会导致啤酒中有较高的双乙酰含量。啤酒发酵慢会产生少量乙酰乳酸，也会有双乙酰残留问题，因为酵母菌后期发酵仍然在慢慢产生乙酰乳酸。

　　关键在于，除了确保酵母健康和良好发酵之外，还要为其提供足够的成熟时间和温度去还原双乙酰。在酵母还未代谢减少发酵期间所产生的中间化合物之前，不要急着将啤酒中的酵母菌分离出来。啤酒中，酵母分离过快或者啤酒冷却时间过早，都会使啤酒中残留一定量的双乙酰和双乙酰前体。即便可能品尝不出双乙酰的味道，但啤酒中仍可能含有较多的乙酰乳酸。在转运或者在包装过程中，啤酒一旦接触到氧气，就有可能产生双乙酰，一旦去除酵母，就没有简单的方法去除双乙酰或其前体了。分离酵母或啤酒冷却之前，先进行双乙酰测试（详见第6章轻松拥有自己的酵母实验室），这是一个简单而有效的方法，用来确定啤酒中是否有过量的乙酰乳酸前体。

　　由于在低温下双乙酰还原较慢，低温发酵的拉格啤酒可能有双乙酰残留。对于拉格啤酒发酵残留的双乙酰，只需在发酵结束的前两天将温度升高到18~20℃即可。可以选择在发酵末期还原双乙酰，当麦汁浓度接近发酵终点2~5个比重点（0.5~1°P）之前比较合适。一些拉格酿酒者更喜欢纳尔齐斯（Narziss）发酵程序，此程序包含双乙酰还原步骤。发酵过程的前三分之二温度在8~10℃，后三分之一将温度升高至20℃发酵。另一种技术是拉格酿酒师在实践中获得的，加入新鲜麦芽汁（kraeusen）会在碳酸化以及贮存期减少双乙酰。

对于爱尔啤酒生产，发酵温度通常处于一个相对较高的范围，在18~21℃。温度调节没有太大必要，但是在啤酒发酵结束后继续放置一两天会有助于减少双乙酰的形成。如果发酵进度很缓慢，升温3℃会加速双乙酰还原。在发酵末期不能让发酵温度下降，因为这将大大减慢或停止双乙酰的还原。许多酿酒师在达到终点浓度时立即降低啤酒温度的做法是错误的，因为他们错误地认为发酵已经完成，啤酒已经做好了。

4.10.4 窖藏

似乎每种啤酒在冷藏一段时间后，品质都会改善。贮存时间和温度取决于啤酒本身。爱尔啤酒的存放时间往往比拉格啤酒的时间短。

低温窖藏对啤酒产生很多影响。通常在一个很低温度（10~13℃）下，酵母工作较慢，而且产生酯和杂醇也较少。另一方面，较慢的发酵和低温让溶液保留了更多的硫化物，同时双乙酰还原也较慢。

克列克（Jean De Clerck）在1957年发表了关于窖藏的目的的文章，其内容至今仍然适用。

（1）让酵母和浑浊物沉淀出来。

（2）通过人工充二氧化碳或者二次发酵使啤酒保留二氧化碳。

（3）改善风味。

（4）促进啤酒冷藏沉淀，避免过滤澄清的啤酒在低温下形成浑浊或有固形物析出。

（5）防止氧化（克列克，1957）。

一旦发酵真正完成，包括双乙酰还原在内的所有反应，应该先降低啤酒温度，促进悬浮的酵母絮凝。爱尔或者拉格酵母啤酒都可以降至接近冰点的温度。很多人疑惑应该迅速降低啤酒温度，还是慢慢降温？为了让酵母在较低的温度下不再继续消耗化合物，因此，需让酵母处于休眠的状态。实际上，将酵母置于4℃以下，几乎不会有问题。如果希望活跃的酵母降低发酵副产品，就应该马上降温。但随着酵母发酵的进行，如果将啤酒放在4℃以下，温度快速降低或缓慢降低对啤酒风味几乎不产生影响。不过，要是在发酵末期，急速降温（<6h）可能会引起酵母分泌出更多的酯类化合物而不是保留它们，另外，如果酵母需要重复利用，应避免温度迅速变化（上升或下降），因为这样会导致酵母表达热激蛋白。

传统的拉格啤酒工艺采用的是缓慢降温。随着发酵减慢，酵母开始絮凝，酿酒师按照每天0.5~1℃的速度开始缓慢降低啤酒温度。使用这种缓慢的冷却速度可以避免酵母进入休眠状态。几天之后的啤酒已达到接近4℃的温度，但仍然存在1~2°P可发酵性残糖。此时，可将啤酒转移到储藏罐中。容器是封闭的，啤酒中的酵母产生二氧化碳可增加罐内压力，过多的二氧化碳由排气管控制阀排出，以避免过度碳酸化或过大压力损害酵母。虽然存储成本很高，但有些啤酒厂仍然将啤酒贮存几个月，这样才能使其成为真正美味的啤酒。不过要明白，这种技术取决于精确的温度控制，可让其缓慢地持续发酵下去。如果要减少中间副产物的话，需要长时间保持酵母的活性/生存力。

4.11　啤酒装瓶

我们通常认为酵母在发酵过程中起作用，但它在完成主发酵后也在起作用，主要是让啤酒在瓶中溶解一定的二氧化碳来实现碳化作用。酿酒师可以通过两种方法来完成：通过酵母或者外加二氧化碳。大多数商业啤酒厂向啤酒中充二氧化碳，但是在瓶装贮藏时会出现很多问题。啤酒厂也可参考瓶内继续发酵、二次发酵或最终发酵来进行。

你可能听说过，瓶内碳酸化作用与强制通入二氧化碳到啤酒中进行碳化的效果不一样。无论真假，有一点可以肯定：二者都有二氧化碳。即使二氧化碳是相同的，一些大型啤酒厂仍会从发酵过程中收集二氧化碳，然后在装瓶时将其注入啤酒当中。有几个原因，包括环境因素。在过去，德国《啤酒纯酿法》禁止酿酒商加入除了水、麦芽、酒花和酵母以外的任何东西。通过收集来自发酵的二氧化碳，它们可以随后再充入进去，因为它是啤酒一部分。

传统上，酿酒师通过采用酵母自身的生命周期代谢来进行啤酒的碳酸化。对一些家酿爱好者、小型精酿厂，还有像澳大利亚库珀公司（Cooper）和内华达山脉公司等，利用酵母自身的作用来进行碳酸化依旧是一种主流的方法。虽然这样成本更高，但是好处也不少。啤酒瓶中溶解的氧对啤酒风味是不利的，瓶中的酵母刚好可以把氧消耗掉。一些小型啤酒厂人工把瓶中的氧气去除比较困难，不过采用这个传统的方法对他们而言比较方便。缺点是相同的处理结果可能会不尽相同，消费者对瓶中有酵母的反馈不是很好。同时，这还有可能引发酵母细胞自溶，在啤酒中释放出影响风味的化合物。

　　结果之所以不尽相同，是因为瓶中的酵母在充满高浓度酒精的啤酒环境下进行了第二次发酵，环境pH低而且供给酵母的食物非常少。高浓度的酒精在啤酒装瓶后也会出现一些问题，因为酒精的浓度越来越高，对酵母的毒性也在增大。酿酒师可能会发现利用细菌、酒香酵母或野生酵母对啤酒正常碳酸化较困难，因为这些微生物会利用发酵后留下的各种其他碳水化合物最终导致啤酒过度碳酸化。

　　啤酒碳酸化只需要很少量的酵母。酵母量越多，自溶产生影响风味的物质也就越多。酵母健康状况也一样。如果酵母在主酵过程出现问题，或者怀疑酵母有可能不健康，那得考虑在装瓶时添加一些新鲜的酵母进去。有个比较好的经验数据，每毫升过滤的啤酒中保留100万个酵母细胞，这比发酵上用的数据要少10~20倍。啤酒厂通常先过滤啤酒，然后在每毫升啤酒中再加上100万个细胞。对于未过滤的啤酒，除了酵母健康外，也应该考虑酵母数量。酵母在瓶中沉降后，在瓶底，应该看起来像是一层酵母。如果瓶子底部有一层厚厚的酵母，说明接种过量。要记住，你只需要刚好使啤酒碳酸化的酵母，任何过量都不会发酵出好的啤酒。对于高浓度啤酒，由于含有高浓度的酒精，每毫升啤酒可以增加酵母量到500万个细胞，更多的酵母细胞有利于碳酸化。

　　对家酿啤酒，如果不过滤的话，通常在啤酒中有足够的酵母（每毫升100万个细胞的啤酒是澄清的）来使啤酒碳酸化。如果啤酒在装瓶前放置了一个多月，或者添加了一定量的后酵絮凝剂，那么，需要添加一些额外的酵母保证瓶内发酵过程顺利进行。但是，在大多数情况下，只要酵母健康，只需在装瓶时加入一些糖便足以使啤酒碳酸化。

　　如果要添加酵母，需尽可能确保酵母是健康、无污染的，最好是初代种子（最多到第三代）。在商业啤酒厂，装瓶接种前，实验员应核实酵母信息。

　　瓶内二次发酵是否会有利于发酵风味呢？通常不会，特别是采用相同的酵母菌株来二次发酵啤酒时更加不会。有一个酿造师使用德国小麦酵母对淡色爱尔啤酒进行二次发酵，却没有一点小麦的风味。然而，任何时候酵母发酵都会产生一些酯和杂醇，所以碳酸化程度、啤酒的类型和使用的菌株决定了饮酒者是否会感觉到这些风味化合物。如果是商业啤酒厂，需要关注瓶内二次发酵是否产生了风味物质。如果目标是增加风味，还需要十分了解二次发酵的效果。在装瓶前后，需要有人数具有统计学意义的品尝小组对啤酒进行盲评。如果发现有诸如泥土味、纸板味，或其他不良风味等问题，那就需要做详细调查了，是使用不同的酵母菌株、不同的酵母添加量还是改变你的发酵工艺。

当你的啤酒装瓶之后，有时会发现部分或者全部瓶子不能够碳酸化。瓶内的活酵母并不一定总是工作。对商业啤酒厂而言，在啤酒出厂前一定要检查并确保啤酒完全被碳酸化，这大概需要一至两个礼拜的时间。保存啤酒直至其完全碳酸化，时间周期增加了啤酒的成本，这也是它的一个缺点。

贮存啤酒的方式也会影响碳酸化程度。如果贮存温度较低，酵母就不能积极代谢糖分并释放足够的二氧化碳。如果贮存温度太高，酵母可能在释放二氧化碳前就已经死亡。注意瓶子的贮存方式，碳酸化的温度选择在18~21℃。当啤酒瓶周围空气流通受限时，也会导致碳酸化结果不一致的现象发生。

如果你做的是全新啤酒，或者是使用了一个新的啤酒酵母菌株，在批量生产之前，建议先做一个10~20瓶的预实验。毕竟打开所有瓶子重新接种酵母或者补充糖是非常困难的事情。

从技术上讲，几乎可以使用任何菌株进行瓶内二次发酵。您可以使用与主发酵相同的酵母，或者可以过滤掉原来的酵母菌株并添加不同的酵母菌株。多年以来，很多啤酒厂声称他们将原来的酵母菌株过滤并加入了另一种酵母，以保护他们酵母的神秘性，但在很多情况下，这个故事只是一个传说而已。

最好选择发酵度相似的菌株，有利于沉淀。例如，WLP002是高絮凝度酵母，许多人认为它用于瓶内二次发酵很不错。但是，它的絮凝度太高，以至于可形成团块。当倒啤酒时，团块集中在一起，随着啤酒一起倒入杯中。这对于饮酒者来说感觉不是很好。WLP001就不一样了，它不像WLP002絮凝迅速，而且，它在低温下絮凝很好并可粘附在瓶上。更重要的是，它只在瓶子的底部积累一层，而不是形成团块。

当发酵剩余足够糖分时，装瓶碳酸化比较好，否则还需要额外添加糖。酿酒师经常讨论分析装瓶二次发酵期间的最佳糖含量，而且大多数家酿爱好者都使用玉米糖。有的使用干的麦芽提取物，而有的使用新鲜麦芽汁。有研究表明，使用不同的糖会影响瓶内二次发酵。葡萄糖、果糖和蔗糖发酵速度相同，但麦芽糖不能完全被发酵利用。研究人员认为，这受瓶内二氧化碳产生的压力影响，同其他的糖类相比，麦芽糖受二氧化碳造成的压力影响要大一些（Van Landschoot等，2007）。瓶内残留的糖也会影响絮凝，所以，没有消耗完的糖，也会对酵母的沉淀造成影响。在大多数情况下，使用结构简单的糖做二次发酵会更好。

4.12 桶内二次发酵

木桶内二次发酵对啤酒厂来说非常简单。啤酒厂准备好需要碳酸化和需要澄清的啤酒，剩下的交给酒吧老板就可以了。当说到木桶内二次发酵时，这里讲的术语"二次发酵"不是指啤酒内全部二氧化碳的量。在啤酒从工厂到酒杯的整个成熟过程中，桶内二次发酵只是其中的一部分；好的桶内二次发酵啤酒主要取决于啤酒离开酒厂后是否得到妥善处理。

除了酿造最好的啤酒以外，酿酒师的主要工作是在啤酒相对密度高于目标相对密度$2°P$时把啤酒装到洁净无菌的桶内。虽然酵母会继续消耗残糖并代谢出酒精和其他副产物，但是残糖的主要作用是产生二氧化碳来对啤酒进行碳酸化。如果啤酒发酵度超过设计值，可以添加一定数量的底糖，只要它不导致过度碳酸化就行。啤酒碳酸化的目标是每体积啤酒产生有1~1.2体积的二氧化碳。因此，每毫升啤酒中应有（1~3）×10^6个酵母细胞来进行桶内二次发酵。大多数饮酒者都喜欢喝清澈的酒，可以添加鱼胶来加快酵母等固形物的絮凝。在啤酒密封之前就加入鱼胶和干酒花。密封之后，滚动桶将啤酒与絮凝剂混合在一起，然后等它碳酸化并沉降。

桶装啤酒的另一个重要方面就是温度。温度不仅对啤酒的风味和香气很重要，对酵母絮凝性和啤酒碳酸化也有影响。虽然啤酒在温度相对高的情况下会更快地碳酸化，但是鱼胶的最佳作用效果是在15℃以下。如果温度过高，鱼胶的助凝效果会降低，而且在高温下会变性。在木桶内二次发酵时，鱼胶比明胶要好，关键是它更容易稳定下来。但如果鱼胶已经变性了，那也就没有作用了。啤酒厂需要控制桶装啤酒保持在合适的温度下，这样才能在合适的时间内进行适当的碳酸化。温度大概控制在10~14℃。如果第一次使用木桶进行二次发酵，可以尝试在接近12℃的温度下进行。

5

第 5 章

啤酒酵母的生长、
处理和保存

5.1 啤酒酵母的接种量

口味一致的高质量啤酒需要精确的工艺参数，在发酵过程中，酵母接种量是一个重要的参数。酵母接种量不稳定和不一致，会造成不同批次的啤酒风味产生很大差异。

酵母接种量过高或过低会产生什么结果呢？通常情况下，接种量过低，对风味的影响会较大；而接种量过高，产生的不良影响将在数代后表现得更为严重。接种量过高或过低，都会对双乙酰、乙醛等风味物质产生不良影响，同时会导致发酵度偏低（残糖偏高）。过高的酵母接种量会降低或者产生不理想的酯类、酵母自溶味道及较差的泡沫；而过低的酵母接种量会减慢发酵速度，延长啤酒成熟的时间，从而增加细菌和野生酵母滋生的风险。如果不得不在酵母接种量过高或过低两者中做出选择的话，根据以往经验，酵母接种量过高对发酵产生的影响更容易让人接受一些。

很多啤酒厂纠结于添加酵母的精确数量，但相对于添加酵母的精确数量带来的好处，添加酵母数量的一致性对发酵带来的好处会更大。一旦确定了酵母的接种量（不管用什么方法计数），并且这一接种量使啤酒发酵良好，以后每次都要使用这一接种量。测定酵母数量最简单的方法是测量酵母泥的体积或质量。如果需要计算酵母泥中的酵母总数，可以使用显微镜或者分光光度计来对酵母计数，以测量和确定所要添加的酵母数量和酵母泥量。建议使用显微镜，不但价格便宜，同时还可以用来测量酵母的活性（更多信息可参阅"第6章 轻松拥有自己的酵母实验室"）。

通常情况下，建议的酵母接种量为：1mL糖度为1ºP的麦汁接种1百万个酵母，如式 5 .1所示：

$$酵母接种量 = （10^6个）×（麦汁毫升数）×（麦汁糖度） \qquad （式5.1）$$

很多酿酒师采用这个公式，它不仅是准确和快速的测量方法，更是计数的指导准则；爱尔啤酒倾向于使用低的接种量（7.5×10^5个），而拉格啤酒使用更高的接种量（1.5×10^6个）。对于很多啤酒来说，在完美的啤酒出来之前，实际添加的酵母量和最佳接种量或多或少有些偏差。酵母的接种量随酵母菌株和啤酒风格不同而有所差异。众所周知，拉格啤酒的酵母接种量较高，大约是爱尔啤酒的2倍。如果是酿造英式爱尔啤酒或德式小麦啤酒，我们会发现实际接种量会更低一些，是（5~7.5）$\times 10^5$个/mL。

使用回收的酵母更应该遵从这些建议接种量，这是很多酿酒师平时都采用的接种量。在接种刚从实验室拿出来的充氧和营养良好的新鲜酵母液时，有些酿酒师只接种一半的建议接种量甚至更少；而对于很多有酵母使用经验的家酿者来说，他们所用的酵母液可能已经贮存了很长时间，所以需要对酵母进行复壮或者增加酵母接种量。

下面以12ºP麦汁为例计算酵母的接种量。如果做爱尔啤酒，酵母的单位接种量为7.5×10^5个/mL，将单位接种量乘以麦汁的Plato浓度（12ºP），就能得出每毫升麦汁的酵母数，最终计算得出：在12ºP浓度的麦汁中，酵母总数为9×10^6个/mL。以这个每毫升的酵母总数为标准单位（9×10^6个/mL），乘以麦汁的体积（以毫升计）可确定总的酵母接种量。

例如，20L的家酿麦汁：

单位接种量×麦汁的毫升数×麦汁的Plato浓度=需要接种的酵母数量

$$7.5 \times 10^5 \times 20000 \times 12 = 1.8 \times 10^{11}$$

这个例子中，以7.5×10^5个/mL为单位接种量，接种到20L家酿麦汁所需的

酵

母

酵母数量为1.8×10^{11}个。如果是接种1t麦汁的话，接种量为：

$$7.5 \times 10^5 \times 10^6 \times 12 = 9 \times 10^{12}$$

现在你知道如何大致计算出所需的酵母数了。通常来说，根据不同的回收方式，酵母泥中的酵母数为（10~30）$\times 10^8$个/mL。如果你已经计算过酵母泥中的酵母数，就能很容易得出酵母密度；否则，你需要估算酵母泥中的酵母密度。

估算酵母密度

如果想知道不同酵母泥中的酵母密度，可以从怀特实验室买一瓶酵母并计数。一瓶酵母的满容积是47mL，一般每瓶填装36mL的酵母泥。这个填装量刚好到瓶子顶端竖直的部分。酵母瓶竖直放置一段时间后，酵母会沉到瓶子的底部，沉淀部分约占14毫升。沉淀后酵母泥中的酵母密度很高，大约是8×10^9个/mL；摇晃酵母瓶，充分混合酵母泥和上清液，这时酵母密度大约为3×10^9个/mL；如果再额外添加16mL的水进行混合，这时酵母密度大约为2×10^9个/mL；如果再添加50mL的水进行混合，这时酵母密度为10^9个/mL。从发酵罐中收集的酵母泥和实验室培养的酵母泥有所不同，它里面含有很多非酵母杂质成分，计算酵母数时要减去这部分杂质。

还有一个实用的窍门，可以在没有显微镜时计算出酵母泥的酵母密度。一个标准的13mm×100mm的玻璃试管，水溶液中酵母数在10^6个/mL以下时，几乎看不到溶液的浑浊；在10^6个/mL以上时，溶液呈现出雾状浑浊。逐级稀释酵母，当稀释到勉强看到浑浊时停止，通过计算稀释的倍数，就可以得出酵母泥的初始酵母密度和其他稀释倍数的酵母密度。

在啤酒酿造过程中，有几个大概固定的酵母密度：发酵初始阶段，发酵液中的酵母密度为5×10^6~1.5×10^7个/mL；而在发酵终了阶段，发酵液中的酵母密度为1.5×10^7~6×10^7个/mL；从罐顶或罐底回收的酵母泥，密度为8×10^8~2×10^9个/mL。

如果使用干酵母则很容易确定酵母接种量。很多干酵母每克含有7×10^9~1.2×10^{10}个酵母，因酵母大小各异和干酵母中添加辅料的含量不同，所以每克干酵母里的酵母数会有所不同。同样，干酵母里的酵母数和活化后有活力的酵母数也有所偏差，这和很多因素有关，比如贮存情况和活化方式的不同就会造成很大差异。你可以从干酵母供应商那里得到你想要的活性酵母数（有时这个数会低至5×10^9个/g），所需的总酵母数除以单位活性干酵母数，就可以很容易地得出所需的干酵母克数。当然这里是假设所有酵母都是有活性的，并在接种前严格按厂家要求进行正确的酵母活化（不正确的活化会造成酵母死亡过半）。

一旦知道了酵母泥的酵母密度，将所需的酵母总数除以酵母暂贮罐或贮存罐中的酵母密度（酵母数/mL），就可以确定你所需要的酵母泥毫升数。以家酿为例：我们需要1.8×10^{11}个酵母，如果我们知道或假定酵母泥的酵母密度为2×10^9个/mL，那我们就需要90mL的酵母泥；如果酵母泥的酵母密度为10^9个/mL，那就需要2倍量（180mL）的酵母泥。

很多啤酒厂根据质量来称量酵母，但有时按体积称量相对来说容易些。每个酵母的质量为8×10^{-11}g（Haddad和Lindegren，1953），所以，10^{11}个酵母的净质量为8g（不含酵母泥中的水分）。由于各种因素的影响，2×10^9个/mL的酵母液，密度大约是1.02g/mL（水是1.000g/mL，酵母是1.087g/mL）。以家酿为例，如果对所需的酵母泥称重，大约是92g（90mL）；对于商酿来说，9L密度为10^9个/mL的酵母泥，按质量计算大约是9.2kg。

可以看出，在估算酵母泥的酵母密度时，很小的误差都会导致酵母接种量差异很大。理想的情况下，第一次可能就能得到酵母泥精确的酵母密度；但实际上，酵母计数需要能够准确测量出酵母泥体积的精密仪器和计数仪器。测量过程中任何一个小小的误差都会被成倍放大，对啤酒产生实质性影响。但是用体积或质量来测量酵母的密度却是很不错的方法。即使不能用显微镜来测量酵母密度，也不要绝望，酵母接种量的一致性才是最重要的；如果你觉得这次接种量少了或多了，可以在下一次提高或降低酵母接种量。从理论上讲，只要酵母泥的酵母密度保持一致，测量方法不变，就可以得到能保持啤酒风味一致的酵母接种量。如果有条件精确测量酵母数并检查酵母状态，那么很容易保证接种量一致。还有一点也很重要：为了保证每批啤酒的风味一致，每批酵母的生长数量和生长速率同样需要保持一致。酵母的接种量、生长数量和生长速率都会影响啤酒的风味。

酵母接种时，家酿规模的操作很简单，大规模啤酒厂的操作相对来说复杂一些，主要问题是在打开酵母罐等操作时有微生物污染的风险。

很多采用锥形发酵罐的酿酒厂用罐对罐的方式直接把酵母接种到下一批麦汁中，酿酒师通过软管或硬管从发酵罐的锥底把酵母打到另一个发酵罐中。很多酿酒师喜欢这样的操作方式，一是避免了酵母泥暴露在空气中，减少了微生物污染的风险；二是不需要额外的设备存储酵母。如果你想罐对罐接种酵母，需要遵循如下操作。

（1）根据经验提前准备好操作杆，操作杆长度要能达到收集酵母的最佳位置（要能达到沉淀酵母面之上或悬浮酵母液面以下）。

（2）在罐对罐接种之前采集酵母样品，并检查酵母状态（外观、气味），如酵母出现不正常情况应停止输送，立即送到实验室进行酵母的活性、细胞数、活力等测试。

（3）使用可调速的泵，并先在稳定的额定电压下校准泵。在额定电压和稳定频率下，把酵母（先用抑泡剂除泡）匀速打到带有刻度的不锈钢校准罐中，并每隔1~2min记录校准罐中酵母泥体积，通过计算得到泵的速度。一旦校准后就能很容易地精确接种酵母。

（4）如果不能把酵母在1~2d内打到新的麦汁中，那么最好把沉降下来的酵母泥排出来，并在低温下保存。

另一个常见的涉及拉格发酵罐的酵母接种问题是：多个糖化批次注满一个发酵罐时酵母的接种量。这种情况下的接种量是按第一锅麦汁量计算，还是按最终满灌的麦汁量计算呢？需要遵循的重要原则是：如果在同一天糖化并能注满一个发酵罐，酵母的接种量按最终的麦汁量进行添加；如果需要2d甚至2d以上才能注满一罐，则按照第一天注入的麦汁量进行酵母添加。发酵罐中第一天注入的麦汁及充入的氧气可以供给酵母生长和增殖，通常在24h内酵母数可以增加一倍；第二天加麦汁及充氧时，则不需要再添加任何酵母。

5.2　酵母扩培

所有人都可以把小批量的酵母扩培到接种所需的酵母量，酵母扩培中最重要的事情是保持环境卫生和酵母健康。扩培时的卫生等级和充氧量比啤酒发酵时要求更高。

酵母扩培的环境卫生要求和需氧量皆比酿酒时高很多。虽然酵母扩培好坏会直接影响到后面啤酒的风味，但是我们不关心扩培时所产生的酵母风味。扩培不仅仅是让酵母数增加，更重要的是得到健康的酵母，少量的健康酵母要远远优于大量的不健康酵母。

只要工作环境是卫生的，酵母扩培是件很简单的事情，甚至家酿环境都可以进行扩培，在家酿圈通常把扩培液称为"种子液"。

5.2.1 啤酒厂酵母扩培

在大型啤酒厂里，扩培过程有2个阶段。第一个是实验室阶段。在实验室里，从试管斜面或者平板上挑取酵母单菌落，进行培养和逐级放大，培养到一定数量后转移到啤酒酿造阶段。一些小的啤酒厂可以自己完成实验室阶段和酿造阶段的扩培，或者从第三方购入一定数量的实验室阶段的酵母，直接在啤酒厂扩培至可接种的酵母数；也有些啤酒厂直接购入足够接种的酵母液，并直接接种到发酵罐中，免去了在啤酒厂的扩培过程。

酵母扩培最关键的地方，是保证提供给啤酒厂的酵母是纯种的和健康的，酵母扩培成功的关键因素包括以下几方面。

● 无菌技术。实验室的工作人员需要胜任无菌技术工作，来保证培养液不被污染。

● 培养基的灭菌。啤酒厂的麦汁是没有经过灭菌的，使用这样的麦汁进行酵母扩培时需要先灭菌。在扩培过程中，每一个阶段都可能会使前一个阶段的污染微生物放大。

● 在逐级放大过程中，不要超出或低于合理的放大倍数范围。合适的酵母接种量，可以保证酵母健康的生长和对培养基的高效利用。

● 充氧。

● 温度。一般扩培温度为20~25℃，比正常的发酵温度稍高，以提高酵母生长速度。

此外，最关键的是实验室要干净卫生。理想的实验室环境应该是完全可控和无菌的。但实际上，啤酒厂的实验室环境距理想状态差很远；在很多啤酒厂中，实验室用的麦汁来自酿造部门煮过的但没有完全灭菌的麦汁。同时，啤酒厂会采用很多措施来保证实验室能培养出纯种和健康的酵母，比如采用某些设备进行清洁并保证房间卫生无菌。员工们应该定期清洁和打扫房间的内表面。房间内壁需采用瓷砖或者其他规定的材料，以保证员工能很好地清洁和打扫。菌种扩培需要的理想实验室环境如图5.1所示。

扩培实验室内保持卫生，同时采用其他的工具来协助阻止微生物被带入实验室。紫外灯、鞋靴消毒池或设施、风幕或者双门封闭、实验室正气压都可以阻止外来微生物被带入实验室。

实验室为啤酒酿造扩培爱尔酵母应遵循如下步骤，如图5.2所示。

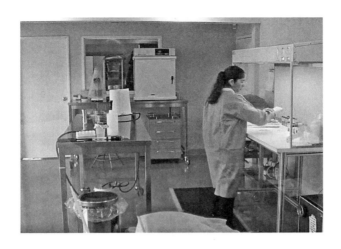

图5.1 菌种扩培需要的理想实验室环境

一旦实验室完成小批量的酵母扩培，应立即把培养液转移到啤酒厂，实验室的扩培过程通常至少需要5d时间，有时需要大约2周甚至更长时间。在实验室转移酵母液到啤酒厂后，在整个酿造阶段还应持续进行监控和检测。

啤酒厂扩培酵母的目的和实验室是一样的：都是为了得到更多处于最佳生长状态的酵母，以满足啤酒发酵阶段对酵母的需求。这个阶段的酵母数已经足够多，能够抑制其他微生物生长，所以很多啤酒厂只用煮过的麦汁而不再对麦汁进行其他处理。啤酒厂典型的酵母扩培步骤如表5.1所示。

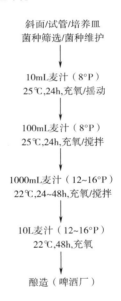

斜面/试管/培养皿
菌种筛选/菌种维护

↓

10mL麦汁（8°P）
25℃,24h,充氧/摇动

↓

100mL麦汁（8°P）
25℃,24h,充氧/搅拌

↓

1000mL麦汁（12~16°P）
22℃,24~48h,充氧/搅拌

↓

10L麦汁（12~16°P）
22℃,48h,充氧

↓

酿造（啤酒厂）

图5.2 典型的爱尔酵母实验室扩培步骤

表 5.1　　啤酒厂扩培爱尔酵母和拉格酵母所用的通用扩培阶段

	36L →	360L →	2160L →	10800L →	32400L
爱尔酵母	22℃	20℃	20℃	20℃	20℃
拉格酵母	18℃	18℃	16℃	14℃	12℃

实验室通常选用相同的温度扩培爱尔酵母和拉格酵母，一般是20~25℃，但是啤酒厂在扩培时经常逐级降低温度，所以拉格酵母可以很容易适应较低的发酵温度。有些啤酒厂在扩培时每级放大的倍数都是10倍，但是另一些啤酒厂在扩培时放大倍数逐渐降低，如表5.1所示。这个过程需要5~15d，同时需要1~4个酵母扩培罐。

很多啤酒厂扩培的目标酵母数为（1~2）×10^8个/mL，这是啤酒厂发酵时酵母数量的2~4倍，当然他们可以把酵母数扩培到3×10^8个/mL甚至更高，很多啤酒厂认为酵母数生长过多会造成发酵不良。

前文提到，克里斯蒂安·汉森（Christian Hansen）在1883年发明了纯培养法，又称卡氏罐法，很多现代培养系统仍然在使用这种技术。这种罐的体积小，通常为25~50L，这是酵母液从实验室拿到啤酒厂后的第一个阶段。酿酒师会加热卡氏罐里的麦汁进行除菌，这样可以把污染风险降到最低。麦汁一旦冷却，酿酒师立即把酵母液接到卡氏罐内并进行鼓气或充氧。

酵母在哪儿？

一家啤酒厂从怀特实验室购买酵母后，投入360L的酵母扩培罐中进行生长扩培，并分阶段扩培酵母，直到所得到的酵母数够接种到18t的麦汁中。啤酒厂在接种1d后开始测酵母数，这时候测的酵母数才40万个/mL，酵母去哪儿了呢？其实酵母还在扩培罐里，不过很多都浮在了发酵液表面。在接下来的一周里，啤酒厂紧锣密鼓地扩培酵母，把扩培罐里的发酵液混合后，发酵液的酵母数可以提高到（6~35）×10^6个/mL。

这种现象在爱尔酵母中很常见，啤酒厂从罐的底部只能收集到少量的酵母。如果发现罐底的酵母很少，可以检查罐的顶部，有时需要把啤酒倒入另一个罐中才能收集到酵母；如果这时是酵母的扩培阶段，可以通过搅拌，把酵母重新混合到发酵液里。一个比较好的方法是定时测量发酵液的糖度，根据糖度的下降情况监控酵母的生长情况。

丹麦一家Scandi Brew公司［现在被阿法拉伐集团（Alfa Laval）收购］，目前还在生产卡氏罐。如今该卡氏罐采用不锈钢材质制作，物料的进出通过管道连接，这样就能保证设备内部处于无菌状态。现在这样一套设备价格在5000~8000美金。

大型的酵母扩培系统一般有1~4个扩培罐，并装有通风系统。阿法拉伐集团（Alfa Laval）、福林斯公司（Frings）和Esau&Hueber公司是三个比较著名的扩培罐供应商。一套1t扩培能力的扩培罐价格在10万~15万美元，这样的扩培能力可以供10~15t的发酵罐接种。这3家制造商所生产的扩培罐通风供氧系统优良，并能产出最大数量的酵母。但由于通风量大，会产生大量的泡沫，这时可以用抑泡剂来尽可能抑制泡沫的产生，也可以用机械式的除泡系统来消除泡沫。

上述系统使用批次发酵工艺，即把所有麦汁一次性投入扩培罐中，酵母的生长量会受限于扩培罐中营养物质的总量。这和酵母生产厂家的连续培养不同，连续培养的目的是得到大量酵母，如干酵母、焙烤工业和医用酵母。

在连续培养过程中，酵母是接种在浓度很低的培养基中，一般是2°P的麦汁，酵母在很低的糖度下生长可以避免葡萄糖效应。随着酵母对碳源（糖）的消耗，扩培系统不断地以很低的流量加入糖，以供酵母生长所需。这不单单是缓慢地进行补糖，整个过程要持续地监控发酵液中溶氧和酒精含量，以控制糖浓度，使其维持在设定范围内。否则就会产生普通酒精发酵时产生的葡萄糖抑制作用。如果发酵液中氧含量升高，就表明酵母生长速度减慢，没有完全消耗所有的氧；如果酒精量升高，这时酵母将不再进行有氧呼吸及生长。不管是哪种情况，都需要严格控制糖分的补入。

酿酒师需要连续培养酵母吗？连续培养所用的设备价格昂贵，并且要严格控制各个参数，以确保酵母在一定量的糖浓度下生长，否则就不能发挥连续培养的优势。连续培养与批次培养相比，明显优势是能得到更多的酵母数，但是大多数酿酒师都知道酵母的发酵情况不会完全一致。连续培养和批次培养产生的酵母，其新陈代谢状态有所不同。酿酒师担心这可能会造成发酵异常和啤酒风味物质不同。如果采用连续培养工艺扩培酵母，但最后要经过一个额外的批次培养过程；当然这需要额外的设备、投资和时间。

很多酿酒师都尝试过用连续培养工艺扩培酵母，但是在实际生产中他们不会采用这个工艺进行酵母扩培。大卫·奎恩（David Quain）是《啤酒酵母和发酵》（*Brewing Yeast & Fermentation*）的共同作者，在巴斯（Bass）和康胜（Coors）啤酒厂工作多年的酵母专家，当被问到是否使用过连续补料培养法时，他答道："啤酒厂里没有任何人采用连续培养。"［与克里斯·怀特（Chris White）的个人谈话］

5.2.2 家酿酵母扩培

家酿酵母的扩培比较简单，因为不需要啤酒厂那么多数量的酵母，只需要实验室规模那么多的酵母数即可。家酿酵母扩培的最大问题是扩培环境要符合卫生要求。家酿酵母扩培和啤酒厂酵母扩培一样，都从试管斜面或培养皿开始，但是它不会像啤酒厂那样需要扩培出10L酵母液，家酿只需要扩培出2升酵母液就足够了，然后就可以直接接种，开始发酵。

可是，很多家酿者扩培酵母时，不是从斜面试管开始整个酵母扩培的过程，相反，他们做的是啤酒厂酵母扩培最后阶段的工作。家酿者称这个步骤为"做种子液"。起初被一些技术较好的家酿者采用，在随后的数年里，做种子液逐渐被很多家酿者接受，并成为通用的酿酒技术。

种子液是酵母最开始发酵少量麦汁产生发酵液，在种子液中酵母得以增殖，并为下一步啤酒发酵做准备。做种子液的目的是在最优条件下为啤酒发酵提供足够纯净、健康的酵母。做种子液最关键的两点是：第一保证酵母健康，第二增加酵母数。许多啤酒厂以牺牲酵母健康为代价，过度追求酵母数量，其实这是一个非常错误的做法。但是实际上，少量年轻、健康的酵母要比大量不好的酵母更重要。如果怀疑酵母活力偏低，那么就需要做种子液。例如，购买的一包液体酵母在夏天高温运输了数天，就需要做种子液。

在不能保证环境卫生和营养物质充足的情况下，千万不要做种子液；如果能成功地发酵没有微生物污染的啤酒，就能成功地做种子液。而且，即使能够扩培出很多酵母，也不要过于高兴，就认为可以酿酒了。需要注意的是，和理想的接种量相比，酵母接种量过大可能达不到理想的发酵状态（主要是过低或不理想的酯香、酵母自溶、过低的泡持性）。

通常来说，另一个不需要做种子液的情况是使用干酵母。干酵母价格不是太昂贵，相比扩培湿酵母做种子液来说，购买大量的干酵母更便宜、方便，运输和储藏也更安全。许多专家指出，使用干酵母做种子液时，可以利用酵母厂家做干酵母时提供的储藏在干酵母体内的营养物质。对于干酵母来说，把它放在无菌的自来水中活化就行，不需要制备种子液。

5.2.2.1 制备种子液

制备种子液很容易，就像发酵一小批啤酒一样，只是需要注重的是酵母的健康和数量，而不是种子液的适饮性。需要准备：一个顶部空间大且干净卫生的容器、铝箔纸、干麦芽浓缩粉（DME）、酵母营养盐和干净的水。做种子液时，需要权衡酵母健康、酵母数和操作便利这3个因素。制备种子液的麦汁浓度过小，会造成酵母生长速度较慢。如果需要的酵母数量很大，就必须做多次扩培，但这样会增加微生物污染的风险；同时也不能用浓度很高的麦汁进行扩培，因为麦汁浓度越大渗透压就越大，这样会抑制酵母的生长。酿酒师们不要相信酵母会在高浓度的种子液中适应高浓度麦汁发酵的说法。通常来说，想得到理想的健康酵母，种子液的原麦汁浓度在7~10°P（1.030~1.040）是比较合适的。如果想复苏老的酵母，例如从二次发酵啤酒中分离的酵母或使用存放了很久的斜面中的湿酵母，建议使用浓度较低的麦汁，大约是5°P（1.020）。低浓度的种子液有利于酵母健康，不过会导致酵母收集量少；高浓度的种子液可以收集更多的酵母数，但会使酵母处在压力中，影响酵母健康。

做小批量的种子液麦汁时，最简单的方法就是梯度稀释法，稀释比例为1∶10。例如，取1g干麦芽粉（DME），加无菌水调成10mL的麦汁，得到10°P的麦汁；如果做2L的种子液麦汁，把200g麦芽粉加水稀释成2L的麦汁，再加入1/8茶匙的营养盐，煮沸15min，冷却至室温，然后转移至干净卫生的容器中，加入酵母。

如果使用耐高温玻璃锥形瓶［例如，派热克斯玻璃（Pyrex）和博美（Bomex）品牌的锥形瓶］制作种子液会更容易些。把干麦芽粉（DME）、水和营养盐加入三角瓶中并用铝箔纸盖好瓶口，将锥形瓶直接放在炉子上煮沸；沸腾15min后，冷却至室温，加入酵母。如果选用灭菌的麦汁进行酵母扩培，那么就需要灭菌锅或者高压锅代替煮沸，以更好地灭菌。

扩培一定数量的酵母可以参考表5.2上的基本操作过程，但是这只是简单地通过充氧和摇动扩培酵母的方法。

如果有纯氧，可以在没有添加酵母的麦汁中充入少量的纯氧；如果能在扩培过程中持续地充入少量的氧气，会得到更多更健康的酵母。氧气对酵母非常重要，扩培过程中不提供任何氧气，会对酵母的健康造成长期的不良影响。酵母利用氧气合成细胞膜和生长所必需的不饱和脂肪酸和甾醇。在有氧情况下，酵母生长迅速；在没有氧的情况下，酵母生长缓慢，并且最终收获的酵母数很少。

充氧的方法有多种：间隙性摇晃、持续性摇晃、磁力搅拌器、充入纯氧和带无菌过滤器的空气鼓风机。磁力搅拌器是酵母充氧的最好办法，它可以使发酵液中的气体得到很好的交换，使酵母一直处于悬浮状态，并充分排出二氧化碳，这些都能很好地增加酵母数（和没有搅拌器相比，可以提高瓶中酵母数1~2倍）和提高酵母健康状态。然而，当使用磁力搅拌器时需要注意两个事项：一是磁力搅拌器会缓慢地产生热量，加热种子液，从而对酵母产生不利的影响，特别是当环境温度较高时影响更为严重。我们测试过，一个小的磁力搅拌器会导致种子液的温度比外面环境温度升高3℃，所以在制备种子液时要注意温度升高带来的不利影响。第二个注意事项是，磁力搅拌器在搅拌过程中会把空气带入种子液中，这会造成种子液和空气发生热交换，使得种子液温度随环境温度变化而变化。空气温度波动范围越大，种子液的温度波动范围就越大，较大的种子液温度波动会对酵母造成很大的不利影响。在使用磁力搅拌器时不要用瓶塞封紧瓶口，干净的铝箔纸、棉塞、透气的泡沫塞都是非常好的选择。不用担心细菌和野生酵母会爬进瓶子里，透气的瓶塞可以很好地进行气体交换。你可以在网上找到磁力搅拌器的制作方法，但是这样制做的磁力搅拌器成本很高，很多家酿商店出售磁力搅拌器，价格也比较合理。

在没有磁力搅拌器的情况下，摇晃三角瓶的频率和所得酵母的数量及健康状况有直接关系。基于这个原因，澳大利亚一些酿酒师用2L的可乐瓶做种子液，只要拧松瓶盖就能很容易地把瓶内的二氧化碳放掉，然后捏扁瓶身再松开使之复原，这样就可以向瓶中灌入新鲜空气（你需要在一个无尘环境下操作，以防止灰尘里的野生酵母或细菌进入种子液）。这就是一个手动式种子液发酵罐。测试结果显示，每隔1h用力摇晃瓶子1次，瓶中生长的酵母数是没有摇晃的2倍。在自制的磁力搅拌器上做种子液如图5.3所示。

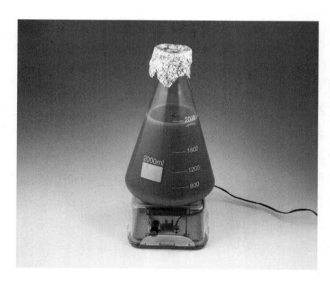

图5.3　在自制的磁力搅拌器上做种子液
（图片由Samuel W. Scott提供）

用泵输送经过无菌过滤器过滤的空气也是个好办法，只是需要考虑如何控制空气流量，以防止产生过多泡沫及种子液蒸发。在这种情况下，间隙性地用泵通气和摇晃产生的效果是相同的，如果在没有泡沫溢出的情况下控制泵入无菌空气的量，让种子液持续地充氧，即可达到和磁力搅拌器一样的扩培效果。悬浮的酵母充分地分散在种子液中，酵母产生的二氧化碳在种子液中能够及时排出，有充足的供氧，这几个条件同时具备时酵母就可以处于最佳生长状态了。

每次制备种子液时，都要时刻牢记影响酵母生长和健康的4个因素：营养物质、温度、糖和pH。关键的营养物质包括氧气、锌离子、氨基酸和氮源；氧气是容易被酿酒师忽略的营养物质，但是它对酵母的存活和生长起着关键作用，对很多酿酒师来说，它是最重要的限制因素。

很多人会问种子液中需要加酒花吗？在苦度值（IBU）为12或以上时，酒花有抑菌作用，这是因为反式异葎草酮有抑菌特性。反式异葎草酮是 α-酸异构体成分之一，它可以进入革兰阳性细菌体内，减缓细菌摄取营养物质的速度，从而抑制细菌滋生（Fernandez和Simpson，1993）。但是革兰阳性菌的一些乳酸杆菌已经产生了酒花耐受性，所以尽管添加了酒花，啤酒还是会受到这些乳酸菌的污染。添加酒花可以带来一定的抑菌作用，但是在发现异α-酸同样会对酵母活力产生不良影响后，大家开始质疑酒花的作用到底有多大。最好的做法就是减少原料种类和相应的操作步骤。如果一直靠加酒花来保障酵母纯培养，就需要重新评估操作流程。

尽量使用全麦芽麦汁做种子液，种子液中的糖应是麦芽糖而不能是单糖，酵母吸收利用单糖就不会产生分解麦芽糖的酶。由于麦汁中麦芽糖占多数，如果酵母只能利用单糖，则会导致啤酒中的残糖很高。

种子液的pH应在5左右，如果无法测量麦汁的pH，也没有关系。正常麦汁的pH都在4~6，使用合格的干麦芽粉和符合要求的水，做出来的麦汁pH都会在合理范围内。如果所用的水pH很高，建议考虑加一点蒸馏水或者反渗透水。

种子液接种酵母时，如果操作环境无保护措施，要尽量缩短打开种子罐的时间。怀特实验室专门设计的外包装，可以避免酵母和种子罐的外壁接触，但是可能会有尘埃里带的野生酵母或细菌落在种子罐口的隆起部分，需经常清洁消毒种子罐口隆起部分，以防灰尘掉入种子液中。摇晃种子罐使酵母分散均匀，放置几分钟后，缓慢地打开瓶盖，防止产生过多泡沫。

做种子液前，Wyeast的湿酵母无须挤破包装，因为酵母并不在小袋里，而是在外面的主袋里。不过还是建议取出里面的小袋，小袋里装的是高质量的营养物质和糖原，可以用它清洗主袋中残留的酵母。尽管在倒出酵母时污染的几率很小，但还是需要对Wyeast的包装外表面进行清洁消毒；用剪刀剪开前要对剪刀进行消毒。

高温（高达37℃）下种子液里的酵母生长速度会较快，所以在实际操作过程中对温度是有一定要求的，比如拉格酵母对高温很敏感。高温扩培酵母会对其稳定性和活力产生负面影响。酵母生长过快或者过度生长都会给啤酒发酵带来负面影响，这是由于不饱和脂肪酸含量低，造成酵母细胞膜很脆弱。相反，种子液温度过低的话，又会造成酵母生长缓慢，酵母产量少，因此不建议低温扩培酵母，种子液的最佳发酵温度在18~24℃。很多酿酒师在做拉格酵母种子液时，喜欢用稍低点的温度，而做爱尔酵母种子液时用稍高点的温度。不管爱尔酵母还是拉格酵母，在22℃左右扩培时，酵母的健康和生长速度都是最佳的。

待酵母把种子液中的糖分耗尽后，酿酒师开始接种。他们除去酵母泥的上清液，把酵母加入发酵罐中进行发酵。对采用连续充气扩培或磁力搅拌器扩培的大量种子液来说，这种方法有明显优势。这种情况下，种子液里的上清液口感都不好，要避免上清液混进酒液中。如果种子液的量达到麦汁体积的5%，需要把种子液先进行沉淀，然后只把沉淀后的酵母加入发酵罐中。采用这种方法时，撇除上清液前要确保酵母已经完全沉淀下来。种子液中的糖度降到最终浓度后，酵母在罐中继续停留 8~12h，让其在体内合成糖原。上清液撇除太早会把酵母中絮凝能力弱的、发酵度高的酵母一起撇除，若用此时的酵母进行接种，会造成啤酒的残糖过高。在撇除上清液前要让酵母完成它自身的生理过程。

在酵母刚完成生长阶段，还处于非常高的生命活力时，酿酒师就把这样的种子液接种到发酵罐中。有人认为这是酵母接种到下一个种子液或发酵罐中的最佳阶段。他们认为不需要让酵母进行休眠阶段，且让酵母能在啤酒中迅速地发酵。在种子液高泡期时接种，最好控制种子液和发酵罐中麦汁的温度差在3~6℃。把温度高、活力高的种子液接种到温度低的麦汁时，过大的温差会让酵母细胞受到冷激。如果是拉格酵母的话，冷激会导致残糖偏高，酵母絮凝慢，产生的硫化氢可能会超标。但分步逐渐降低种子液温度，有悖于高泡期接种的目的。酵母从高温降到低温时，如果温差较大的话，会导致酵母发酵速度降低甚至停止发酵。所以，如果在酵母发酵旺盛期接种时，最好在扩培初始阶段就把种子液的温度降到接近主发酵液的温度。

这两种方法既有优点也有缺点，但是，如果想让中止的发酵重新启动并重新降解残糖，高泡期接种是唯一的办法。由于酒精的生成和糖分的缺乏，阻止了处于休眠期酵母的复活并降解剩余的糖分；通过添加高泡期的酵母，可以继续消耗残余的糖分。

大多数种子液在一定的浓度、温度和接种量下，扩培12~18h都能达到最大的酵母浓度；低接种量和低温会使酵母扩培时间延长至36h甚至更长时间，但是大多数酵母都能在24h内完成生长扩培。

5.2.2.2　种子液的最佳数量是多少？

在酵母进行多级扩培的过程中，有关种子液接种量最重要的问题是：接种量的大小会影响酵母的生长速率，换句话说，不同的接种量会影响酵母的生长速率。最重要的不是所接种的种子液体积，而是加到麦汁中的种子液里有多少酵母。种子液中酵母接种量过多，增长的酵母数就会偏少，但假如接种到种子液的酵母数太少，这就不是在制备种子液而是在发酵啤酒了。就像酵母接种量会影响啤酒中的酵母生长速率和风味一样，酵母接种量也会影响种子液里酵母的生长速率，但它对种子液风味的影响可以不用考虑。

为解决实际生产中的问题，需要在大量的麦汁中扩培酵母，以得到理想健康的和适量的酵母。尼尔森（Olau Nielsen）推荐一个酵母生长因数的概念，就是酵母增长量和麦汁浓度减少量的一个大概系数（Nielsen，2005）。它是酵母扩培时非常实用的常数，如式（5.2）所示。

$$生长因数 = \frac{最终的酵母数（百万/mL） - 最初酵母数（百万/mL）}{麦汁浓度的减少量} \quad （式5.2）$$

例如，把1000亿个酵母接种到1L的种子液里，这时酵母浓度是1亿个/mL，如果种子液中的酵母数最终增殖到1520亿个，最终每毫升种子液中就有1.52亿个酵母；开始时原麦汁浓度是9°P，在种子液扩培完成时，种子液中的糖降到了2°P，酵母消耗了7°P的糖。生长因数计算如下：

$$生长因数=（152-100）/7=7.4$$

酵母生长的效率越高，生长因数就越大。经验表明：生长因数大于20为耗氧发酵，生长因数小于20为厌氧发酵。多数家酿者制备种子液时达不到这样的生长量；要想达到这么高的生长因数，做种子液过程中需要非常精确地控制糖和氧气的供应。不过不用担心，家酿和小型啤酒厂对酵母生长量的要求不是很高，他们最看重的是酵母的健康和纯培养。生长因数能够帮助你更好地理解为什么没有培养出足够的酵母数，怎样才能尽可能多地培养出酵母，以及什么情况下是在发酵啤酒而不是制备种子液。

家酿者往往从含有大量酵母的酵母袋中取出酵母并制备种子液，但这样很难产出较高产量的酵母。家酿用的液体酵母平均每包含有1000亿个酵母细胞，这些酵母需要大量的种子培养基才能使其充分地生长。

为了计算不同种子液体积的生长因数，我们使用怀特实验室WLP001酵母种子液（含有1000亿个酵母细胞）做了一系列实验。实验使用相同材质和高径比的扩培罐做种子液，在扩培时不补充营养物质和氧气，所有的种子液都在21℃下发酵，原麦汁浓度都为9°P（1.036）；发酵终了，麦汁最终浓度都为2°P（1.036）。加1000亿总酵母数时，接种量对酵母扩培生长因素的影响如表5.2所示，酵母接种量对生长因数的影响如图5.4所示。

表5.2　加1000亿总酵母数时，接种量对酵母扩培生长因数的影响

种子液体积 /L	接种量 /（百万个 /mL）	新长出的酵母数 / 亿个	终了酵母数 / 亿个	生长倍数	生长因数
0.5	200	120	1120	0.1	3.4
0.8	125	380	1380	0.4	6.9
1	100	520	1520	0.5	7.4
1.5	67	810	1810	0.8	7.7
2.0	50	1050	2050	1.1	7.6
4.0	25	1760	2760	1.8	6.3
8.0	13	3000	4000	3.0	5.3

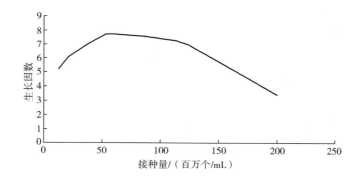

图5.4　酵母接种量对生长因数的影响

要注意体积小的种子液对生长因数的影响，在体积小的种子液里，酵母密

度大，增殖量少。在500mL的种子液中，酵母生长量很少，仅仅增加了0.1倍，这是由于酵母没有吸收到足够的糖和营养物质供其分裂。虽然在如此高的接种量下酵母没有增殖很多，但对原来的酵母来说还是有很多好处的；酵母所吸收的糖、氧和营养物质，以及产生的诸如甾醇等成分对其很有益处。种子液对酵母很少有负面的影响，尽管有时产出的酵母量很少，但是种子液可以通过刺激酵母的新陈代谢来复苏酵母，使发酵加快。如果在仅有800mL的种子液里，想达到高的生长因数，可以减少酵母接种量。随着接种量降低，酵母生长因数随之上升，比如接种量降到（6~7）×10^6个/mL（相当于1.5L的麦汁中含有1000亿个酵母）时，酵母就会明显地增殖。生长因数可以很好地反映不同接种量对酵母扩培过程的影响，同样也可以得出氧气、麦汁浓度、锌离子、搅动等对酵母生长的影响。这个例子中，根据酵母不同接种量的产出量所绘制的图来看，接种量对酵母增殖量的影响很大。

　　总的来说，随着酵母种子液的接种量增加，酵母增殖量减少。在实际生产中，随着种子液体积达到啤酒发酵的规模，酵母增殖量将大大减少，如表5.3所示。

表5.3　　　啤酒发酵标准接种率下酵母接种量对生长因数的影响

（起始酵母数为 1000 亿）

种子液体积 /L	接种量 /（百万个 /mL）	新长出的酵母数 / 亿个	终了酵母数 / 亿个	生长倍数	生长因数
20	5	5000	6000	5	3.6

　　当按照啤酒发酵的接种量接种酵母时，酵母的生长、倍增方式和风味与酿造啤酒阶段相同；而如果按照酵母扩培的接种量接种酵母时，酵母就会按扩培方式增殖，同时产生酵母增殖时特有的风味。这并不意味着在体积大的种子液中或者接种量较低时，酵母没有增殖，还要看酵母生长了多少新细胞以及增加了多少倍。最终，酵母接种量达到4×10^6个/mL时，酵母生长速率趋于平稳。实际上，如果没有额外的营养补充和操作，酵母数很难从1000亿个增长到6000亿个，无论麦汁体积有多少，不充氧发酵时，酵母数量会有倍增数的限制。

　　扩培酵母时，并不意味着需要追求成本效率最高的接种量，尤其对家酿者来说更是如此。为实现酵母数大量增殖，在多步扩培的时候，每个操作步骤都有很高的微生物污染风险。酵母生长量与种子液体积的关系如图5.5所示，扩培一定量酵母数所需的种子液体积如图5.6所示。

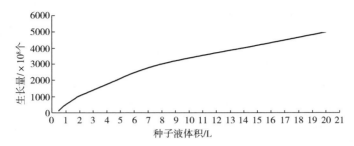

图5.5　酵母生长量与种子液体积的关系

酵母细胞数/10⁸个 \ 种子液体积/L	0	1	2	3	4	5	6	7	8	9	10	11	12	13	14	15	16	17	18	19	20	25	28	32
1000																								
1500		1																						
2000			1																					
2500				1																				
3000			2		1																			
3500				2				1																
4000					2					1														
4500				3		2							1											
5000					3			2									1							
5500						3			2												1			
6000					4		3				2													
6500						4		3					2											
7000							4		3						2									
7500								4			3						2							
8000									4			3								2				
8500								5		4				3						2				
9000									5		4				3						2			
9500										5		4					3					2		
10000									6		5			4						3				2

图5.6　扩培一定量酵母数所需的种子液体积

　　此实验中的酵母菌株、接种量、种子液糖度和温度与表5.2和表5.3所进行的实验条件相同。在不同体积的麦汁中接种1000亿个酵母时，随着种子液体积不断增大，可达到家酿啤酒发酵的接种量。图中曲线显示出随着接种量的降低，酵母增殖数是如何增加的，以及酵母数增殖的上限是多少。

　　表格中的数字是接种到种子液中的液体酵母（1000亿个/袋）的袋数。比如要扩出4000亿个酵母，可以在4L的种子液中接种2袋酵母，或者在9L的种子液中接种1袋酵母。

举一个早期家酿接种量的实例。20L原麦汁浓度12°P的麦汁需要的总酵母细胞数是1800亿个，如果采用的条件与表5.2中相同，需要在1.5L的种子液中加入1袋（1000亿个）液体酵母。当然，如果所用的其他参数发生改变时，最终的结果也会有所变化，如果想要知道扩培后种子液中具体的酵母数量，最好的办法就是进行酵母计数。如果扩培时加入的酵母数是相对精确的，在一定条件下，可以通过酵母接种量估算出最终酵母的增殖量。图5.6显示了在采用不同体积的种子液以及不同袋数的液体酵母情况下，最终的酵母增殖量。

如果使用搅拌器、摇晃或充氧，酵母的增殖量会更多。想要知道一桶麦汁中需要多少酵母和多少体积的种子液，可以利用www.mrmalty.com上免费的接种量计算器进行计算。

5.2.2.3 分步制备种子液

前文提到，在一定的接种量和接种条件下，酵母增殖量有最大增殖倍数的限制，即使增大种子液体积，也不能明显增加酵母增殖数。要想培养出大量的酵母，就需要把扩培后的酵母转移到另一罐麦汁中继续扩培。用更大体积的麦汁进行下一阶段的扩培，或收集部分酵母投入另一罐麦汁中继续扩培，都可以培养出大量的酵母。扩培时要使用计时器对培养时间进行计时。有个原则是：每个阶段的种子液体积是上一阶段的10倍，这不是酵母扩培的硬性原则，但这已经成为大家公认的重要原则。每个阶段的种子液都需要留有足够的体积，两个阶段的种子液体积的比例确实会影响酵母的健康和增殖量。从体积小的种子液开始扩培，需要更多的操作步骤和酵母转移次数，会增加额外的工作量。每增加一次酵母转移、补料和回收过程都会增加微生物污染的风险。种子液体积过大的弊端是：增加到一定体积后再增大种子液体积就不能增加酵母增殖数了。一旦酵母的接种量低于规定的最小接种量，其增殖量就会受到图5.5中生长曲线显示的倍增瓶颈限制。除非这是在发酵啤酒，不然这样做就是在浪费麦汁。实际情况下，每个阶段的种子液体积都是上一阶段的5~10倍，要注意的是生产过程中需要考虑操作的便利性、卫生状况和酵母健康。

下面是多步制备种子液的实例。扩培1包拉格液体酵母达到理想数量后，接种到原麦汁浓度为11.9°P（1.048）的19L拉格麦汁中进行啤酒发酵。开始时袋中只有1000亿个酵母，而接种上面的麦汁需要3370亿个酵母。考虑到接种量多对酵母增长的影响，那么扩培这些酵母需要6L的麦汁。如果出于条件限制，不能用6L的种子液扩培酵母，而是用体积较小的种子液，就需要用梯度扩培的方式来增殖酵母。下面例子中的种子液体积最大为2L。

（1）将200g干麦芽粉（DME）加入扩培罐中，注入无菌水至2L。

（2）加入1袋酵母（1000亿个酵母），培养24~48h。

（3）这时种子液中含有2000多亿个酵母，相当于又扩培出了另1袋酵母。冷却种子液直到所有酵母沉淀，撤除上清液。

考虑到酵母接种量增加所带来的影响，假如这时再加入2L的麦汁，并不会得到4000亿个酵母，而仅仅会增殖到3000亿个，这和所需的3370亿个酵母数相接近。这种方法所需的种子液比本来需要6L种子液的方法要少，那是因为在较大体积的种子液里，接种量低时酵母生长因数较低，酵母增殖量少。相对来说，由于酵母转移次数较少，大体积的种子液微生物污染风险更小。

如果现有的种子罐只能制备1L的种子液，怎么扩培酵母呢？

（1）将100g麦芽粉（DME）加入种子罐中，加无菌水至1L。

（2）加入1袋酵母液，培养24~48h。

（3）这时种子液中大约有1500亿个酵母，增殖了500亿个新酵母。

（4）冷却种子液让酵母充分沉淀，撤除上清液。

这里会有人感到困惑，如果再加1L的麦汁，不会再增殖出500亿个酵母，但实际上只能增殖出180亿个左右。正如表5.2所显示，增加接种量会对酵母增殖带来影响。这时的初始酵母接种量到了接种量多而增殖量少的阶段。假如这时收集扩培后的酵母，并加入1L的麦汁，就可以增殖出更多的酵母。

5.3 干酵母的使用

很多啤酒厂会在接种前活化酵母，而很多家酿者则直接把酵母撒到麦汁表面。也许书上或当地专家告诉他们没有必要活化酵母。从技术上说，添加足量的没有活化的酵母，啤酒也同样能发酵，但因他们没有让酵母发挥出最佳状态，所以很难做出最好的啤酒。干酵母不经活化会杀死一半的酵母，因此所加的干酵母只有一半是活的，另一半的死酵母会自溶并影响啤酒的风味。为什么有些人建议跳过活化阶段呢？避免制备种子液的理由是相同的：一是担心卫生问题，二是担心这个过程会影响酵母的健康。不过，即使是做了酵母活化，如果没有严格控制活化水温度，也会杀死酵母细胞。如果你担心活化过程中会带入大量的细菌或野生酵母，就不要有过多的操作步骤。针对这种情况，有些专家建议跳过酵母复水活化的过程，通过增大酵母的接种量来弥补酵母活力的损失。

每个酵母菌株都有它特有的最佳活化过程，但是基本操作过程如图5.7所示。

（1）把干酵母回温到室温。

（2）向干净无菌的容器中倒入10倍酵母重量的无菌水（不能用去离子水、蒸馏水或反渗透水），调温至41℃。

（3）把干酵母撒在水的表面，尽量避免酵母扩散过大，同时也要避免结块，静置15min后轻轻搅拌。

（4）一旦有酵母结块，再轻轻地搅拌直至形成均匀的酵母浆，然后静置5min。

（5）缓慢降温至跟麦汁的温度差在8℃以内。

（6）调温后立即把活化好的酵母接种到发酵罐中。

图5.7　干酵母的活化
（图片由Samuel W.Scott提供）

在这个过程中，温度控制是最重要的。酵母活化温度通常是35~40℃，有些干酵母厂家建议的温度可能更低些。每种酵母的最佳活化温度会有所不同，应该向干酵母厂家咨询他们的酵母最佳活化温度。在细胞刚吸水复原时，温暖的环境对失水萎缩的干酵母细胞重塑细胞膜非常重要。千万不要用冷水活化酵母，较低的温度会让酵母内的物质在细胞复原时流失，这会对酵母造成永久性的损伤。在酵母最佳活化温度下，可以让100%的酵母复活，过低的温度会造成50%以上数量的酵母死亡。如果活化罐的温度比设定的活化温度低，加入水后温度会明显降低，所以在加干酵母之前必须要测定活化罐里的水温。

大多数自来水经过滤后都可以作为活化用水。在理想状态下，水中矿物质的总含量应在250~500mg/L。在活化起始阶段，酵母不能对进出细胞膜的物质进行控制，麦汁中的高浓度糖、营养物质、酒花酸和其他物质可以自由地进入细胞，进而对酵母造成损伤。这就是直接把干酵母投到麦汁中，会有大量酵母死亡和损伤的原因。有些人建议使用麦芽提取物或糖制作活化水，但是我们建议添加拉曼公司的"GO-FERM"或者"GO-FERM PROTECH"产品，这是拉曼公司专为活化干酵母开发的产品。在干酵母像海绵一样吸水复原时，上述产品能为干酵母提供多种经过筛选的生物活性营养物质，它会让活化后的干酵母处于更健康的状态，更利于发酵啤酒。

在活化干酵母并形成稳定的酵母泥（奶油状）后，把酵母泥调温至跟麦汁的温差在8℃或更小的状态。应避免较大的温差所带来的影响，因为温差较大时会造成小菌落突变。可以进行多次调温，每次调温的温差间隔在3℃左右，可以将少量发酵用的麦汁加到酵母泥中进行调温，在每次调温后，静置几分钟，让酵母适应新的温度。加入麦汁后需轻轻搅拌，让酵母泥温度分散均匀。在酵母活化好后，应立即接种，因为在温暖的环境中，酵母会迅速消耗体内储藏的营养物质。

5.4 酵母回收

实际上，很多酿酒师在啤酒酿造时，都会收集发酵的副产品——酵母，经贮存和处理后用于下一罐发酵，因为此时酵母还是健康的活酵母。在葡萄酒行业里，发酵完成后，葡萄酒的酒精度很高，收集的酵母是不能用的。大多数啤酒发酵完成后，啤酒的酒精度相对来说不高，很多酵母还没有像在葡萄酒里一样死亡。啤酒厂的大部分啤酒是由回收的酵母进行发酵的，对于啤酒厂来说，它们的问题不是是否要回收酵母，而是为接下来的啤酒发酵，怎样保存酵母和保持酵母健康。很多家酿者从未考虑过回收酵母，但实际上，回收酵母并不像有些人想象的那样困难。

回收酵母的过程中有几个注意事项，其中最重要的是保证酵母没有被微生物污染。好的酿酒师会做到以下几点。

（1）避免混入杂质。

（2）酵母转移过程中，需在无菌环境下操作，或在酒精灯火焰保护下进行操作。

（3）尽可能减少酵母泥在容器间的转移次数。

（4）使用铝箔纸或者无菌卫生的材料盖住瓶口。

（5）使用70%的乙醇或者其他合适的消毒液进行喷雾消毒。

（6）操作环境和每个器皿都要清洁干净和消毒。

5.5 酵母回收操作

就像之前讨论的那样，酵母回收是啤酒厂最基本的操作技术。酿酒师通常在啤酒发酵完成后回收酵母，但这也不是绝对的。在有些情况下，也有人会在发酵完成前或完成数天后回收酵母。有些情况下，为了把已经死亡的将要自溶破碎的酵母从啤酒里分开，酿酒师会在啤酒完全发酵完成前，回收早期沉淀的酵母。早期的絮凝酵母中含有大量的死酵母和冷凝固物。酿酒师们通常将收集的早期絮凝酵母直接扔掉，或者作为下一批酵母的营养物质投入煮沸锅中煮沸。如果将早期沉淀的酵母投入发酵罐中发酵，会造成啤酒残糖过高，所以酿酒师不会将其作为种子酵母使用。

发酵罐底部和顶部是酵母聚集的主要地方，这两个地方酵母聚集量大，是收集酵母的主要部位。如果时间足够长，所有酵母都可以沉淀到发酵罐的底部。大多数情况下，这会更有利于酿酒师从底部收集酵母。因为不是所有的酵母都能在发酵液的顶部聚集，也不是所有的发酵罐都可以设计成从上面收集酵母的设备，所以说并不是所有的酵母都可以从发酵罐上面收集。

5.5.1 顶部收集酵母

众所周知，爱尔酵母是上面发酵酵母。在发酵时，爱尔酵母的疏水表面使得酵母絮凝物和二氧化碳结合，从而使酵母絮凝物上浮到发酵液的表面。过去，酿酒师所使用的酵母都是从发酵液表面撇取的，这就是为什么啤酒厂在几百年来一直可以重复使用酵母的原因。只要酿酒师做好卫生消毒工作，并且从发酵液上面收集最健康的酵母，就可以做出质量稳定的啤酒。

由于锥形发酵罐有利于罐体清洁和酵母收集，目前，绝大多数酿酒师都使用锥形发酵罐，而罐底收集酵母已经成为行业标准。虽然这种发酵罐有利于酵母收集，但用它收集的酵母质量没有从上面收集的酵母质量好。顶部收集的酵母都是发酵过程中繁殖力高、活力强的酵母，相对来说没有杂质；在酵母沉降到锥形发酵罐底部的过程中，会夹杂着死酵母、冷凝固物和细菌。沉到罐底这段时间内，酵母会不断受到损伤，同时还会处在高发酵罐的额外静压下。在这种情况下，突变的菌株和死酵母会沉淀得更快，所以，现在很多酿酒师在扩培新酵母之前，平均只会回收酵母5~10代。

　　通常来说，酵母的絮凝性越好，发酵时酵母越容易浮在发酵液表面，当然也有些酵母菌株例外。接种后12h，很多爱尔酵母浮到液体的表面，进行上面发酵3~4d，并伴随有大量二氧化碳的产生。这个时候，酿酒师们就可以从发酵罐的顶部收集酵母。伴随着收集高质量的上面酵母，酵母迅速地从酵母接种阶段过渡到了酵母收集阶段。回收接种的酵母，不需要等到它沉淀后才回收。这种方式的缺点是：它会使啤酒暴露在空气中。如果酿酒环境卫生无菌，发酵过程可控，那么像顶部收集酵母、敞口发酵这样的技术就可以发挥出它的优势。发酵罐的设计也是影响酵母顶部收集的因素之一。使用桶、铁铲，甚至小一点的杯子或大勺子，都可以很容易地在扁平的敞口大发酵罐里收集酵母，而顶部封闭的发酵罐只带有一个小的入孔，需要一种特制的设备把酵母从啤酒的表面吸上来。尽管现在除英国之外很少有啤酒厂从上面回收酵母，但在精酿和家酿者中，仍然有很多人非常推崇这个技术。如果使用得当的话，上面收集酵母是非常成功和有效的酵母管理方式。

　　你能从上面收集你最喜欢的酵母吗？能从上面收集的酵母都是上面发酵酵母。能否成功收集酵母以及所收集的酵母质量好坏，不仅仅取决于酵母本身，还取决于所用的工具设备、收集时间和发酵罐的形状。举例来说，怀特实验室的英式酵母（WLP002）絮凝能力强，甚至在发酵前看起来像块状一样。在家酿规模的小发酵罐中，它是非常好的上面发酵酵母，但是很多在啤酒厂的现场记录表明：在高的圆锥形发酵罐中，此酵母不能在发酵液顶部形成足够多的酵母絮凝物以供收集，只能在发酵罐的底部收集。气泡的大小、啤酒里的压力或者其他因素造成了这种变化，但是能否成功从上面收集酵母，环境和酵母对结果的影响同样重要。

　　如果有合适的发酵罐，很多下面发酵酵母也可以进行上面收集。加利福尼亚州戴维斯的Sudwerk Restaurant&brewery于1989年开始使用德国的敞口发酵设备进行敞口发酵。1998年，他们把大部分发酵设备换成密封的圆锥形发酵罐，但保留4个敞口发酵罐。在酵母接种两天后，酿酒师使用不锈钢铲子成功地从发酵液上面收集到了酵母。

　　比利时风格酵母和德国小麦酵母都是比较好的上面收集酵母，它们的絮凝能力都很弱，很难沉到罐的底部进行下面收集。当酿酒师们从发酵罐底部反复回收这两种酵母时，收集的是酵母里沉降性最好的细胞。接种这些回收的酵母并在发酵完成后继续回收，重复这个过程几次，酵母就会趋于易絮凝，变得易于沉淀到罐底而不是悬浮在酒体里。除非酿造过滤小麦啤酒，其需要的就是这个酵母不絮凝的特性，通过多次收集上面发酵酵母，就能达到让这一特有菌株的絮凝性变得最差，啤酒残糖变得最低的目的。

5.5.2 上面收集的技术要点

经过2~3d的发酵，上面收集酵母开始浮到发酵液的顶部。如果这个菌株是比较好的上面发酵酵母，就会在发酵液的顶部形成很厚的泡盖，这时就可以进行酵母收集了。在啤酒发酵的大部分时间里，酵母都在酒液顶部形成的泡盖里，但是大多数上面收集酵母只有到了发酵终了，才能变得足够强壮而浮在发酵液表面。

这时可以通过在发酵液表面撇取的方式收集酵母。泡盖的上表面含有大量的蛋白质，可以丢弃第一次撇取的泡盖；在第二次、第三次及后面撇取的泡盖里，含有大量可供回收、使用的优质酵母。很多工具可供用来收集酵母。过去，酿酒师在使用扁平的敞口发酵罐酿酒时，会在发酵液表面拉一根木板来收集酵母；现在，使用敞口发酵罐的啤酒厂采用不锈钢工具从上面收集酵母。可以使用任何工具进行上面收集酵母，如桨、铲子、桶或其他工具。不管用什么工具收集上面发酵酵母，在每次收集酵母前一定要进行清洗消毒，同时在将酵母从发酵液表面转移到贮存容器时，要尽可能地保证环境卫生。

当操作大型发酵罐时，一定要有稳固、安全的操作台，同时要确保操作台有安全防护措施。在回收大量酵母时，可以使用无菌的离心泵、容积式泵或蠕动泵。泵是很好的酵母回收设备，可以直接把泵的吸盘插入含有大量蛋白的表层酵母下，收集干净理想的酵母。在表层酵母下来回移动吸盘，利用真空收集酵母。泵的出口直接连到干净无菌的容器中（带有盖子的不锈钢桶是非常好的酵母回收桶）。

在使用带有盖子的25L塑料发酵桶或小型不锈钢圆锥发酵罐时，酿酒师可以很容易地打开盖子，并用不锈钢勺子撇取酵母。要注意的是在打开盖子时，会有很多野生酵母和细菌从上面落入啤酒中。要尽可能地在没有空气对流的地方打开盖子，同时不要全打开盖子。应从一侧斜向上打开盖子，应让盖子的另一侧始终保持在桶上，这样就能让盖子像盾一样阻止灰尘从上面落入。如果使用的发酵罐不能打开，例如玻璃桶或塑料广口桶，酿酒师就需要使用设备把酵母从液面上吸出来。一些酿酒师成功地用带有两个孔的塞子或塑料桶盖解决了这个问题，一个孔通入过滤后的空气或者二氧化碳，另一个孔穿入导管或者其他硬的管子作为真空吸管（图5.8）。酿酒师把软管套在不锈钢的管子上，将其插入无菌的容器中，把另一套有不锈钢管子的软管插入酵母层中，发酵产生的二氧化碳会形成压力，慢慢地把酵母压到收集罐中。为了加快收集酵母的速度，有些酿酒师向罐中通入额外的二氧化碳，但是这种做法非常危险，有时甚至是致命的，酿酒师应该知道操作的危险性，并能够非常小心合理地操作。每次操作带压罐子时，随时都有爆炸和带来严重身体伤害的危险。需要注意的是：通入的气体流量要小，气体压力要能精确控制，同时确保不要堵住管子。

发酵时收集的上面酵母是非常活跃的，在收集酵母前要确保存放酵母的罐子泄压良好。由于二氧化碳会迅速杀死酵母，如果保存酵母泥，一定要提前去除酵母泥中的二氧化碳。

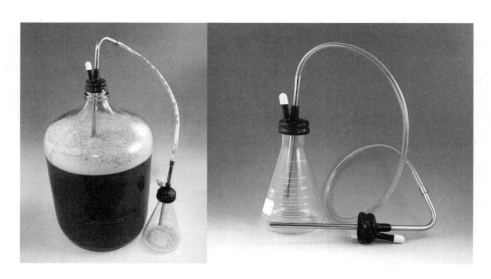

图5.8　家酿上面收集酵母设备
（图片由Samuel W Scott提供）

5.5.3　底部收集酵母

绝大多数美国的家酿者和啤酒厂，都从发酵罐的底部收集酵母，甚至有些啤酒厂使用上面发酵酵母来制作爱尔啤酒，也很少从发酵罐顶部回收酵母，这是一件让人感到很遗憾的事情，因为如果他们从发酵罐顶部收集上面发酵酵母的话，可以为下一批啤酒收集到更好的酵母。

现在使用的发酵罐很容易进行底部酵母收集，并且很多啤酒厂所使用的锥形罐顶部都是封闭的，底部收集成为了主流的酵母收集方式。发酵时，有的酵母会浮到液面上，有的则不会，即使酵母浮在发酵液表面，酿酒师也很难收集到浮在液面上的酵母。最终，所有的酵母都会絮凝沉降，它们在下降过程中会形成紧密的酵母泥沉到罐底，酿酒师打开阀门就可以从罐底进行酵母收集。但是这种方法也有弊端：①底部收集的酵母中含有很多杂质和冷凝固物；②与上面收集方法相比，酿酒师需要等更长时间才能收集酵母；③酵母受到酒体静压影响大；④沉到罐底的酵母良莠不齐；⑤需要对发酵罐的锥体部分单独降温。

　　既然下面收集有这么多劣势，那为什么会被大多数人采用呢？很多时候，下面收集的酵母虽然没有上面收集的酵母好，但是完全可以做出理想的啤酒。另外，现在的大多数设备都被设计成只能从下面收集酵母的设施。在这些情况下，需要采用最佳的收集方法和在最佳时间点收集酵母，才能保证啤酒质量最佳。

5.5.4　底部收集的技术要点

　　啤酒厂要求尽可能及时迅速地回收酵母，一旦发酵完成，酵母就开始消耗其体内储存的营养物质了，严重的会导致酵母自溶。酵母所处的环境和其自身的健康状况，对酵母自溶破裂速度及酵母消耗储存营养物质的速度，起关键作用。在大型的圆锥体发酵罐中，酵母沉到罐底后就开始发生快速自溶了。从发酵罐底部收集酵母的最佳时间是：啤酒开始降温后的1~2d。这种环境下，24h内酵母活力会降低50%。这与家酿形成了鲜明对比，用家酿小型发酵罐发酵普通浓度的啤酒时，健康的酵母均匀地平铺在发酵桶或塑料桶的底部，这时酵母活力降低得较为缓慢。无论如何，在保证啤酒正常发酵的前提下，最好第一时间收集酵母。锥形发酵罐沉淀后的酵母分层如图5.9所示。

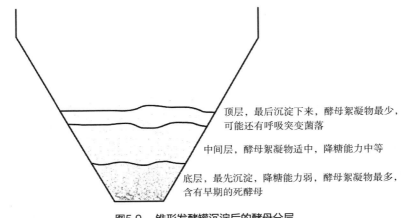

图5.9　锥形发酵罐沉淀后的酵母分层

锥形发酵罐的最大问题是锥体部热量的聚集，最好的解决办法是在锥体上加一个能独立控温的降温夹套，这样酿酒师们就可以把酵母的温度控制得比酒体稍低。由于酵母导热性能差，位于锥形发酵罐底部、酵母泥中心的酵母温度有时比夹套温度控制点的温度高5℃（Lenoel 等，1987）。在锥体中间的酵母是想要收集的酵母，这些酵母的沉降性适中，降糖能力高，同时酵母细胞表面没有过多的芽痕。较高的温度会降低待收集酵母的活力。

由于广口玻璃瓶、发酵桶和啤酒厂用的圆底发酵罐都有大而平的底部，这可使温度梯度小，不会对酵母造成太大的影响。酵母沉淀形成宽而薄的酵母层，这样有利于热量的扩散，同时可以让更多的酵母和酒体接触。如果酿酒师使用质量高、健康状态良好的酵母，则不必担心酵母在短时间内发生自溶现象，但是酵母菌株不同，情况也有所不同。在家酿小型发酵罐中酵母很少自溶，即使在发酵温度下2~3周都不会自溶，甚至在已冷却的发酵液中，酵母的存活时间也会很长。当然，如果酿酒师要回收酵母，最好在发酵完成后的8~12h内收集酵母。

从锥形发酵罐底部收集酵母相对容易。首先要确保发酵罐里有足够的压力或连接一个无菌过滤器用于充气。清洁消毒罐底的阀门及所有管路，将输送酵母的管子连接到酵母收集罐中，打开阀门，排掉前面三分之一的酵母泥，当酵母泥从发酵罐中排出时，可以看到最先排出的酵母泥中含有大量的杂质，这部分酵母泥中含有早期死亡的、糖化能力弱的以及其他发酵特性不理想的酵母。随着酵母的继续排出，溶液颜色变淡，但由于菌株不同，有的菌株会变成均质的奶油状。这部分约占所有酵母泥的三分之二左右，这些酵母芽痕少、发酵度适中、小突变菌落少，是最佳的接种酵母。收集的酵母量能满足接种下一罐所需后，就可以将剩下的部分（约占三分之一）排掉，因为最后排掉的酵母发酵性能弱、絮凝能力差、降糖能力过高，同时含有大量的酵母碎片等沉淀物。

如发酵罐内安装机械臂，可以很容易地收集理想的酵母。可控制机械臂插入理想的酵母层去收集酵母，当收集完后，即可把剩余的酵母泥从罐底排掉。即使没有锥底发酵罐，也可以收集到比较好的酵母，只是不如从锥底发酵罐收集的酵母完美。使用大型发酵罐酿酒时，首先应把酒放完，然后用铁铲清理掉表层酵母，这样就可收集到中间层理想的酵母。圆底或平底的发酵罐底有排料阀门，排酵母时会把不同层的酵母混到一起。

家酿者使用塑料发酵桶或广口瓶等发酵罐时，只有收集所有的酵母后，再把良莠不齐的酵母分开这一个方法。发酵完成后，可通过降低温度到发酵温度条件以下使酵母沉降。通过卫生无菌的虹吸管把啤酒导到另一个桶里或者装瓶，发酵罐里需保留1L左右的啤酒。如果不想保留啤酒，就在导完啤酒后立刻加入无菌水。较多的水或酒可以更容易地把块状酵母打散，但需要更大的容器来收集酵母。

充分摇晃发酵罐，使酵母分散，将沉淀的块状酵母打成泥状。用70%的乙醇擦拭发酵罐口，如果使用玻璃广口瓶做发酵罐可以用火焰烧一下瓶口，然后把酵母泥倒进干净无菌的容器中，最好使用可高压灭菌的宽口塑料容器作为酵母收集罐。如果使用玻璃容器，需用铝箔纸或其他宽松的盖子，千万不要塞紧瓶盖，以防酵母产生的气体压力过大使容器爆裂。

在接种回收的酵母前，为了去除絮凝物和死酵母，需要对酵母进行洗涤。细节可以参考本书"酵母清洗"小节。

在家酿圈里，倒罐的概念流行了很多年。倒罐就是把啤酒从一个罐里倒入另一个罐里。这样做有两个好处：①让桶底的酵母和啤酒分开，以防桶底的酵母自溶及不良风味融到酒里；②可以让啤酒澄清得更快。这两种说法都没有科学依据。家酿啤酒发酵完成后，健康的酵母分散在平底发酵罐的各个角落，酵母自溶的风险是很低的，但是在发酵完成后，如果在高温下存放数周，酵母自溶的风险将大大提高。不同酵母菌株的保质期不同，但在一周内所有的酵母都可以保证是健康的。如果啤酒在发酵罐中多放几天，可以让澄清度更好，可以不立即倒罐，否则最好及时倒罐。如果是酸啤酒、干投酒花、加水果或者用橡木桶陈酿（这些都需要把酵母除尽并放在温暖的环境下长时间储藏），把酒转移到另一个干净的桶里是值得的。第二个理论是：倒罐后啤酒会澄清得更快，但这种说法也不符合逻辑。倒罐后啤酒中的酵母絮凝物增加，酵母的絮凝时间在倒罐后反而延长了，而不是缩短了；倒罐把沉降很慢的颗粒又混合到了啤酒里，这些都会减慢啤酒澄清的速度。同时需要注意的是，发酵罐底部的大量酵母是有活性的，这对啤酒风味的成熟有很大帮助。过早倒罐会降低某些物质的还原，例如乙醛和双乙酰等。

为什么倒罐会更难回收最好的酵母呢？在酒体里含有大量悬浮酵母时倒罐，桶底留下的是酵母中絮凝能力最强的酵母，这些酵母发酵度低、酵母活力弱，使用这些酵母酿酒会造成啤酒残糖偏高。如果回收的是酒体里的酵母，所收集的是酵母中絮凝能力最差、发酵度最高的酵母，多次回收使用这样的酵母，会造成酵母不再发生絮凝沉淀。如果你想回收使用这样的酵母，可根据想要的特性早点或晚点收集酵母，就会让酵母朝着我们想要的方向发展了。

5.6 酵母贮存和维护

酵母是活的生物体，在麦汁中酵母会处于最健康的状态。发酵结束后，酵母细胞开始絮凝，在大多数情况下会沉到罐底并进入休眠状态，这时沉降在罐底的酵母是稳定的。很多酿酒师认为只要啤酒的酒精度不高，贮存酵母的最佳地方是发酵罐底部。这是否意味着酵母的最佳贮存地方是装有啤酒的发酵罐呢？答案当然是否定的！应该在酵母完成发酵后，立即把酵母从酒体中分离出来。即便是回收上面的酵母，同样要在发酵终了后撇除液面上的酵母，或把酒从罐底排出而和酵母分开。

5.6.1 酵母贮存罐

理想状态下，酵母在收集后应立即接种，因为短时间内酵母不会衰老和死亡，同时也不会有细菌滋生的风险。但是很多时候没有条件立即糖化另一罐麦汁，不能在收集酵母当天接种。啤酒厂通用的方法是把酵母贮存在18L不锈钢可乐桶中。这些桶使用方便，对于许多啤酒厂来说，它的体积正合适，同时还可以根据需要改装桶盖。由于桶是用不锈钢制作的，酿酒师可以用现有的设备很容易地进行清洗和消毒。尽管不锈钢可乐桶很多时候都很方便实用，但它不是贮存酵母的最佳选择。不锈钢可乐桶有两个缺点：一是桶内有很多配件和垫片，很难完全清洁消毒每个角落，这会让细菌存留和滋生；二是只有达到一定压力时，减压阀才能启动并排气。137.9kPa的压力足以让酵母死亡。酵母泥中的酵母产气迅速，需要每天多次摇晃酵母桶并打开压力阀门排气，或用铝箔纸盖好桶口，来手动释放桶内压力。

带盖子的不锈钢桶是比较好的酵母收集罐，盖子要能完全罩住桶口，以防酿酒师打开盖子时，空气中的微生物落进收集的酵母泥中。家酿者可以在品类齐全的厨房用品商店买到尺寸合适的桶。这样的酵母贮存罐优点是：不锈钢材质便于清洁消毒，桶盖轻便且可以很容易地扣在桶上，更容易排出二氧化碳从而释放桶内压力。这种贮存罐的缺点是：不便贮存和搬运，很容易不小心碰掉盖子而污染回收的酵母。

酿酒师可以选用其他类型的桶作为酵母贮存罐，但是很多酿酒师不使用塑料桶作为酵母收集罐，因为塑料桶容易被划伤，而划痕很容易存留和滋生微生物，但是塑料桶确实是很好的选择。应选用高质量的食品级塑料［如聚乙烯（PE）或聚丙烯（PPP）］制作的桶，同时要注意，这些桶只用来贮存酵母。塑料桶的好处是可以观察到酵母泥的液位，因此可以用肉眼评估酵母泥的质量情况。例如，把酵母泥倒出来接种到下一罐时，因酵母泥的水分含量高，不经过显微镜酵母计数就无法得知酵母泥中的酵母浓度。使用透明或半透明塑料桶贮存酵母，就可以观察到桶内酵母沉淀情况，并根据沉淀情况调节接种量。当然，在使用带有盖子的桶时，要像使用可乐桶一样给塑料桶泄压。

对于家酿者来说，0.5L、1L或2L的宽口聚丙烯（PPP）桶是最好的选择，它们价格低廉同时还可以放在灭菌锅里灭菌。很多家酿者使用梅森瓶或者加仑壶贮存酵母，主要是价格便宜，便于清洗消毒，相比塑料桶更容易看到瓶里酵母泥的情况。但是玻璃瓶最大的缺点是容易破碎，在压力下危险性更大。使用任何带螺纹盖的罐子时，不要把盖子拧紧。只拧上面的两道螺纹可以让压力充分释放，但是瓶盖容易滑落，可以在瓶盖外面包裹铝箔纸以提供额外的保护。

不管选用哪种容器贮存酵母，一旦选定酵母贮存专用容器，这个容器就只能用来贮存酵母，并且每个容器只能存储一种酵母，而且一定要做好标记和记录。把酵母存放在干净的冰箱中，尽量不要放入食品或作为家庭冰箱使用。一定要在容器外面贴上"禁止打开"的标签，以防其他成员因好奇而打开容器。很有必要配备一个冰箱专门用于酵母贮存。

做好备案记录是很多酿酒师容易忽略的事情，任何事情都要备案，并做好记录。要特别记录的是：每批啤酒的发酵温度、时间、絮凝情况和发酵度，并把这些数据放在所收集的酵母旁。同时不要忘记记录啤酒的风味情况、酵母来源、使用代数和贮存温度等信息。如果不做好记录，就会忘记所收集的酵母种类，酵母的健康状况以及收集时间。没有记录，不管酵母发酵能力好坏都要丢掉。

5.6.2 酵母保质期

每一个酿酒师都会问"酵母在彻底失活而不能接种前可贮存多长时间？"多久会失活要根据不同情况来判断，很多因素都会影响酵母的存储时间。酿酒师经常会问："数周前我从浅色啤酒中收集的爱尔酵母，今天可以用吗？"在提出这些问题之前，需要回答下面这些关于酵母状况的问题：

- 酵母回收时候的健康状况如何？

- 是上面收集的酵母还是底部收集的酵母？

- 之前酿造的是什么啤酒？

- 酵母是什么菌株？

- 贮存条件是什么？

现实情况是，在没有测试酵母活力、细胞数和纯度之前，无法得知酵母的真实状况（怎样测试酵母可参考"轻松拥有自己的酵母实验室"一章）。当然，商业啤酒厂的实验室中有很多仪器设备，可以在接种前测试每批酵母的活力和酵母纯度。家酿者测试酵母相对来说会比较困难，损失的不仅仅是几桶酒所投入的金钱而损失更多的是情感投入。酿酒师贮存酵母的时间越长，越有必要在第一时间测试酵母健康状况和活力能否完成发酵。酵母健康状况和活力会在贮存过程中下降，贮存的时间越长酵母的健康状况越差，活力越低，同时细菌有机会在酵母泥中滋生，尤其在温暖的环境下细菌滋生情况更为严重。

还有许多其他因素能够影响酵母生存力，例如酒花中高含量的异-α-酸，很多酿酒师都认为酒花苦度高可以保护啤酒免受细菌的污染。在一定范围内，这种说法是正确的。酒花成分可以附着在细胞膜上，抑制某些细菌的分裂。但是抑菌作用对于酵母同样有效，从酒花苦度高的啤酒中收集的酵母生存力较低。乙醇同样会对酵母造成伤害，对于酵母来说，酒精就是毒药，啤酒中的酒精度越高，对酵母的健康状况影响越大。所有的啤酒发酵条件都会影响所收集酵母的健康状况，但是最重要是从酵母接种到贮存这段时间的处理方式和条件。如果贮存和操作不当，不管多么健康的酵母都会迅速成为无用的酵母。

有些酿酒师会问，"酵母的最佳贮存培养基是什么？"这个要根据不同情况来判断。如果你想要迅速地接种所收集的酵母，酒精含量5%~6% ABV或更低的啤酒就是最好的贮存培养基。如果啤酒酒精度很高，最好把酵母从酒体中分离出来。有人建议使用新鲜麦汁作为培养基，而其他人建议使用无菌水。使用麦汁的问题在于，麦汁同样会为存在的细菌提供营养，而在酵母贮存期间，让酵母处于休眠状态比处于活跃状态更好。

酵母在1~2℃下理想的存储时间是1~3d。很多小的啤酒厂并不遵循这个要求，特别是它们在生产多种啤酒时，需要管理很多种菌株。实际上，对所有酵母来说只要收集时酵母健康状况良好，可贮存一周，有些酵母贮存两周后它的活性依然很高，足以完成下一批次的啤酒发酵。不同酵母菌株维持活性的能力是有差别的，有些酵母菌株维持活性的时间比其他菌株更长。通常来说，爱尔酵母比拉格酵母贮存时间要长很多，絮凝性很强的水果味菌株稳定性就要差一些，最差的是德国小麦酵母菌株。4周后酵母的活性只剩下原来的50%甚至更低。正常情况下，酿酒不会使用生存力降到90%以下的酵母。

干酵母的保质期

干酵母仅仅处于休眠期，既没有死也没有结块。把干酵母存放在冰箱里可以大大延长酵母的保质期，在24℃贮存酵母，每年最多会损失20%的酵母活力。在规定温度3℃下贮存酵母，每年大约会损失4%的酵母活力。

啤酒发酵快结束时，酵母会试图合成糖原并贮存起来，酵母带着这些糖原度过营养匮乏时期，并为以后的复制和发酵提供能量。酵母在贮存的时候，会缓慢地消耗糖原来维持自己的生命。糖原的消耗造成酵母细胞膜变薄变弱，易导致细胞膜破碎，低温贮存延缓了这个过程，同时低温也延缓了细菌的滋生。同时要避免酵母结冰，因为冰晶会破坏细胞膜。破裂的细胞会释放酵母体内的物质到酵母泥中，造成细菌的大量繁殖。酵母破裂是不可避免的，所以酵母收集和贮存要尽可能避免细菌污染。要想确认某批酵母是否可以使用，必须在使用前检测所贮存酵母的存活率和活力，尽可能在贮存酵母的阶段避免细菌污染。

不管什么酵母，新鲜是最佳的，酵母回收后应马上接种。你需要将酵母贮存在1~2℃下，并在7d内使用；较差的情况是，贮存时间在14d以内的酵母可以勉强使用；如果贮存时间再长的话，任何酵母都必须扔掉。

5.7 利用回收的酵母

从酿酒师知道啤酒是由酵母发酵产生时，就一直在使用回收的酵母。实际上，酿酒师持续地回收酵母，带来了惊人的酵母菌株多样性，从而能够保证从这些酵母里选出最适合自己的酵母。仔细地回收和使用酵母，从最开始的酵母培养液算起，酿酒师可以回收高质量的酵母5~10代。使用回收酵母的关键是：在最佳阶段收集酵母，并保持所接种的回收酵母细胞数或者湿酵母重量一致。酵母细胞的一致性检测可以提前找出造成问题的原因并尽早做出调整。

在啤酒酿造过程中，使用实验室扩培的酵母做第一代啤酒发酵，发酵完成时间会比用回收的健康酵母长1~3d。实验室培养的新酵母液需要适应新环境，从实验室酵母液转换到啤酒厂酵母液需要几代时间。很多酿酒师认为沉降最好、发酵性能最好的是第三代酵母。大家之所以这么认为是因为第三代酵母接种量多、迟滞时间短、发酵快。虽然实验室培养的酵母液含有的酵母数少，但是酵母的生存力和活性相对高。酿酒师接种较多的回收酵母有两个原因：一是经过回收和贮存的酵母相对实验室扩培的酵母来说，其生存力较低，尤其是那些从罐底回收的酵母；二是为了防止啤酒污染的问题，回收的酵母很少能像扩培的酵母一样纯净无杂菌。由于啤酒厂没有实验室那样的灭菌设备，连续接种酵母时，每次接种都会增加细菌和野生酵母污染啤酒的机会。酿酒师通过接种大量酵母加快啤酒发酵速度，来避免微生物繁殖带来的影响，但是这样会影响啤酒风味的一致性。啤酒厂经常把第一代酵母做的啤酒和其他代酵母做的啤酒进行混合，来保持风味的一致性，但是很多小型啤酒厂能接受后几代酵母与第一代酵母做的啤酒风味上的差异。

酿酒师利用回收的酵母，不仅是为了节约成本和时间，更是为了创作出更好、更有趣的酒精饮料。很多专业学校认为人类是从12世纪开始利用回收酵母的，但是人类在7000年的啤酒酿造历史中不可能没有利用过回收的酵母，或许是没有记录下来。现在一些独特的啤酒酵母能从古代延续到现在，就足以说明人类从很早以前就开始利用回收的酵母了。把野生酵母驯化成啤酒酿酒酵母需要多长时间呢？肯定需要经过数千年的回收过程。加利福尼亚州立大学戴维斯分校的酿酒专家迈克尔·里维斯（Michael Lewis）曾经说过，让学生做一项关于驯化野生酵母需要多长时间的研究一定很有趣（和克里斯·怀特的私人聊天记录）。如果从农场里收集一种野生酵母，需要经过回收多少代，才能让其具备现在啤酒酵母的特性？如果有人采用里维斯的建议，也许某天能得出结论，但是现在这只是个学术性的猜测。

有理由相信，人类很久以前就发现第二代、第三代酵母做的啤酒是最好的，在回收时酵母经历了一个自然选择的过程，最终比较强壮的酵母经过自然选择存活了下来。那时候，酿酒师酿造的第一款口味不错的啤酒，就是在他们把上一罐的啤酒加到新的麦汁中并可以让麦汁进行发酵时得到的，只是它们那时还没有活酵母的概念。

酵母可以回收重复利用多少代呢？酵母的寿命部分取决于啤酒发酵条件和菌种。例如，酿酒师使用现代的发酵罐可以回收爱尔酵母8~10代，如果是拉格酵母的话，可以使用3~4代。带有锥底的细高不锈钢发酵罐可以更容易地收集酵母，但是它同样更容易损伤酵母，这样就会明显减少回收的酵母代数。目前使用了现代的仪器设备，我们不会回收酵母数百代，但是我们还是想通过利用回收的酵母来生产出最好的啤酒。

有些酿酒师发现，酵母在第三代时正处于最佳状态；而另一些酿酒师却发现，酵母在第三代时则不能再进行啤酒发酵。很多时候出现这个问题的主要原因是没有正确地回收和贮存酵母，同时由于酵母本身的原因也会出现此问题。如果酵母在实验室里就是不稳定和不健康的，那它在后续的发酵过程中同样会出现问题。这就是为什么在实验室扩培酵母时要格外小心的原因了，要严格控制酵母的筛选、生长条件、扩培时间和扩培后的酵母纯度。当实验室无法满足酵母的需求时，所扩培的酵母健康状况就会受到影响，第一代酵母也许会正常发酵，但之后几代酵母的发酵就会表现出一些问题。纵使酵母前几代没有问题，但是在酵母回收过程中的瑕疵和潜在的不足导致的问题，会在后面几代发酵中表现出来。没有哪一套操作方法是最好的，大多数啤酒厂都做得很好，但是仍然有很多啤酒厂经常会遇到大量问题。酿酒师们已经找到了几代后酵母会表现出问题的原因，并能很好地对其进行控制，主要是控制酵母的贮存时间、贮存条件、酵母回收等相关技术。

家酿者也可以利用回收的酵母做出口感绝佳的啤酒，对于有些风格的啤酒，接种回收的酵母是做出这类啤酒的唯一办法。很多家酿者利用回收的酵母不仅仅为了节约成本，更是因为利用回收的酵母及完美的发酵工艺是做出伟大啤酒和好啤酒的不同所在。当然，如果不严格地注意卫生消毒、酵母收集、贮存时间和接种量等基本问题，利用回收的酵母可能就会以失败告终。

大多数家酿初学者失败的原因是没有做好卫生工作，他们自认为他们的技术是完美无缺的，但实际上还差得很多。在多数情况下，好家酿和坏家酿的区别就是卫生工作（这一条同样适用于很多精酿啤酒厂初创者）。如果问题出在卫生上，就不要抱怨酵母、设备和配方，就算你认为卫生消毒已经做得很好，但还是需要再仔细地检查清洁消毒的过程并着重关注消毒的细节。

对于很多家酿者来说，酵母回收技术是另一个难题。酵母回收得过早出现的问题是：这时的酵母都是最先絮凝下来的。而其他的家酿者在倒桶进行后酵时丢掉了已沉淀的大部分酵母，仅仅收集最后絮凝的、发酵度最高的酵母，使用这样的酵母会造成下一罐啤酒里的酵母无法絮凝。在回收酵母的时候，可根据想要的特性早点或晚点收集酵母，这样就会让酵母的特性朝着我们想要的方向发展（参考"酵母回收操作"一节）。

酵母贮存时间同样很重要，这也是很多家酿者容易犯错的地方。如果你酿酒不是为了维持生计的话，很容易就会把发酵推迟一到两周。要记住酵母是活的生命体，不能让酵母处于饥饿状态一个月以上。如果要利用回收的酵母，但是又不能立即做酒的话，那么就强迫自己在两个星期内酿一次酒，这样有利于酵母保种和保持酵母健康。

有些家酿者采用的方法是：在发酵完成后把啤酒倒入另一个发酵罐里，直接在沉淀的酵母上加一批无菌的新鲜麦汁。这是非常不好的做法。这种方法能做出好啤酒吗？答案是当然可以。这种做法能做出最好的啤酒吗？答案是当然不行。发酵结束后沉淀的酵母不仅仅含有健康的酵母，还有大量的死酵母、原料和酒花残渣。收集酵母后一定要检测有多少酵母数，并清洗酵母以除去死酵母和非酵母成分，然后将含有合适数量的酵母接种到下一批麦汁中进行发酵。不可省略的是：发酵完成后及装麦汁前一定要清洗发酵罐，同时要确保接种合适数量的酵母。酵母生长对风味很重要，接种过量的酵母（特别是含有杂质的酵母）会对啤酒风味产生负面影响。

在理想状态下，接种所回收酵母的活性要在90%以上，但是很多酿酒师为了弥补酵母活性的不足而添加过多的酵母泥，这样做可能会成功，但也可能会导致发酵不良。如果酵母的健康状况总体比较差，不管加多少酵母都不可能产生期望的风味和香气物质，甚至可能会造成酵母发酵力不足而导致残糖偏高。要想分析酵母的活性，酿酒师需要一个显微镜，就算没有显微镜，至少要用快速简单的方法检查酵母的活性。在酿酒的前一天取10mL浓酵母泥，加入1L的麦汁中，轻轻摇晃后将其静置于发酵温度下，记录发酵的迟滞期时间。比较将要接种的酵母发酵起始阶段的迟滞期和这个菌株正常发酵的迟滞期是否一致（菌株正常情况下的迟滞期时间为4~12h），若迟滞时间比这个菌株做上一罐酒的时间长，就可以适当地多加一点酵母以补充活性的损失。当然，使用这种方法也会影响啤酒的特点，利用回收的低活性酵母泥的同时，会加入大量死的或衰老的酵母，这些都会影响啤酒的特点。如果测试的结果显示迟滞期的时间太长（24h以上），最好重新培养一批酵母，而不是添加更多酵母泥来补偿活性的损失。应该时刻备有未开封的健康酵母，以防将要接种的回收酵母出现意外。

测试存储酵母泥的pH也是检测酵母活性的好方法，如果酵母泥的pH比回收时降低了1.0，就表明有大量的酵母死亡，可以把这个酵母泥丢弃。

要想检查酵母是否被微生物污染，需要提前3~5d把酵母泥涂在特制的培养皿上进行培养。需要检查的项目是酵母中的好氧菌、厌氧菌和野生酵母，其中对酿酒师来说厌氧细菌是最难彻底清除的，常见的厌氧菌是乳酸菌里的乳酸杆菌和乳酸片球菌。如果酵母泥里的细菌含量超过1个/mL，野生酵母的含量超过10个/mL，就不能使用这批酵母泥酿酒。我们在第六章"酵母和啤酒的质量控制"一节中详细介绍操作过程。

如果酵母泥贮存了2周甚至更长时间，通过检测发现是非常干净的酵母，那就可以接种到一整罐麦汁中，不过要在使用酵母之前对酵母进行活化。酵母的活化过程可参考"酵母活化"一章。

5.7.1　酵母生存力与酵母活力

酿酒师怎样评估酵母的健康状况呢？酿酒师用生存力和活力这两个术语来衡量酵母的健康状况。涉及酵母死亡还是活着的时候用"生存力"这个术语，并用活酵母细胞数在总酵母数里面的百分比表示。如果酵母液中的酵母都是活的，我们就说100%生存力；如果酵母液中只有50%的酵母是活的，那么这个酵母液就是50%生存力。

之前我们提到，由于考虑到风味问题，除非回收的酵母生存力超过90%，否则不得使用。值得注意的是：酵母生存力低于90%时，很多测定方法都不准确，所以很难确定酵母液在放置很长时间后的真实生存力。酵母生存力能告诉我们酵母泥中的酵母处于什么状态吗？它能否告诉我们酵母是否健康呢？答案是否定的，它只能告诉我们酵母是死的还是活的。

酵母活力是酵母新陈代谢能力的测量指标。如果酵母非常健康、强壮、随时可以接种，我们就说酵母的活力高；如果酵母已经衰老、疲劳、饥饿、不能进行很好地发酵，我们就说酵母的活力低。活力和发酵性能相关。我们希望接种高活力的酵母用于发酵。如果酵母活力不足可以通过增加酵母数来弥补，但是如果酵母活力低就不能通过增加酵母数来弥补活力低的问题。在使用低活力酵母时，需要提前做些工作把酵母恢复到健康状态。

测试酵母生存力和活力的方法需围绕三个原则：酵母复制能力的损失，酵母新陈代谢能力的损失和酵母细胞损伤程度。测试酵母生存力和活力的方法会在"轻松拥有自己的酵母实验室"一章详细介绍，因为在接种回收的酵母时要把酵母的健康因素考虑进去，所以需在这里重点介绍它的概念。根据酵母的健康状况，可能会通过接种较多的酵母、加大充氧量及做种子液和扩培酵母让它恢复活力。酵母生存力和活力的测定方法如表5.4所示。

表 5.4	酵母生存力和活力的测定方法
酵母生存力	酵母活力
亚甲基蓝	酸度
碱性亚甲基蓝	细胞内 pH
柠檬酸亚甲基蓝	发酵测试
平板计数法（CFUs）	碱性亚甲基蓝
电容法	镁离子释放测试
荧光染色	荧光染色

活体染色法是酵母生存力检测的标准方法，活体染色法测定完整细胞的原理是：细胞膜可以阻止染色剂进入细胞内，从而避免细胞内组织被染色，所以活细胞的颜色是浅色或无色。亚甲基蓝染色从1920年就成了测试酵母生存力的标准方法，但是研究人员质疑这是否是最好的方法，在生存力低于90%时，这个方法会造成重现性差和不精确的问题。一些研究人员建议使用其他的染料，还有一些其他的改进方法可以代替亚甲基蓝染色，例如亚甲基紫，也有些研究人员开发出通过添加柠檬酸盐来完善亚甲基蓝的方法以提高测试精确度。

有时待接种酵母生存力测量结果在90%以上，啤酒的发酵速度仍然很慢。这是怎么回事呢？很有可能是由于这批酵母测出的生存力很高，但是发酵性能很弱，请不要忘记这可能就是由于酵母有较高的生存力但是活力很低造成的。如果酵母的物理状态（活力）差，有可能照样发酵不良。不幸的是，大多数的酵母活力测试价格昂贵、时间长、技术有争议、操作很繁琐。如果已经知道待接种的酵母是活的，一个简单的酵母活力检测方法是：把一部分酵母泥（按合适的接种量）添加到小型发酵罐中进行测试，如果启发时间在预想的范围内，则这批酵母的活力就足以发酵啤酒。

5.7.2 酵母复壮

如果通过测试发现贮存的酵母活力较低，可以用新鲜的麦汁使酵母复壮，通常来说，我们不建议对贮存条件太差和贮存时间过长的酵母复壮。商业啤酒厂一直会有新鲜的高活力酵母待用；但是如果家酿者不能接受测试结果不好的酵母，他们就确实没有多少可选择的余地了，那就只能对酵母进行复壮。

（1）在酿酒当天的早晨开始复壮酵母，首先要确定需要接种到发酵罐的酵母量，把酵母加入合适的容器中，比如不锈钢罐。

（2）把酵母升温到21~24℃，如果通过加热或兑料方式升温，要缓慢匀速升温，避免升温过高和过快。

（3）用无菌操作方式加入无菌的（尽可能无菌）、高浓度（20°P）的麦汁，麦汁的添加量为酵母泥体积的5%。例如，在200mL的酵母泥中加入10mL的高浓度麦汁。

（4）在21~24℃下保温4~12h，期间不得搅拌和充氧。

（5）活力高的活酵母会把麦汁变成乳白色；而死酵母和其他非酵母物质会沉到容器的底部；把活力高的乳白色液体倒入麦汁中，而把死酵母和其他沉淀留在容器的底部。

5.7.3 酵母清洗

很多家酿者都有这样的疑问："如果已经从发酵罐底部收集了所有的沉淀物，怎样才能把好酵母从中分离出来呢？"答案就是清洗酵母。尽管它不能像铲子那样直接收集到最理想的酵母，但是可以帮助酿酒师把冷凝固物、死细胞和酒精从要接种的酵母中分离出来。

在啤酒厂里，酵母清洗仍然是有价值的，特别是从高浓度发酵的啤酒中回收的酵母，酵母在高酒精度的啤酒中贮存会有不良影响。尽管通常不会再利用从高浓度18°P的啤酒中回收的酵母，但是，一些比利时啤酒厂和小型的啤酒厂都做高浓度的啤酒，他们只能利用回收的酵母。

一旦收集好酵母，立即把酵母放入卫生无菌的容器中，此容器要能容纳酵母泥及至少4倍酵母泥体积的无菌水，细长的容器能更好地分离酵母。加水的比例越大，越容易把酵母分离出来。在酵母泥中加入低温无菌水，但顶部要预留出10%的空间。预留的顶部空间可以更好地打碎酵母絮状物，让酵母和水充分混合。密封好容器后，充分摇晃混合，尽可能地把酵母絮凝物打散。摇晃几分钟后，静置容器，让冷凝固物和酵母沉淀。几分钟后，可以看到薄薄的死细胞层、棕色酵母层和酒花残渣层，最先沉淀到容器的底部，其上面就是最大量的乳白色酵母和水。如果多静置一会儿，将看到最轻的细胞、蛋白质、水和其他物质在上部形成一层漂浮物。通常在十分钟以内可以看到分层，一旦看到分层，立即把上面的水层去掉，然后把中间层高质量的酵母倒入另一个卫生无菌的容器中，同时丢掉底部的残渣。如果酵母中还是混有过多杂质，可根据需要再重复上面的清洗步骤几次。但是，在确定酵母没有染菌或衰老等情况下，要尽量避免对酵母进行过度清洗。酵母转移次数越多，接触容器及在空气中暴露的次数就越多，就会有越多的细菌和野生酵母进入要接种的酵母中。对拟接种的酵母进行清洗如图5.10所示。

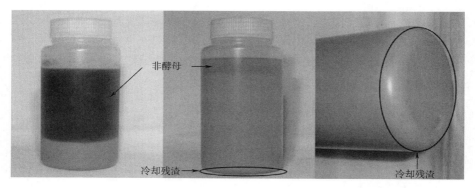

图5.10　对拟接种的酵母进行清洗

首先将从啤酒中收集的酵母（左图）静置，去掉上清液（啤酒），加入无菌水，剧烈摇动，然后静置10~15min。此时顶层为非酵母细胞物质，较大体积部分的是干净酵母（中图）。底层是死亡的细胞、酒花残渣和其他冷凝固物（右图）。去掉顶层，将中间层接种到麦汁中。

5.7.4　酵母酸洗

酵母的酸洗和酵母清洗不同。酵母清洗是用稀释的方法让酵母和残渣更好地分层，从而能更好地把酵母和残渣分开。酵母的酸洗是用酸或其他的化学物质清洗酵母，目的是减少酵母中的细菌，同时不会对酵母细胞造成太大的损伤。酸洗同样会减少酵母的发酵能力和生存力，不过酸洗对于不同酵母菌株的影响程度不同。对于将要接种的可能会遭到微生物污染的新鲜种子液来说，建议进行酸洗。

酸洗不能完全去除细菌，不能完全依靠它来清洁受污染的种子液，酸洗只能作为去除少量细菌的预防性措施使用。很多时候酸洗对乳酸菌的作用很小，对野生酵母和霉菌完全没有作用，在回收一两次后，酵母中的细菌数又会达到能影响风味的水平。

下面是酸洗的步骤：

（1）把酵母泥降温到2~4℃，并在整个处理过程中维持该温度不变。

（2）计算所需要接种的酵母量，并放入合适的容器中，例如不锈钢铁桶中。在接种前2h开始对酵母进行酸洗。

（3）加入食品级的磷酸，充分混合，直到酵母泥的pH达到2.0~2.5。保持这个pH 60~90min，期间要持续搅拌。

（4）把酵母泥和磷酸一起加入发酵罐中，要尽快让酵母吸收营养。

把冷酵母突然加到温热的麦汁中，会造成酵母热激。所以一定要在低温下酸洗，否则会损伤酵母。按要求操作的酸洗本身已经会对酵母产生影响，如果再升高温度会对酵母细胞产生更严重的损伤。

酸洗通常需要的时间比较长，现在有新的方法可替代酸洗：用二氧化氯进行洗涤。很多酿酒师用"BIRKO公司"的"DioxyChlor"或者"五星公司（Five Star）"的"Star-Xene"。很多家酿商店销售二氧化氯片，这种片剂对家酿者很方便。不管用哪种产品，都要按照厂家的指导方法进行酸洗。通用步骤如下：

（1）再次在2~4℃的环境温度下进行操作，用食品级的酸将水酸化至pH3.0。

（2）把"DioxyChlor"或"Star-Xene"加入酸化的水中，加入酵母泥后调至氯酸的终浓度为20~50mg/L。

（3）15min后，把消毒液加入要接种的酵母泥中，充分混合。

（4）静置30min以上。

（5）把全部酵母泥和消毒液一起加入发酵罐中。

5.8 酵母运输

对于大多数酿酒师来说，他们很少关注的一个关键点是酵母从实验室到啤酒厂的过程中发生了什么？很明显，酵母在离开实验室时还是健康的活酵母，但是在运输过程中酵母健康状况可能会发生恶化，严重的甚至发生死亡。运输过程需要消耗时间，并且有时发生延迟，这些都对活酵母在培养液中的健康不利。温度也是运输过程的关键因素，高温会加速酵母的新陈代谢，而过低温度则会冻伤细胞。不管是自己扩培的酵母还是从第三方购买的酵母，由于上面的原因使得酵母运输对于任何规模的啤酒厂都很重要。

大型啤酒厂有很多办法解决这个问题。以百威为例，为了酵母的安全和一致性，他们在同一个地方贮存和扩培所有的酵母，然后把湿酵母分发到全球的各个子工厂。其他大型的啤酒厂在各个子工厂单独扩培，这样不会有很多运输问题，但有可能造成各地的酵母质量有些差异。

酵母扩培实验室会将酵母发送到全球各地的客户手中，这使得酵母运输不仅仅是有托必达的物流业务，有时更是艰巨的挑战。酵母成功运输的因素有很多，包括：运输的速度、跨越国境线、每个州或国家法规的限制及酵母损耗（酵母损耗取决于菌种和酵母健康状况）。

如果需要运输酵母，下面的步骤可以保证运输成功。首先应尽可能地从最健康的酵母开始。含有高含量糖原的酵母会在运输过程中使用糖原维持长时间的运输。在扩培罐或发酵罐里的糖度到达终点后，可以将酵母继续放置8~12h，以便酵母合成并储存糖原。

要尽可能地运输最少量的酵母，酵母可以在目的地进行扩培。运输的酵母越少，包装和运输酵母的费用越少。用试管或培养皿运输酵母是最好的方式，因为，酵母在长时间的运输过程中可以有充足的营养供应，同时它们的总重量很小，不易泄露。要与周围环境温度完全隔离，避免随环境温度变化而变化过大。除了冬季，其他季节要在酵母周围加入足够的冰块或者化学制冷剂，以保持酵母在运输过程中尽可能地处于低温环境中，但由于干冰会让酵母结冰而冻坏酵母，尽量不要用干冰。可以想象，如果要让大量的酵母泥处于低温环境是比较难做到的。大量的保温介质可以让酵母泥保持低温，但是高浓度的酵母会使酵母泥内部温度迅速升高。

控制温度是酵母运输过程中非常重要的环节，需要在容器外包装上贴上时间温度记录卡或冷冻提示器，它会记录运输过程中培养基的温度变化情况。时间温度记录卡可以记录酵母温度的变化，这样就可以知道酵母在运输中有多长时间处在高温运输过程中，超过指定温度的时间持续了多久；冷冻提示器可以显示运输时间内的低温变化情况，这样就可以看到酵母是否处于足够低的冷冻条件下。这些指示卡每只仅需1~2美金，使用它们却可以在酵母液投入麦汁前就显示出酵母液是否有问题。如果显示酵母液有问题，就应该在使用前先复壮酵母，以恢复酵母的健康和活力。

建议用不易破碎的容器包装酵母液。我们建议用塑料容器，不锈钢容器容易凹陷和泄露，同时很沉重不方便搬运。为保护容器在运输过程中不会泄露，可以将它装在塑料袋中，这样在运输时溢出的酵母液不会泄露到外面。采用尽可能快的交通运输工具。如果承运人允许，可以在装酵母的外包装贴上"活的培养液"或"注意保温"的标签。如果经常用自己的车辆运输酵母液，可以在车上装一个12V电压的电子制冷设备来保温。哪怕只有30min处在高温下（比如在阳光下临时停车），都会显著降低湿酵母的活性。

6

第 6 章
轻松拥有自己的酵母实验室

6.1　品质来自源头

　　无论是为自己酿啤酒还是为成千上万的消费者酿啤酒，人们都想尽可能酿造出最好的啤酒。1980年，当美国内华达山脉（Sierra Nevada）酿造公司建立第一家酿酒厂的时候，没有大量的资金和精细的酿造设备，虽然这个厂第一年只生产了少量的啤酒，但是它对质量非常重视，一开始就建立了自己的实验室（Grossman，2009）。

　　许多小型啤酒厂认为实验室过于先进，而且对于啤酒厂的经营来说不是必需的。他们总是说以后会建立，但以后是什么时候呢？是当他们的产能达到3000桶，10000桶还是100000桶的时候？内华达山脉酿造公司意识到，只有一开始就注重品质才能生产出更好的啤酒。在早期，这个啤酒厂就开始检测污染物和耗氧量了，在它的发展过程中这是添加新的质量控制步骤的基础。内华达山脉酿造公司目前已有三个实验室，并且还将在高端实验设备和人员方面继续投资。

多年以来，我们收到过许多初创啤酒厂的来信，他们想生产出和内华达山脉啤酒公司的淡色爱尔啤酒一样好的啤酒，但是几乎都不成功。为什么呢？原因只有一个，那就是他们绝大多数都没有能够与内华达州酿造公司媲美的严格的质量控制程序。

建立实验室并建立健全的质量控制程序并不是很复杂。实际上，许多简单的实验室操作都可以显著地提高啤酒质量，这并不需要花费很多时间和金钱。

6.2　建立自己的实验室

啤酒厂的实验室主要有两个作用：微生物检测和理化分析。啤酒厂实验室的微生物检测主要集中在酵母菌的培养以及酵母和啤酒的品质保证上。理化分析包括原料成分的检测和成品啤酒的特征分析，例如新鲜度、酒精度、啤酒的色度等。多数大型啤酒厂有其完整的微生物学实验室、独立的实验室空间以及理化分析的相关岗位，他们需要保证每一批次和每一个成品的一致性。只要掌握了啤酒生产中的微生物学需求，那么能否做到产品的一致性将取决于理化分析。

精酿啤酒厂和家酿者也开始更加关注微生物检测，因为微生物检测对啤酒有很大影响。消费者能够接受不同批次精酿啤酒的差异，但是不能接受在微生物上的瑕疵。在餐厅、厨房和开放的仓库或者是私人庭院中酿造啤酒，微生物的控制会更加困难。

6.2.1　环境因素

酵母实验室的环境对于啤酒生产过程中酵母的培养质量和降低污染风险来说至关重要，最重要的是创建一个无菌空间。先进的微生物实验室通常建成"无菌室"，它是一个封闭的系统，应通过高效空气过滤器或者超高效空气过滤器除去空气中的微生物并且提供正压阻止未过滤空气的进入。无菌操作台在较小的空间里可以提供相似的保护，例如为无菌操作台持续提供无菌的空气。当没有无菌室和无菌操作台时，可以采取一些措施改善实验室的环境。

许多酿酒师和家酿者没有专用的实验室，因为这不大现实。尽管如此，还是应该尽可能在啤酒厂或者家里找到一个合适的空间，倘若知道可能存在的污染物并且能控制其来源的话，几乎任何地方都可以成为实验室。工作人员、吹风机、落满灰尘的橱柜和工作台都是无菌培养技术的潜在威胁。实验室表面应该足够干净，清理掉所有的东西。由于在操作之前使用的是70%的异丙醇擦拭操作台表面，所以不必经常除尘。经常在火焰旁操作，需要格外小心。

开始实验操作前需要确保已经隔离了工作人员带入的污染源。风扇和风都可以将空气传播的污染源带入工作区域，应关闭工作区域的所有窗户和风扇，包括中央供暖系统。即使已经排除了气流的影响，但是细菌和野生酵母会污染酵母导致产量下降。为了克服这些问题，可以用火焰来解决，例如用酒精灯或本生灯，通过上升气流创造无菌工作区域（图6.1）。这种方法既便宜又可以有效地抑制空气中的细菌和野生酵母进入无菌培养基。

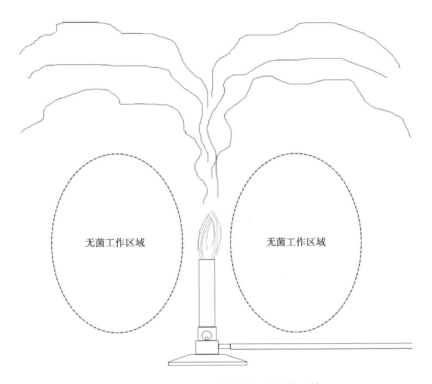

图6.1　酒精灯的上升气流创建无菌操作区域

火焰是一种非常有效的工具，因为它能杀死附着在表面的微生物。用火焰灼烧玻璃容器口可以有效杀死容器口及其周围的微生物，应该养成在打开容器塞子前和塞住塞子前迅速通过火焰灼烧塞子和容器口的习惯。

在火焰旁工作要注意安全，不要过度灼烧灭菌；当然迅速穿过几次火焰灼烧也是自欺欺人。玻璃试管和锥形瓶通常是用一种耐热的派热克斯玻璃或博美玻璃制成的，能够耐受高温灭菌，但是玻璃杯或者塑料实验器皿在操作时，需要格外小心，避免手指烫伤。

当然，在安排实验空间和操作上还有很多注意事项。要确保有充足的光源，因为绝大多数实验都属于微量培养。注意头发和衣服要远离操作区域和开口的器皿。一件合适的实验服不仅仅时尚，还能让衣服远离实验材料和工作台。需要建立一个人员出入最少、尽可能安静的空间，因为有人出入时会造成尘土飞扬、振动以及噪音，这些都会加大实验的难度。尤其是温度过高或过低时不仅使人工作起来不舒服，也会增加某些器材的使用难度。

实验室的重要影响因素：

（1）干净的实验服。

（2）没有空气对流或者很低。

（3）最小的人流量、噪音和振动。

（4）穿合适的衣服，头发挽在背后。

（5）充足的光源和适宜的温度。

（6）操作之前擦拭工作台表面。

（7）给操作空间提供无菌环境。

6.2.2　实验室安全

在处理和扩培活性酵母时，无菌操作技术通常要求使用火焰或化学药品，重视实验安全不仅仅有利于酵母的培养还有利于实验操作。在实验室，缺乏对安全的重视，很有可能导致受伤或者死亡。如果不确定如何保证实验安全，就应该停止实验。

在啤酒厂或者实验室转接微生物之前，通常使用几种化学药品来净化容器和设备，这些药品包括碘伏、氯化物、溴化物、过氧乙酸和醇类（异丙醇或乙醇）。这些药品是有效的消毒剂，同样对人体也是有害的，按照标识安全使用化学药品非常重要，应确保消毒剂使用效果最好。注意以下事项。

（1）仅使用正确标记的化学药品。在实验室使用消毒剂时需要阅读标签或者化学品安全说明书，了解消毒剂对人体健康的影响：有的是吸入危害，有的是对眼睛和皮肤具有刺激或腐蚀危害。应确保空气流通并使用个人防护装备。所有化学药品的安全说明书都需要备份。

（2）阅读说明书以免将不相容的化学药品混合，也避免将不相容的化学药品贮存在同一个容器中。如果需要将一个化学药品转存到另一个容器中，要确保新容器上的标签和原来的一样正确。避免混淆，并将不相容的化学药品隔离开来。

（3）按照操作说明稀释化学药品。使用一些强效化学药品会更加危险，可能不会增强效果，还会增加成本。

（4）确保处置容器和消毒方法，这些要求会根据不同地方的法律规定而有所不同。

处理易燃液体有一些特殊要求：

（1）贮存易燃液体的容器要远离日常工作区。当需要使用更大的容器时，对贮存位置的选择是非常严格的。

（2）确保贮存易燃液体附近的一定区域内有灭火器，并且知道灭火器的使用方法。

（3）在密封的区域工作时，工作台面能够抗燃，下面没有橱柜，上方也没有易燃材料。

（4）绝大多数易燃液体都最好用金属容器处理和贮存，因为金属容器可以避免液体在转移过程中产生静电火花，并且不容易受到外部火源的影响。

（5）在转移或使用易燃液体时应确保充足的通风。这可以避免使用者吸入易燃蒸气，减少易燃液体蒸发导致的空气中易燃气体过多的情况。

（6）火源，例如火花或者明火，都应该避免出现在转移或使用易燃液体的区域。在易燃液体消毒剂附近进行火焰灭菌时需要格外小心。

（7）限制或减少易燃材料的出现，例如窗帘、桌布、吸油垫、擦拭巾、废物箱等。

（8）使用以后，确保恰当处理材料并存放，同时清理易燃液体。将浸透了易燃溶剂的抹布或纸巾扔在废纸篓里是严重的火灾隐患。

处理危险材料时必须使用人身防护装备。注意以下几点。

（1）不能缺少适当的安全装备。

（2）设计合适的化学药品护目镜，以防液体飞溅或滴入眼中。最好用带护边的安全眼镜才能避免液体飞溅伤害眼睛。

（3）面罩的目的是用来保护面部而不仅仅是眼睛。使用面罩时，仍需要对眼睛进行专门防护。

（4）手套有不同尺寸、长度以及不同材质。

◆ 胶手套对乙醇等溶剂不具备防护作用。

◆ 对于从事水溶液和易燃液体消毒剂的工作人员来说，腈类或橡胶手套是更好的选择。

◆ 定期检查手套，确保没有使用过，没有渗漏等现象。

◆ 应该戴尺寸适合的手套，不能太大，也不能太小。

◆ 处理大量的化学药品时，建议穿上防腐衣，比如围裙。

无论是家酿环境还是在商业酿酒厂中，都应该使用新鲜自来水。如果一个人的皮肤或眼睛长期暴露于化学药品中，大多数情况下厂家建议用干净的自来水清洗暴露皮肤15min。在商业酿酒厂或工业啤酒厂中，应该有洗眼液和安全的淋浴场所，并定期检测和维护。而在家酿环境中，应该设置一个水池、淋浴或花园冲洗水管。开始工作之前需阅读材料的安全使用说明书，建立一个应对紧急情况的预案，并且有实施的设备。任何事故发生后，包括化学物质泄露，都应该能够让人员及时就医。

工作安全意味着能够识别和预测隐患，并且有可实施的预案以避免和消除相关隐患，防止风险失控。

6.2.3 实验室仪器

实验室装置如下：

（1）电子天平，万分之一电子天平，称量微量样品时需要用到。

（2）称量纸或称重船。

（3）振荡器或磁力搅拌器。

（4）微波炉。

（5）丙烷喷灯。

（6）汽油本生灯、酒精灯或丙烷喷灯。

（7）接种环，用来转接少量细胞到新的培养基中。有一次性无菌接种环和由不锈钢、镍铬合金、铂金或其他电线制成的可重复使用的线环。转接之前用火焰对金属环进行灭菌，并在充分冷却以后使用。冷却可以用消毒水浸泡，或者将热的接种环置于琼脂培养基表面。接种环大小不一，金属丝的粗细也有所不同，细金属丝加热、冷却速度更快。一些接种环的两端有不同的两种大小。通常平板划线应该使用大一点的接种环，而斜面接种应该用小一点的接种环。

（8）试管架。

（9）试管螺旋帽（玻璃螺旋帽和一次性无菌螺旋帽，规格16mm × 120mm和16mm × 150mm）。

（10）无菌培养皿（100mm×15mm和60mm×15mm）。

（11）锥形瓶（50mL，100mL，250mL，500mL，1L）。

（12）耐热玻璃瓶（500mL和1L）。

（13）量筒（100mL，50mL）。

（14）烧杯（1L）。

（15）透气棉或泡沫塞。

（16）无菌移液管（1mL，10mL）。

（17）巴斯德玻璃吸管或无菌转移吸量管。

（18）洗耳球或移液枪。

（19）实验室温度计。

（20）实验室棉签。

（21）保鲜膜，用于防止平板培养基和斜面培养基过于干燥。

（22）铝箔纸。

（23）衣服（实验服、鞋套、头套、口罩、护目镜）。

（24）乳胶手套。

（25）安全瓶。

（26）隔热手套。

（27）高压蒸汽灭菌锅或高压锅，用于对培养基和试验装备进行灭菌。

（28）灭菌指示条。

（29）pH试纸或pH计（pH计需要校准溶液和清洁/贮存溶液）。

（30）显微镜（物镜：10×、40×和油镜100×；目镜：10×或16×）。

（31）载玻片。

（32）盖玻片。

（33）浸镜油。

（34）镜头清洁工具。

（35）琼脂，用于凝固平板和斜面麦芽汁培养基。试剂级的琼脂并不是很贵，如果预算较多的话，可到琼脂粉专业市场购买使用健康的食品级琼脂粉，效果会很好。

（36）培养基（以灭菌后的相对密度1.040麦芽汁为主要营养成分）。

（37）恒温培养箱（市售的或临时自制的，例如有加热垫和利用电脑控制风扇的泡沫塑料箱）。

（38）水浴锅（市售的或其替代品，如婴儿热水器或水族馆加热器）。

（39）灭火器。

（40）急救箱。

（41）洗眼液。

（42）所有上述产品的安全使用说明书。

污染检测装置如下：

（1）膜过滤装置。

（2）膜过滤器（过滤膜的孔径大小为0.45μm或0.2μm）。

（3）膜垫。

（4）真空泵（可以使用便宜的人工手动泵）。

（5）金属镊子。

（6）金属刮刀。

（7）选择性测试培养基（各种各样的测试）。

（8）异丙醇洗瓶和水洗瓶。

（9）无菌培养皿（100mm×15mm）。

（10）无菌取样袋或容器。

（11）琼脂。

（12）培养基（以灭菌后的相对密度1.040麦芽汁为主要营养成分）。

（13）涂布器。

（14）革兰染料试剂盒（要求有显微镜、载玻片、盖玻片）。

（15）厌氧培养箱（或厌氧包装在一个大的密封容器中）。

当厌氧微生物存在时，最好用厌氧培养箱来进行厌氧生物的常规检测。

细胞计数以及活性和活力测定装置如下：

（1）亚甲基蓝（可选：柠檬酸，pH为10.6的0.1mol/L甘氨酸缓冲溶剂，亚甲基紫）。

（2）带盖玻片的血球计数板。

（3）移液管。

（4）可用于连续稀释的带螺旋帽的试管。

（5）显微镜（选择10×的目镜，物镜选择10×、40×或油镜100×）。

（6）镜头清洁工具和合适的擦镜纸。

（7）手持计数器。

（8）pH计。

（9）去离子水。

（10）50mL锥形离心管。

（11）锥形搅拌棒。

（12）200g/L葡萄糖溶液。

酵母贮存与繁殖装置如下：

（1）琼脂。

（2）培养基（以灭菌后的相对密度1.040麦芽汁为主要营养成分）。

（3）摇床或搅拌器。

（4）锥形瓶（50mL，100mL，250mL，500mL，1L，2L）。

（5）试管螺旋帽（玻璃试管螺旋帽或一次性无菌试管螺旋帽16mm×120mm）。

（6）无菌培养皿（100mm×15mm）。

（7）无菌移液管（1mL，10mL）。

（8）洗耳球或移液器。

（9）离心机，1.5mL微型离心管，甘油，小冰箱（用于冷冻培养）。

（10）无菌矿物油。

发酵试验装置如下：

（1）培养基（以灭菌后的相对密度1.040麦芽汁为主要营养成分）。

（2）耐热玻璃瓶（500mL，1L）。

（3）锥形瓶（50mL，100mL，250mL，500mL，1L）。

（4）量筒。

（5）无菌移液管（1mL，10mL）。

（6）洗耳球或移液器。

（7）摇床或搅拌器。

6.2.4 啤酒厂需要多大的实验室？

在啤酒厂投资建立一个实验室需要多少钱？成本范围可以从简易制备（低于100美元）到精细制备（成本核算至数千美元）不等。投资不仅仅取决于想要达到的效果，还与操作规模及理念有关。大型啤酒厂如果想要成功，在成本投资上就没有真正的限制。小规模啤酒厂在投资分配方面控制得更加严格，比如那些运营比较灵活，不从外面购买啤酒只出售自制啤酒的餐厅。家庭自酿啤酒具有最大的灵活性，这是因为所酿造的啤酒不需要销售，而且对于多少人喝酒也可以完全掌控。即便如此，与许多小型商业啤酒厂相比，家酿者对于建立自己的实验室和控制啤酒质量更感兴趣。事实上，世界各地的许多小啤酒厂都没有正式的质量保证，小啤酒厂通常是一个人经营的，他们认为没有时间进行质量分析。这是否意味着小啤酒厂酿造的啤酒是劣质的？不一定。酿造过程的美妙之处是，如果遵循良好的习惯，并且对酿造工艺非常熟悉，就可以酿造出很好的、品质稳定的啤酒。当然，如果不检测产品，就会失去尽早发现啤酒质量问题的机会，而这些问题只会在有客户抱怨或啤酒销售量下降对啤酒厂造成损失以后才会被发现。

这种结果是令人震惊的，因为质量保证措施对啤酒质量和顾客满意度都有着重要影响。在生产过程中，生产低质量的啤酒会对销售的增长产生负面影响，如果这种现象继续下去，将最终威胁到啤酒厂的生存。应考虑一下啤酒厂的声誉，并将其与建立一个合适的实验室的成本进行比较。

那么该从何处着手呢？任何一家啤酒厂，无论多小，都应该做麦芽汁测试和发酵测试，这非常简单、经济，而且可以反映出啤酒厂的很多优势与劣势。你可以添加其他简单、便宜的测试，比如双乙酰测定。

另一个有意义又便宜的测试是感官分析。感官分析很简单，比如定期品尝啤酒，记笔记，也可以建立一个正式的专家小组。不管有多么复杂，都应该认真对待品尝，而不仅仅是给喝啤酒找一个借口。应该设计一个连贯的、有规律的感官品评工作流程，比如在每个工作日的上午10点品尝所有储罐里的啤酒。我们已经看到许多案例，在发酵的问题上，如果没有定期的检查，就会造成更多的损失。如果没有一个常规的品酒计划，啤酒厂往往会因为太忙而忽略对啤酒的品评，也不会考虑啤酒的质量。

下一步是进行细胞计数和检查酵母的生存力与活力。这个程序不是很贵，也不是很困难。用血球计数板进行这类测试所用时间是最少的，尤其是与发酵一批啤酒的时间相比。

任何一家包装并出售啤酒的啤酒厂，它的啤酒、水、发酵容器和其他设备的放置点应尽可能远离污染源。啤酒厂应该设计一个可遵循的包括瓶子、贮罐以及啤酒厂所有位置的取样流程。

啤酒厂的包装也应该考虑VDK测试（包括双乙酰）的要求，因为其前体是不受欢迎的。一旦啤酒进入市场，前体氧化后就会出现双乙酰。虽然简易的双乙酰测试是很好的第一步，但不能精确地检测出双乙酰的含量。VDK测试需要蒸馏器、分光光度计和气相色谱仪，因此啤酒厂需要对这些设备进行投资，或者将样品送进实验室检测。

实验室可以由此建立起来，对麦芽汁和成品啤酒进行氧气测量，追踪监测并维护酵母的健康生长，在设定条件下进行新的繁殖并生产啤酒，然后对啤酒进行更多的分析。

实验室所能完成的工作没有上限，但是每个啤酒厂至少都应该努力在内部进行一些基本的测试。虽然这可能需要时间积累，但在现场进行测试意味着能够快速获得信息，从而对啤酒质量做出至关重要的控制。

6.3 灭菌

虽然许多酿酒师经常使用"灭菌"这个词，但他们经常错误地使用这个词（表6.1）。当酿造啤酒时，我们很少对任何东西进行灭菌，取而代之的是清洁和消毒。然而，酵母实验室需要更高的无菌条件，确实需要灭菌。如果不希望在培养酵母菌的同时还有细菌或野生酵母也在生长，记住，不干净的东西不能消毒。一个成功的实验室是一个干净的实验室。啤酒厂应该有制度和流程，强制性保证在实验室和啤酒厂中保持清洁和卫生的操作。

表 6.1	不同的卫生水平
清洁	清洁是清除污垢、油脂、蛋白质和其他物质，直至表面没有任何异物；在表面清洁之前是不能进行消毒的
抑菌	抑菌是减少微生物，通常用加热或者化学物质来消毒至被认为不会对人类有害的水平。抑菌不能保证 100% 无菌，但是抑菌的最高灭菌率为 99.9%。抑菌的产品通常在适当的浓度下不清洗
消毒	消毒的最高灭菌率为 99.999%。消毒中使用的化学物质通常不安全，需要在使用后冲洗
灭菌	灭菌是将所有的生物体完全灭活：真菌、细菌、病毒和孢子。蒸汽灭菌在温度为121℃时，至少需要 15min，或者 134℃灭菌 3min；干热灭菌（160℃）至少需要 2h

6.3.1 湿热灭菌

最常见的灭菌方法是加热灭菌，包括湿热、干热或火焰灭菌。最适合的灭菌方法通常取决于所需要灭菌的对象。其中一个最好的工具就是高压灭菌锅。高压灭菌锅在高压下使用蒸汽来使温度达到121℃或者134℃。一个活性目标物质至少需要在121℃条件下保持15min或 134℃条件下保持3min，才能达到灭菌的效果。当灭菌锅内的物品达到目标温度时，开始计时，进行保温灭菌，所以总时间将超过所需要保持的灭菌时间。液体或密度大的物品，可能需要更长的时间来确保达到灭菌的正确温度和时间。

对于小型啤酒厂的普通实验室，所需要的消毒规模相对较小，可以利用台式高压锅进行灭菌，也可以使用高压锅对实验室用品进行灭菌，例如对实验室器皿、平板培养基、斜面培养基和种子培养液的灭菌。压力锅是家酿者最理想的选择，既便宜使用又简单。真正的高压灭菌器具有各种尺寸，并且尺寸越大、自动化程度越高，价格越昂贵。大型高压釜的主要优点是具有较大的容积，一次性可以允许更多或更大的物品进行循环灭菌。通常，这些高压灭菌器具有一定程度的自动化或特殊的冷却循环系统，可以高效地进行循环灭菌。选择高压灭菌器时，确定需要灭菌的最大物品，然后选择一个尺寸合适的高压灭菌锅。

为了保证灭菌的效果，蒸汽需要进入每个角落和缝隙。高压锅中物品过多会导致灭菌不彻底。如果使用的是更简单的高压灭菌器或压力锅，则需要在循环开始时从灭菌锅内手动释放空气。正确地将物体放入高压锅中也很重要，所有密封的容器都需要盖上盖子，因为它们可能会随着高压锅的压力变化而发生爆炸；此外，如果对液体进行灭菌，则在循环结束时不能快速排空高压釜，因为这会使液体迅速沸腾并从容器中喷出；所有物品都需要被清洗干净，因为污垢有可能藏纳杂菌。如果高压灭菌器具备图表，每次需记录运行数据，或者打印输出文档，例如日常实验室日志；也可以使用变色指示胶带在高压灭菌前标记物品，这很方便，因为它提供了一个快速的视觉指示，表明一个物体是无菌的，但是，要养成把指示带及时拿掉的习惯，以防有人将有菌的容器认作是无菌的。

6.3.2 干热灭菌

干热是另一种灭菌的方法，但它需要更高的热量和更长的时间，这种灭菌方法通常不适用于对实验原料的灭菌。干热灭菌法在160℃下至少需要2h才能达到灭菌效果，需要更高的热量和更长的时间才能转移足够的热能使生物体失去活性。相比之下，蒸汽能够更有效地转移能量，使生物体失去活性。有没有过不小心把手放在滚烫的水里？有没有在100℃的烤箱里被烫过？如果有，那么就会知道蒸汽对皮肤来说有多热，因为蒸发的水里含有能量，当蒸汽在皮肤上变成液体时会释放出大量的热量。

不过，干热还是有一些好处的。对于许多人来说，干热灭菌在成本上有优势，而且可以对大型物品进行消毒，就像可以使用普通的家用烤箱一样。如果你正在使用这样的设备，你要知道温度显示可能是非常不准确的，只要用烤箱，就要有一个实验室温度计作为协助。尽管节省了购买专业灭菌设备的成本，但是使用烤箱干热灭菌的周期比较长，浪费了时间。使用升级的通风烤箱或者提高温度或许可以缩短灭菌时间。

6.3.3　灼烧灭菌

有些物体不需要全部灭菌。例如，当使用接种环时，只需要对接种环的金属丝进行灭菌，手柄不需要灭菌。在实验室，灼烧是接种环灭菌的最佳选择。在理论上任何不被火焰破坏的小物体都可以使用这种灭菌方法。对金属环或金属丝进行灼烧灭菌时，要从顶端灼烧到手柄，然后再回到顶端，确保在火焰下的部分会发出红色的光芒。如果金属丝上有很多微生物，可以直接将其放在火焰上灼烧，这些微生物就会像沸腾的液体一样"跳出"。但这样除了可能会伤害到实验操作者外，还有可能将微生物带到其他物体表面，所以这并不是一种很好的无菌操作技术。在灼烧之前将金属丝清理干净，或者在火焰上灼烧至金属丝上其他物质变干为止（图6.2）。灼烧灭菌以后，在挑酵母或其他微生物菌落之前，将接种环与无菌介质接触，促进其冷却。

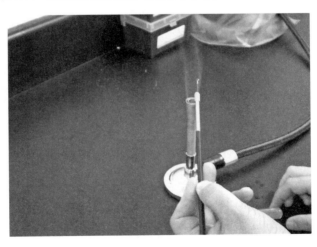

图6.2　在每一次转接之前，将接种环置于火焰上灼烧至变红为止来达到灭菌效果

灼烧灭菌的方法是将物体蘸上70%的酒精，然后点燃酒精，烧掉杂质以后，留下的残余物会更少。然而，在用酒精进行火焰灭菌时应慎之又慎，因为这种操作有致命的危险。

6.3.4 间歇灭菌法

刚入门的啤酒酿酒师通常认为煮沸15min就可以达到灭菌的效果，在水或其他液体中煮沸15min可以杀死大多数微生物，但是这种方法并不能灭活病毒，对许多细菌和真菌孢子也是无效的。煮沸并不是杀菌，煮沸可以杀死大多数酿酒者所关注的微生物。如果时间充裕而资金不足的话，可以考虑采用间歇灭菌法，这种方法要求第一天煮沸20min，然后第二天再煮沸20min，直到将液体煮沸4次，每一次沸腾后都有可能使潜伏的耐热孢子进行繁殖，而下一次煮沸就会杀死这些微生物。糟糕的是，这种方法不能对液体进行杀菌，因为煮沸的培养基还需要支持生物体的生长，所以还是应购置一个实用的高压蒸汽灭菌锅。

6.3.5 检查高压灭菌锅

培养基进行灭菌是实验室的基本功能，对于一个实验室来说定期检查高压灭菌锅是否正常运行非常重要。最常见的方法是使用生物指示剂，这种生物通常培养在玻璃容器中，非常难杀死，使用者可以通过对这些小玻璃容器进行蒸汽灭菌来检查高压灭菌锅是否正常。

实验材料如下：

（1）生物指示剂（或同类产品）。

（2）高压蒸汽灭菌锅或高压锅。

实验步骤如下：

（1）将生物指示剂放入测试瓶中，也可以将其放入任何一个可高压灭菌的合适容器中。

（2）按规程用高压灭菌锅灭菌。

（3）灭菌结束灭菌锅内压力降为0时，小心地打开高压锅，至少冷却10min。

（4）小心地从测试瓶中取出生物指示剂。

（5）参考指示剂的使用说明，检查指示剂的颜色变化。

（6）轻轻弯曲胶囊打破外壳，释放液体。对没有经过高压灭菌处理的生物指示剂做相同的处理。

（7）将生物指示剂放置在56℃培养箱中。

（8）在8h，12h，24h，48h后，分别参考指示标准对颜色的改变进行检查，变成黄色表明细菌生长。

（9）对比经过灭菌的指示剂和未经灭菌的指示剂的颜色变化。如果经过灭菌的指示剂颜色保持不变，表明高压灭菌锅正常。

（10）得出结论后，应将所有用过的试验材料处理掉。

6.4 酵母菌的培养

使用活的酵母就是在培养酵母，因此，酿造啤酒也是在培养酵母。只要有酵母繁殖就是在培养酵母，然而，许多人认为酵母繁殖前的斜面培养或平板培养（图6.3）才是培养酵母。

请记住，从小菌落中分离纯化培养酵母需要无菌条件和无菌培养基。要么需要购买预先灭菌的培养基，要么需要一个高压灭菌锅。

图6.3 用平板划线法分离出单菌落（照片由塞缪尔·斯科特拍摄）

6.4.1 平板或斜面培养

实验室所有的细菌和酵母都使用平板培养基或斜面培养基培养。实验室一般用玻璃培养皿制作平板培养基。但今天，大多数实验室都使用预先灭菌的一次性塑料培养皿，从市场上可以购买到直径60~120mm的一次性塑料培养皿。我们发现，对于大多数实验来说，100mm的一次性塑料培养皿使用起来最方便。平板培养基和斜面培养基是用琼脂做的，这是一种凝胶状物质，在42℃以上的温度下呈液态，在37℃下呈固态。固化以后，酵母或其他微生物就可以在其表面生长了。

平板培养基和斜面培养基的成分是一样的，但是斜面培养基的使用寿命更长，因为它有螺丝帽，而且不会很快变干。带垫圈的密封盖更好，可以延长存储寿命，建议用乙烯基胶带（电绝缘或绝缘胶带）密封非垫圈盖。一个未密封的平板培养基保质期较短，特别是在低湿度的贮存环境下，可以用乙烯基胶带或半薄膜封住它，延长平板培养基的使用周期。乙烯基胶带很便宜，有多种颜色可选，用它密封平板培养基的另一个好处在于，它可以减少平板培养基受污染的可能性。

斜面培养基可以持续使用一年，但是应该每隔4~6个月重新培养一次，以免微生物发生基因突变。斜面培养基作为贮存培养，一个斜面就是一个种子酵母，由于不经常被使用，它可以长时间保持不受污染的状态。污染了一个斜面培养基意味着失去了一个种子酵母，人们通过使用无菌培养技术，可以从较老的系统中培养出新的斜面菌株。

菌种长期保藏

从长远来看，可以使用其他的贮存技术来进行保护性培养。一些商业机构和高校实验室将液氮保藏作为菌种长期保藏的方式，但大多数小型啤酒厂或家酿者都没有能力使用这种技术。据报道，一些家酿者利用冰箱成功地进行了冷冻保存，虽然这种方式可能没有斜面保藏的保质期长，但是这与你的技术和努力程度有很大关系。还可以将斜面培养基贮存在油下面，在冷冻培养方法出现之前，实验室常用这种办法，对于小型啤酒厂来说，这也是个不错的选择。表 6.2 列出了每个方法的大概使用寿命，最大的差异是货架寿命和可靠保质期的变化。虽然利用温和的方式可以使细胞在数年内保持活性，但这并不是酵母长期保藏的真正目标。长期保藏追求的是一种无基因突变的培养，保藏温度越高，细胞的生长速率越高，发生基因突变的概率也就越大。升温、氧气和营养物质的增加都会加大基因突变的发生率，进行长期保藏时，这些都应该着重考虑。脱水并不是一个好的选择，因为脱水过程本身会导致基因突变。

表 6.2   **酵母保藏方法总结**

方法	可靠保质期	最长保质期
酵母泥（3℃）	2周	6个月
琼脂平板（3℃）	1个月	1年（密封）
琼脂斜面（3℃）	3个月	1~2年

续表

方法	可靠保质期	最长保质期
琼脂穿刺（3℃）	4 个月	2~3 年
水浸法（3℃）	6 个月	3~5 年
油浸法（3℃）	4~6 个月	10~14 年
脱水法（3℃）	—	3~6 年
家用冰箱（-19℃）	0~2 年	5 年以上
专业冷冻法（-80℃）	不确定	不确定

注：长期保藏是维持一种零突变的培养，而不仅仅是维持细胞的活性。

平板培养是酿酒过程中经常用到的酵母培养方式。能让你看到酵母的纯度，因为除了酵母之外的其他微生物都会危害到啤酒，而这些微生物可以在平板培养基中形成可见的菌落，这样即使没有高倍显微镜，也可以识别出可能存在的污染物。当然，这种培养方式也不能保证是纯培养，当你看见一种以上的菌落时，可以确定这不是纯培养。如果发现平板培养基上有任何其他菌落，都应该将其摒弃不再使用。

6.4.2　平板或斜面培养基的准备

可以购买已经备好的平板或斜面培养基，但要淘汰劣质商品。随机选择一个购买的平板或斜面培养基进行微生物培养测试，如果有微生物生长，购买的这一批培养基都可疑。若要实验室工作做得更严谨，建议使用自制的培养基。长期积累，开始投入的设备和实验用品的成本很容易就收回了，而且劳动投入也不大。

配制平板培养基时，称取1%~2%的琼脂与其他营养物质混合——1L水中加入10~20g琼脂。斜面培养基对营养物质的要求比平板培养基低，但需要使用更多的琼脂，琼脂含量越多，培养基越硬。有些人习惯用硬度低的培养基，有些人习惯用硬度高的培养基。培养啤酒酵母的培养基，建议加入麦芽糖。

可以购买成品培养基，也可以自己配制。配制方法就是将培养基成分与蒸馏水或麦芽汁混合，加热直至其溶解、灭菌，然后在无菌操作台倒平板。如果使用斜面培养基，操作步骤基本相同，只不过斜面培养基是先将培养基加入试管以后再灭菌的。

以下是配制培养基的过程。这个过程可以同时制作平板和斜面培养基。

（1）准备1L相对密度为1.040的麦芽汁，不添加酒花和任何酵母营养补充剂。将麦芽汁煮沸，冷却，过滤。

（2）称15g琼脂粉，撒在麦芽汁表面，不要搅拌，琼脂在几分钟内溶于水，直到完全与水结合。

（3）搅拌混匀，然后在微波炉或电热炉上慢慢加热直到琼脂完全融化。

（4）用移液管转移液体培养基至试管中。添加足够的液体培养基并将试管倾斜合适的角度，才能形成较大的工作界面，培养基距离管口最近不能低于几厘米。建议提前用水测试以确定合适的角度和培养基体积。通常，最适的倾斜角度是20°~35°，但不局限于这个范围。只需确定合适的培养基体积就可以用移液管将其吸取至试管中，此时不必考虑无菌问题，因为这些培养基会在高压蒸汽灭菌锅中灭菌，将瓶盖旋松，然后将管子竖直摆放在架子上，然后把架子放进灭菌锅中。

（5）将剩余的培养基倒入适当的瓶子中并盖上盖子，或用锡箔纸盖住，然后放入高压灭菌锅灭菌。

（6）灭菌完成后，将培养基冷却至不烫手的温度。

（7）取出斜面培养基，然后将盖子的一端放置在能够支撑起适当角度的位置。

（8）用手以舒适的角度拿起瓶子，用脸颊感受温度是否合适，使琼脂接近凝固点，操作要迅速。如果温度过低，容易凝结形成块状；如果温度过高容易形成水珠凝聚在盖子上。

（9）盖好平板的盖子。

（10）在无菌操作台迅速将瓶子上的锡箔纸和塞子取下，然后将液体培养基倒入空培养皿中（通常是15~20mL）。

（11）盖子上形成冷凝水。平板冷却，琼脂凝固后，把平板叠放在一起用橡皮筋缠起来，然后倒置。在完全冷却之前，不要用保鲜膜和密封条带密封，在27℃放置1~2d，待冷凝水蒸发。

（12）制备平板和斜面培养基完成。在斜面培养基保存之前将盖子旋紧；平板培养基保存前如果不烘干，要用密封带或保鲜膜将其密封好。

（13）将准备好的平板和斜面放在封闭的容器中保存。

6.4.3 平板划线

平板划线是一种既快速又简单的分离纯化酵母的方式，还可以检测酵母的纯化度。平板划线时，先将无菌的接种环浸入酵母液中，然后再在琼脂表面来回划线，目的是让细胞与细胞之间的间隔足够宽，保证单个细胞有足够的空间长成单菌落。挑取出单菌落后才能开始纯化培养。

实验步骤如下：

（1）首先，清洁工作台，点燃酒精灯。

（2）将平板倒置在酒精灯附近；将平板倒置是为了防止空气中的杂菌落在琼脂表面，造成污染。

（3）准备好无菌的一次性接种环，或者普通接种环火焰进行灼烧灭菌。

（4）接种环置于火焰附近的无菌区，同时在无菌区打开斜面种子盖子，快速通过火焰。

（5）将接种环插入试管，在琼脂表面使其冷却。挑取少量酵母菌落，不需要满环的菌落。在平板琼脂表面反复移动划线，注意保持在火焰周围无菌区操作，但不能靠火焰太近，以免杀死酵母细胞。

（6）迅速反复通过火焰，然后封闭斜面种子。

（7）放下斜面，拿起装培养基的一面，把未划线的区域旋转至靠近火焰。

（8）将接种环的顶端在培养基表面分区来回划线。火焰灼烧接种环以后，将平板旋转90°，从已划线的部分引出一条新的线开始来回划，然后在平板的空白区域重复这个操作。目的是将细胞引入第一区域生长，然后把更少的细胞移至另一个空白区，每次都增加细胞之间的距离。如果平板上可以看到酵母，说明从斜面中转接过来的酵母太多；几个细胞分布在整个平板表面，肉眼是看不见的。目标是从一个生长着大量酵母的区域挑选出单个酵母细胞（图6.4）。

（9）将琼脂的表面向下，盖上盖子。

（10）将平板在室温下22℃放置2~3d，琼脂表面会长满菌落，应将琼脂表面向下放置。划线的第一个区域将会长满酵母菌，所划的线条越长越粗。如果没有长出单菌落，应该重新进行平板划线培养。

（11）当酵母生长充分，用胶带密封边缘或用薄膜进行密封，然后冷藏。

6.4.4 斜面划线

平板上的酵母菌落可以迅速地转接到斜面培养基中，用小环在斜面中划线比平板划线效率更高。用斜面培养酵母时，需要平板划线提供纯化的酵母单菌落。准备好合适的平板，划线分离出酵母单菌落。在斜面划线选择单菌落之

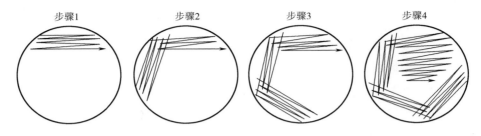

步骤1　　　　　步骤2　　　　　步骤3　　　　　步骤4

图6.4　划线，然后旋转到最后的单个细胞在第4步的范围内繁殖

前，应该仔细检查，确保菌落颜色和形态正常，菌落应呈半透明状，不要使用四周不光滑且不一致的菌落。

实验步骤如下：

（1）清洁工作区，点燃酒精灯。切记，严格遵循无菌操作，所有的开口都在火焰附近的无菌区，操作快速。

（2）选择一次性的无菌接种环，或者火焰灼烧接种环，重复使用。

（3）打开平板或斜面种子。

（4）接种环在琼脂表面冷却，从平板中酵母单菌落挑取酵母，挑取一环即可。

（5）放下平板，拿起斜面培养基。

（6）打开斜面培养基，用接种环将酵母按照蛇纹线涂在琼脂表面，不要刺破琼脂，也不要污染琼脂表面。将少量的酵母细胞接种在斜面上，以保证酵母细胞有充足的空间和营养，这有助于延长斜面培养基的保存期。少量酵母细胞经过繁殖可产生很多酵母细胞，所以只需很少的酵母。

（7）在斜面管口火焰灼烧后盖好盖子。放入培养箱后将盖子旋松，在22℃条件下培养2~3d。

（8）在酵母菌落长出后旋紧盖子，然后将斜面培养基冷藏。

如果想从瓶装啤酒中得到主酵酵母，第一步就是平板划线。如果得到了单菌落，然后就从平板中将酵母转接到斜面培养基中。然而，啤酒中可能有多种菌株，甚至有野生酵母，就需要制备很多支斜面培养不同的菌株。处理一批未知的菌株之前，应该用他们进行小规模的发酵试验。使用接种环迅速从第一个斜面挑取酵母在另一个斜面划线，做好备用斜面种子。

实验步骤如下：

（1）将两个斜面培养基放在试管架上。

（2）旋松盖子。

（3）打开斜面种子，将管口置于火焰上方无菌区，挑取酵母，旋紧盖子，然后放回试管架上。

（4）在无菌区打开新的斜面培养基，然后将接种环置于无菌区域。

（5）在无菌区操作，将酵母接种在琼脂表面。

（6）旋紧盖子，将斜面试管置于22℃条件下培养。

（7）将斜面种子旋紧盖子，密封好，冰箱冷藏。新的斜面培养基表面长出一层奶油状的酵母，保存在冰箱里。

6.4.5 穿刺培养

穿刺培养常用于厌氧性或兼性厌氧性细菌的培养。穿刺技术是一部分垂直刺入琼脂里面，大约3cm深。用穿刺接种用接种针或接种环刺入琼脂直至试管底部，然后将其从试管底部抽出。如果接种针或接种环抽回的过程有点困难，可能是培养基中琼脂含量过高。

6.4.6 油浸法

油浸法可以延长斜面划线的保存期。在冷冻培养技术普及之前，这是实验室用来贮存酵母最常用的方法，是利用无菌矿物油将斜面培养基表面覆盖的方法。酵母贮存在油下面可以隔绝氧气，使酵母贮存寿命至少增加2年。虽然有研究报道，一些酿酒酵母可在室温下保存14年，当然，保存菌株虽然是活的，但不能保证没有发生基因突变，保存温度越高，发生基因突变的概率越大，所以菌种保藏一般采用3℃低温保藏。

实验步骤如下：

（1）在斜面培养基接种，进行培养，再加入一层无菌的矿物油。

（2）在3℃下保存。

6.4.7 水浸法

将酵母贮存在水里，而不是啤酒里，这种方式正在日益普及。将酵母贮存在无菌蒸馏水中可以使酵母处于休眠状态。有研究表明，这种方式不需制冷就可以保存酵母很多年。通常只需要保存少量酵母，然后在实验室中培养。然而，这种方法也适用于回收酵母泥的保存，有一些酿酒师也在尝试，关键是要清洗几次酵母泥，利用无菌蒸馏水清洗掉残留的啤酒。

实验步骤如下：

（1）将2~3mL的蒸馏水加入螺纹管口的试管中，在高压锅或灭菌锅中杀菌。在使用前将其冷却至室温。

（2）用无菌接种环将酵母从平板培养基转移至无菌水中，只需要少量酵母菌，大概就火柴头那么多。挑取菌落时，不要挑起培养基。

（3）旋紧盖子。如果瓶盖没有垫圈，要用密封胶带把盖子密封，或者把整个管子用保鲜膜密封。

（4）密封的试管在室温下可以贮存几个月，冷冻可以使贮存时间更长。

6.4.8 冷冻法

你可能听说过专业的酵母菌种库是在-80℃保存酵母菌种的，这种方法可以长期保藏酵母。-80℃保藏菌种是防止突变的最好方法，-20℃保藏也可以降低低温冷藏酵母发生基因突变的几率。有相关证据表明，这种保藏方式可以在5年甚至更长时间内使酵母基本不发生基因突变。但酵母保藏容易受到酵母菌株、温度控制以及许多其他的保藏条件的影响，目标是得到活力最好的酵母，并且在-20℃条件下贮存时不发生突变。

酵母的冷冻要求越高，解冻要求也就越高。对实验室培养的酵母进行保存，需要酵母处于最健壮的时期，这时酵母积累大量的糖原和海藻糖。事实上，细胞耐受冷冻的能力与细胞积累糖原和海藻糖的水平有关（Kandror等，2004）。

保藏温度越高，保质期越短，稳定性越差。重要的是，酵母一旦冷冻，就不能让它解冻。如果没有-80℃的冰箱，就需要使用可隔热的无霜冰箱；也可以使用无霜的冰柜，但是它有一个防止冰堆积的循环系统，冷冻保藏是把菌种放在冷冻室中的隔热冷却器里，这将有助于稳定温度，延长保存期。

冷冻之前需要在酵母中加入一些冷冻保护剂，比如甘油，这类冷冻保护剂可以防止细胞发生渗透性裂解。正常情况下，当细胞周围的介质冻结时，细胞表面有越来越少的液态水，这就形成了一个渗透梯度，通过渗透作用使细胞失水，从而使细胞死亡，添加冷冻保护剂可以防止这种情况的发生。

通过冷冻法获得健康酵母很难，因为酵母会在解冻过程中死亡。有的实验室用液氮来速冻菌体，有的酵母实验室认为没有必要速冻，只是保存酵母时直接把培养基放在-80℃的冷冻室里。一些家酿者使用干冰/酒精或干冰/丙酮浴来快速冷冻样品，然后再把它们放在冰箱里。

使用无霜冰箱会有温度波动，冷冻和解冻培养的酵母时，会对细胞造成伤害。-20℃贮存时增加冷冻保护剂的用量，使其不会凝固，这样不止避免了反复冷冻和解冻对酵母活力的损害，还有低温保存的优势。此外，1g/ L的抗酸剂作为一种抗氧化剂，可以防止膜脂氧化，也能提高酵母的生存能力（Sidari，2009年）。

实验材料如下：

（1）无菌甘油。

（2）无菌YPD培养基。

（3）无菌冻存管或离心管。

（4）离心机。

（5）无菌移液管。

（6）移液枪。

（7）冰箱。

（8）泡沫盒子（-20℃贮存）。

（9）抗坏血酸（-20℃贮存）。

-80℃冻存步骤如下：

（1）选择培养完成的酵母转接到10mL培养基中培养48h，酵母菌在此阶段开始储备糖原。

（2）将10mL培养基置于4℃环境下继续培养48h，促进酵母菌积累海藻糖。

（3）10mL培养液在无菌区重新悬浮，取1mL酵母液转移到无菌1.5mL的离心管中，将管子标记好菌种名称、编号和日期。

（4）用离心机离心3~4min。小心地取出离心管，放在架子上。

（5）小心地倒掉上清液，保留离心管底部的酵母。

（6）加入1mL含15%的甘油和85%的YPD的溶液到离心管中，然后用无菌吸管轻轻将酵母重新悬浮，制成酵母悬浮液。

（7）用保鲜膜包裹密封好，然后将其放入-80℃的冷冻柜中。

（8）为获得酵母菌体，要么用吸液管把它放在平板培养基里培养，要么用手把它解冻，直到它达到室温，然后再加入100mL的培养液。

-20℃冻存步骤如下：

-20℃冻存可以参考-80℃冻存的相同步骤，但是经过以下的修改后，可能会极大地提高酵母最终的生存能力。

（1）与-80℃冻存步骤1到步骤5相同。

（2）制备溶液，成分是50%甘油和50%YPD溶液。

（3）在溶液中加入1g/L的维生素C。

（4）取1mL配制好的溶液加入离心管中，然后用无菌的吸管轻轻将酵母悬浮起来，制备酵母悬浮液。

（5）用保鲜膜将其密封，将管子垂直放置在一个小的泡沫盒子里，然后将盒子放入冰箱中。

（6）为获得酵母菌体，要么用吸液管把它放在平板培养基里培养，要么用手上的体温使它逐步解冻到室温状，然后再加入100mL的培养液。

6.4.9 挑选菌落

挑选菌落对于酵母培养来说至关重要。如果开始由于粗心挑选了不合适的菌株，会导致酵母生长繁殖异常。在冷冻保藏的酵母转接到平板培养基之前，应先让菌种自然恢复至室温，原理与酵母接种到新鲜麦芽汁的原理相同。要确保酵母的温度与培养基的温度相同，避免酵母受到不同温度的冲击。

酵母恢复至室温后，仔细检查酵母菌的菌落形态。在光线充足的地方，观察平板的两面，选择合适的菌落划线培养。仔细观察表面异常菌落以及发霉的区域，有的霉菌会呈网状在平板里四处蔓延，所以很难看清楚霉菌的形态，大多数霉菌易观察，表面呈毛绒状，类似于面包、乳酪和水果。当然，有的霉菌形态介于上述两者之间。如果看到有的平板中有霉菌，应该观察其他平板是否也有霉菌生长。如果坚持选用这个长有霉菌的平板，挑取出单菌落时要非常小心，如图6.5所示。

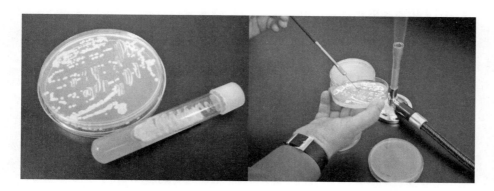

图6.5 转接前检查平板或斜面培养基上的菌落（在无菌区操作，只选择单菌落）

细菌很难被发现，因为细菌和酵母菌落的外观相近，但是通常细菌的菌落会更透明，而且还有颜色，有光泽的菌落通常就是细菌菌落，畸形的菌落一般是野生酵母。单个细胞长成的酵母菌落呈乳白色，且圆盘中间有个波峰。不同菌株形成不同形态和质地的菌落，操作人员需要熟悉不同菌株的菌落形态并且对菌落形态的改变比较敏感，才能避免单菌落挑取出现错误。

完成杂菌检测后，下一步就是挑取单菌落进行转接。通常要多挑取几个菌落进行培养来维持基因的多样性。每个单菌落中至少有10^6个细胞，它们是由同一个母细胞繁殖而来的，这意味着所有的基因突变都存在于这些子细胞中，开始培养时具有大量的遗传多样性。理论上，最强壮的细胞在新的环境中繁殖，在这个过程中细胞变得更强壮。酵母细胞在短时间内进行多次分裂，加快了自然选择的进程。酵母在繁殖的几天内发生的自然选择是其他物种需要几个世纪才能达到的。

挑选单菌落转接时，建议选择10个单菌落。换句话说，这10个单菌落与其他菌落能够很容易地区分，说明这10个菌落在生长过程中没有被剥夺营养。与其他菌落共享一个边界的菌落，菌落之间会直接竞争营养，酵母菌落的营养物质可以被相邻菌落"抢走"，因此，相连菌落获取的必需营养物质是有限的。对酵母细胞而言，这种和其他菌落竞争营养物质的生长环境是不理想的。

菌落的相对大小也是挑选标准的重要部分，菌落既不能过大也不能太小，而且必须注意与其他菌落紧邻的菌落，这种菌落往往比较小。与平板中其他菌落相比，如果一个菌落太小，说明此菌落没有足够的氧气进行呼吸代谢。呼吸突变体是在线粒体中发生突变的，这些细胞不能利用氧气；这类菌体不能像正常细胞那样利用营养物质，所以导致菌落更小，它们不能竞争到营养物质所以生长缓慢。呼吸突变体很难代谢麦芽汁中的糖和营养成分，这会导致发酵过程中产生各种问题，比如菌体生长缓慢、发酵缓慢或者发酵不彻底、发酵水平低下等，同时酵母的生长水平低。

当酵母菌落过大时也应该考虑酵母是否可用。这些菌落过大可能是因为与其他菌落融合在一起或者被呼吸突变的优势菌落所覆盖。此外，这些大菌落不会像母细胞一样强壮，因为它们耗尽了周围所有的营养成分。过大菌落中的酵母细胞相对于中等菌落中的细胞，不仅分裂次数多而且更脆弱。菌落的实际尺寸取决于多种因素。根据经验，一般从直径3~5mm的菌落中挑选。挑选菌落需要非常谨慎，因为后续所有的实验结果取决于这些细胞，挑选的每一步最好拍照、存档，这些信息有助于将来分析啤酒品评信息。

6.4.10 酵母扩培

培养之前先从平板中挑取少量菌落转接到无菌培养液中，建议培养液体积为10~25mL，如果使用试管培养，这也是最方便的体积；如果使用塑料瓶培养，最方便的选择是30~50mL。开始对保藏很久或者从啤酒瓶中收集的酵母进行培养时，先使用低相对密度的培养基，以降低渗透压对细胞的刺激作用，相对密度为1.020的麦芽汁是最佳选择；在经过一级培养后，下一级培养可以使用相对密度稍高的培养基，如相对密度1.040的麦芽汁。

（1）清洁工作区，点燃酒精灯。切记，严格遵循无菌操作，所有的开口都应在火焰附近的无菌区，操作应快速。

（2）确定要挑选的菌落。

（3）选择一次性的无菌接种环，或者是经火焰灭菌的接种环。

（4）在无菌区迅速操作，打开平板盖子，在琼脂表面冷却接种环，然后选择单菌落挑取少量细胞。如果要把整个菌落挑出来，要注意避免挖到琼脂或者接触到菌落周围的任何物质。

（5）放下平板，取出预先准备好的培养瓶。

（6）在无菌区打开瓶子，将接种环上的菌转入液体培养基中，然后振荡，使酵母细胞分散均匀。重复操作，直至转接完所有目标菌落。

（7）盖上瓶盖。在培养酵母时可以把盖子旋松，或者用灼热铁丝在盖子上穿洞，然后用封口膜封住破口。

（8）如果条件允许，使用摇床振荡培养有助于氧气进入，并与酵母充分混合，然后22℃培养1~2d。

（9）酵母培养完成，就可以准备下一级的扩培。

培养过程中可能会出现轻微的浑浊，而且最终在瓶底会出现白色沉淀，这说明细胞在进行繁殖，许多人会问在此时有多少细胞。虽然我们可以估计细胞量，但最好进行细胞计数，在细胞快速生长期，微小的差异可以产生很大的影响，细胞计数有助于掌控培养过程。扩培酵母在冷藏条件下可以保存7d，但是如果立即转接到下一级扩培更好。

建议扩培体积是上一级的10倍体积，100~250mL，如果要减少步骤，可以扩培20倍，但细胞浓度会降低，如果下一级扩培体积更大，那么培养时间要从24h延长至48h。理想情况下，在实验室扩培过程中应使用无菌摇瓶和培养基，摇瓶灭菌的简单方法是用锡箔纸包裹，然后入烤箱在177℃条件下烘烤2h。你可以提前几天准备好烧瓶，但是不要打开锡箔纸。如果没有蒸汽和干热灭菌设备，可以用沸水进行巴氏灭菌。如果选择化学消毒的方法，应该利用无菌水或白开水对其进一步清洗，特别是用于前期小体积培养时，残余消毒剂会影响酵母的生长。如果无法提前对培养基灭菌，可以使用煮沸的培养基倒入摇瓶中，迅速用锡箔纸盖住摇瓶。制成宽松的盖子，扩展大约76mm，冷却至室温后接入上一步培养的酵母，开始下一级培养。

振荡摇瓶至培养液混匀后，缓慢旋松瓶盖，因为没有排气孔，摇瓶内外存在有压力差。将小摇瓶和大摇瓶开口灭菌，然后迅速将小摇瓶中的培养物倒入大摇瓶中，盖上盖子，摇动摇瓶。如果有振荡器或者摇床的话，也可以将其放在振荡器或者摇床上，这样有助于氧气和酵母在培养液中充分混合均匀。使用之前，将其在22℃条件下培养1~2d，酵母活性最高。

逐级扩大培养过程相同，重复上述操作直到可以满足酿酒的需求为止。

下面是一些成功扩培的技巧。

（1）回顾整个实验过程，在打开容器之前，手边准备好所有需要用到的东西。

（2）在距离火焰7cm的无菌区操作，利用火焰提供最大限度的无菌保护。

（3）转接之前将瓶盖旋松，使用的时候就可以很容易地打开。

（4）转移培养物或培养基时都需要在火焰上方操作。

（5）转接要迅速，摇瓶和平板打开的时间越短越好。

（6）转接之前，培养液要混匀，因为酵母通常会沉积在底部。

（7）充气能起到混合作用，以促进酵母生长，摇动或搅拌可以提高细胞生长的速度。

（8）记录好培养日期和菌株名称，摇瓶没有标签会带来大麻烦。

（9）平板或斜面不能放在冰箱冷冻室内。

（10）用保鲜膜、密封胶带包好，防止其迅速失水。在放进冰箱冷藏之前，确保把斜面的盖子拧紧。

（11）不要过于紧张。最坏的情况就是再做一遍。

6.4.11　菌种库的维护

保藏酵母菌种的最好方法是-80℃保存，但对于大多数啤酒厂来说这不现实。保藏温度高酵母可能会发生变异，温度越高，酵母生长速度越快，基因突变的概率就越高。

许多家酿者保藏酵母时，希望将遇见的每一个菌株都进行保存。不幸的是，每一种菌株保藏都是一笔开销——不仅仅在空间上，还有工作量方面，包括定期检测酵母在贮存时有没有太大的改变和转接培养。如果有时间也有兴趣的话，可以随个人意愿保藏，但许多家酿者发现最好只保藏那些不能轻易被替代的菌株，保藏得越少越有可能频繁地转接培养，长时间下去，保藏的菌株会更健康、突变更少。

收集的菌株建立一个菌种库，分离纯化并鉴定要保藏的菌株。从啤酒样品或发酵样品中获得的酵母需要进行分离纯化和鉴定，可以使用麦芽汁培养基，这种办法经常被推荐，可以通过多次分离纯化获得无杂菌污染的酵母。

确定平板中分离出酵母的纯菌株后，挑选其中10个菌落进行10组发酵试验，鉴定平板中菌株的多样性，确定是否能得到纯菌株，如果所有样品的发酵试验参数都相同（例如，生长速度、降糖速率、絮凝、风味和香气等），说明已经成功地分离出纯菌株；如果发酵试验参数有差异，需要将这些菌株按照上述方法继续分离纯化。下一步最好从最理想的发酵试验中分离出单菌落。

获得纯菌株后，利用本文中所列出的技术进行保藏。斜面法或油浸法操作简便也最容易实现，贮存时间也较长。冷冻法是另一种可行的方法，但不一定适合所有人。

6.5　菌种收集

我们很确定有很多人像我们一样，随身携带几个50mL的无菌瓶，只是想将我们遇到的酵母都带回家。喜欢喝啤酒的人，会有很多机会在生活中收集感兴趣的酵母菌株。

6.5.1　旅途中

在旅途中，与实验室相比，更像游击战队，随身携带几个无菌瓶、独立包装的无菌棉签、打火机。当对某种物质表面的酵母或细菌感兴趣时，可用棉签将其擦拭后放进无菌瓶里。如果棉签很短可以把它放进无菌瓶里，以防棉签变干。如果需要的菌体量较多，每个无菌瓶可以装几毫升无菌水。

如果遇到底部有沉淀的啤酒瓶，如同实验室离心收集沉淀一样，直接收集酵母。可将瓶口置于火焰上方，然后迅速把沉淀转移到无菌瓶中。带回实验室后，利用平板分析样品的纯度。

虽然有很多参观啤酒厂窃取酵母的事，我认为这种行为是不合适的。首先得询问人家是否同意，虽然很可能会被拒绝。

6.5.2 啤酒瓶

啤酒瓶中的沉淀也是很好的酵母来源。但是，其纯度受不同啤酒的影响，发酵啤酒之前应该检测酵母菌种的纯度。从过滤的啤酒或巴氏消毒的啤酒中收集酵母很困难。虽然过滤的啤酒中有一些酵母，但数量非常少且很难进行培养，从多个瓶子收集足够的细胞就可以进行培养。如果啤酒经过巴氏杀菌，收集酵母的机会就非常渺茫，即使啤酒中有细胞存在，很可能也已经死了。

酒精、压力、温度、过程控制、杂菌以及发酵时间都能影响酵母的存活以及减少从啤酒瓶中培养出酵母的机会。啤酒瓶中的酵母会缓慢地利用微量元素和残糖。当耗尽了瓶中的营养物质时，酵母细胞就会死亡。检测不同时间瓶装啤酒的pH，可以发现细胞死亡率会随着啤酒中碱性化合物释放量的增加而增加。

除了细胞死亡，细胞还可能发生变异。当酵母的DNA片段重新排列时，这意味着发生了基因突变。虽然啤酒酵母具有一定的抗突变性能，经长时间积累，突变的酵母最终会成为优势菌群。结果是，无法从瓶装啤酒中得到和啤酒厂中一模一样的原始酵母。从啤酒瓶中很难得到商业级质量的啤酒酵母，但可以得到一些很好的多样化的酵母应用于家庭酿造。

在没有过滤的啤酒中获得酵母很简单：

（1）将瓶底有酵母沉淀的啤酒瓶冷藏一周。

（2）从冰箱中取出啤酒瓶，给啤酒瓶的上部消毒，尤其是瓶口，然后准备好无菌的酵母收集瓶。注意在无菌区操作。

（3）用无菌的开瓶器打开瓶盖，然后缓慢把啤酒倒入杯中。

（4）液面靠近沉淀物的时候停止，摇动瓶子用剩下的啤酒悬浮酵母，将瓶口再次灼烧灭菌，然后倒入无菌的收集瓶中。

（5）如果使用的啤酒包含几种酵母菌株，那么有两种选择。可以直接培养混合菌种发酵啤酒；也可以分离出纯菌种，找出哪个菌株最有代表性。

（6）如果使用的啤酒只包含一种菌株，应从平板中划出单菌落。

6.6 酵母和啤酒的质量控制

本节讨论了一些常见的酵母和啤酒质量的检测，足以处理基本的酵母测试。虽然啤酒质量检测的科学远不止微生物污染和双乙酰的检测。对于新实验室，这些都是很好的开始，掌握了这些基本的检测，实验室做的啤酒质量检测将会越来越多。常见的啤酒腐败菌如表6.3所示。

表6.3 　　　　　　　　　　　　常见的啤酒腐败菌

微生物类型	风味描述
厌氧菌	乳酸味
好氧菌	腐烂味、令人不愉快的味道
野生酵母	酚味、绷带味

理想情况下，实验室检测啤酒中的微生物，啤酒厂希望是零菌落数。根据经验当啤酒中每种微生物小于100CFU时被认为是"无菌的"，然后才会讨论啤酒的风味。即使检测数值低也会有问题，几个菌落能迅速繁殖成几百个菌落。因此，希望实验室检测结果始终保持零菌落。

近10年，怀特实验室已经为约10%美国精酿啤酒测试了其中的腐败菌。80%的样本在3个重复测试中，测试结果均为零腐败菌，而20%的样本测试结果为从1个到上千个腐败菌。啤酒腐败菌中有规律地分布着厌氧菌、好氧菌和野生酵母。虽然存在不确定性，但我们可以推测酿酒厂在近10年内生产的啤酒，其中20%需要在清洁和卫生方面有所改进。

酵母样品在健康状况和纯度上可以有很多不同的变化。了解酵母质量的唯一方法是对微生物污染、细胞数和活力进行实验室分析。

检测微生物污染时，需要提前3~5d把酵母泥涂布在检测专用平板上。同时，需要检测酵母泥中是否有好氧菌、厌氧菌和野生酵母。另外，你也应该测试水、麦芽汁和酿酒设备。

啤酒腐败菌有3种，厌氧菌是啤酒酵母泥中最常见的，也是最难根除的。最常见的厌氧菌是乳酸菌、乳酸杆菌和片球菌。啤酒厂常见杂菌的检测如表6.4所示，啤酒厂的典型测试方案如表6.5所示，啤酒厂杂菌的可接受水平如表6.6所示。

表 6.4　　　　　　　　　　　　　啤酒厂常见杂菌的检测

培养基名称	培养基类型	培养的微生物	啤酒厂常见微生物
通用啤酒琼脂培养基（UBA）	需氧的	野生酵母、细菌	乳酸菌、片球菌、醋酸菌、肠杆菌
Wallerstein 鉴别培养基（WLD）	需氧的	野生酵母、细菌、霉菌	酒香酵母，假丝酵母，酿酒型野生酵母、乳酸菌、醋酸菌
Schwarz 鉴别琼脂培养基（SDA）	需氧的	细菌	醋酸菌、芽孢杆菌、乳酸菌、肠杆菌
徐氏乳酸菌和片球菌属（HLP）培养基	厌氧的	细菌	乳酸菌和片球菌
林氏野生酵母培养基（LWYM）	需氧的	野生酵母	酿酒型野生酵母
林氏硫酸铜培养基（LCSM）	需氧的	野生酵母	非酿酒型野生酵母
麦氏琼脂培养基	需氧的，水过滤样本	肠杆菌	埃希杆菌属、克雷伯菌属、肠杆菌属、哈夫尼菌属和柠檬酸杆菌属

表 6.5　　　　　　　　　　　　　啤酒厂的典型测试方案

测试的样品	测试频率	常见杂菌
水（冲洗水或进料水）	一周一次	肠杆菌属
麦芽汁（内连冷却装置和发酵罐的部分）	每一批啤酒	醋酸菌 乳酸菌
发酵罐	每一次发酵前（24h 后和 5d 后）	醋酸菌 乳酸菌
酵母泥（使用繁殖或收集、贮存的酵母）	繁殖期和收集时	醋酸菌，乳酸菌，非酿酒型野生酵母，酿酒型野生酵母，酵母的健康和生存能力
送酒 / 清酒罐（过滤）	一周一次或每次卸料后	醋酸菌、乳酸菌
设备（灌装机、压盖机、管道、瓶子）	使用前	醋酸菌
瓶和桶	装瓶时至少需要 6 个瓶子，一个或两个样品需要 1 个桶	醋酸菌

表 6.6 啤酒厂杂菌的可接受水平

样品数量	可接受的最大 CFU	选用的培养基
100mL 膜过滤后的啤酒	≤ 10	麦氏琼脂培养基
平板培养基		UBA 或 WLN
1mL 好氧菌	0	（无环己酰亚胺）
1mL 厌氧菌	0	
平板培养基		SDA 或 WLD
1mL 好氧菌	0	HLP
1mL 厌氧菌	0	
1：100 稀释后测试使用		SDA 或 WLD
平板培养基		HLP
1mL 好氧菌	0	LCSM 或 LysineLWYM
1mL 厌氧菌	0	
1mL 好氧菌	≤ 1	
1mL 厌氧菌	≤ 1	亚甲基蓝
0.1mL（显微镜观察评估）	卵形细胞，存活率 > 90%	
100mL 膜过滤后的啤酒	≤ 10	SDA 或 WLD
1mL 厌氧菌	≤ 10	HLP
棉签 +100mL 膜过滤后的啤酒，好氧菌	≤ 10	SDA 或 WLD
从 10~20mL 平板培养基（高比例的琼脂）中取 5mL 样品	≤ 10	SDA 或 WLD

6.6.1 平板法

检测杂菌时，样品的来源和浓度决定了测试方法。

检测过滤的啤酒或水时，最好是采用膜过滤100mL样品，然后再涂布平板培养。当生物体的浓度低时，可以过滤更多的样品。涂布方法检测少量过滤的啤酒或未过滤的水可能成功也可能失败，甚至很可能检测不出任何杂菌。

检测未过滤的啤酒、瓶装啤酒或正在发酵的啤酒时，酵母的数量要高得多，膜过滤通常不起作用，因为膜很容易被堵塞。在这种情况下，倒平板的方法是最好的，因为可以取10mL样品倒入100mL的培养基中。

检测酵母泥时，典型的方法是取10mL样本，用无菌水按1：100的比例稀释，选择合适的培养基涂布法或倾注法进行检测（如果酵母泥中细菌大于1CFU/mL，野生酵母大于0.1CFU/mL，那么酵母泥就不能使用了）。

酵

母

6.6.2 膜过滤

评价啤酒或水的质量，最好的方法是取约100mL样品进行膜过滤。膜过滤的成本随设备的不同而不同。一个可重复使用的装置的基本成本约100美元，它需要使用高压灭菌锅进行灭菌，如果需要进行大量的测试，可重复使用的膜过滤装置会相对便宜。乐基因等公司生产了无菌、一次性的滤膜并配有过滤器和过滤板的整套装置。每个一次性滤膜的成本大约为8美元。

材料如下：

（1）100mL啤酒或水样品。

（2）膜过滤设备。

（3）真空泵。

（4）滤板（直径47mm）。

（5）滤膜（孔径0.45μm）。

（6）平板培养基。

（7）金属刮刀或镊子。

（8）消泡剂。

（9）恒温培养箱（如果测试厌氧细菌需要厌氧培养箱）。

步骤如下：

（1）从冷库中取适当的平板培养基（参考表6.4，选择培养基），恢复至室温。

（2）在超净工作台的无菌区组装过滤装置。

①如果是可重复使用的装置，应用镊子将无菌滤板和滤膜放在过滤器底座上；如果滤膜是网格状的，将网格面朝上。

②如果啤酒样品有CO_2，应在过滤装置的下部添加几滴消泡剂。

③小心更换顶部过滤部分。

（3）检测样本时，将100mL的啤酒样品倒进过滤装置上的杯子中（带有刻度）。在过滤装置的盖子上标记样品类型。

（4）把盖子盖回过滤装置的杯子上面。

（5）将真空泵连接到过滤器装置上，再打开。使液体样本从滤膜上面转移到滤膜下面。

（6）关掉泵，轻轻释放空气。用已消毒的镊子移动膜过滤装置，然后把过滤膜的网格面朝上，直接放在培养平板上。尽可能把滤膜放平，避免滤膜下面有气泡。如有必要，可以把滤膜移开重新敷平。盖上盖子，并贴上样品名字和日期。

（7）检测每个样品，操作相同并且都应该使用新的膜过滤装置。确保操作和设备是可靠且无菌的，最好用无菌水作为对照。

（8）所有样品制备完成后，将平板倒置，放入培养箱中。每天检查平板中微生物的生长情况。通常需要培养3~5d再进行菌落计数。

6.6.3　平板倾注法

倾注法是将样本（通常是1~10mL）与培养基混合，培养基需要足够的温度以保持液体状，但又不能太烫，因为温度过高会杀死目标菌。当培养基凝固后，将平板倒置并放入恒温箱中培养。

倾注平板时需要注意几个事项。最常见的错误就是培养基没有冷却到合适温度，就把样品与其混合，这样会杀死大部分甚至是所有的微生物，影响实验结果。另一个常见的错误是没有将样品与培养基充分混合均匀，如果不充分振荡混合物，就得不到均匀分布的菌落，很难准确计数。同时，也要避免把样品与温度过低的培养基混在一起，因为温度过低会导致培养基凝固，从而不能与样品充分混合均匀。

材料如下：

（1）啤酒样品。

（2）无菌培养皿。

（3）45~50℃的液体培养基。

（4）移液管。

（5）恒温培养箱（如果测试厌氧细菌需要厌氧箱）。

步骤如下：

（1）准备合适的培养基并确保适宜的温度（参考表6.4，选择培养基）。

（2）用移液管将样品转移至平板中。可以用1~2mL样品加到直径60mm平板中进行测试，也可以用10mL样品加到直径100mm平板中进行检测。如果生物体的浓度很高，需要对样品进行稀释，以得到准确的计数。

（3）将液体培养基倒入平板中，深度为几毫米，旋转平板，使样品均匀分布。或者，也可以先在锥形瓶中将样品与培养基混合均匀，然后再倒平板。

（4）待培养基凝固后，将平板倒置。

（5）在30℃的恒温箱中倒置培养3d，如果是厌氧菌则需要放在厌氧培养箱中。

（6）记录结果，包括菌落数、类型、大小以及观察到的菌落颜色。一些细菌可能在表面生长，而其他细菌在琼脂中可长成透明菌落。要对生长在琼脂里面的菌落取样，需要用接种环穿刺。

6.6.4 平板涂布法

平板涂布法是稀释样品后，转移少量样品到琼脂培养基的表面，然后用涂布棒将样品均匀分布于琼脂培养基表面的技术。这种技术的缺点是琼脂表面能在一定时间内吸收少量的液体，直径100mm的平板吸收一般不超过0.1mL的液体。

材料如下：

（1）酵母泥样品。

（2）平板培养基。

（3）无菌移液管。

（4）玻璃涂布棒。

（5）酒精灯。

（6）装有70%乙醇的深口烧杯，足以浸没涂布棒。

（7）恒温箱（如果测试厌氧细菌需要厌氧培养箱）。

步骤如下：

（1）样品稀释到合适的浓度。为了得到适合计数的菌落分布，需要将样品做几个稀释梯度，然后用移液管吸取0.1mL样品至琼脂表面。

（2）取出浸泡在酒精里的涂布棒，快速用火焰灼烧，将涂布棒上残余的酒精全部烧掉。不要将涂布棒灼烧太久，否则涂布棒会变得很烫甚至可能烫伤手。让涂布棒在火焰周围的区域冷却，或者在远离样品的琼脂表面接触冷却。

（3）用涂布棒把样品均匀涂布在琼脂表面。将涂布棒从上往下在琼脂表面来回移动几次。与接种环在琼脂表面通过划线来分离菌株不一样，需要在琼脂表面来回涂布很多次，尽可能使样品菌分布均匀。将平板旋转90°，来回移动涂布棒进行涂布。再将平板旋转45°进行反复涂布。不需要在每次旋转平板时对涂布棒进行灭菌。

（4）盖上盖子，静置几分钟，使液体样品被琼脂充分吸收。盖紧盖子，将平板倒置，放在恒温箱中。

（5）在30℃的恒温箱培养3d，如果是厌氧菌则需要放在厌氧箱中。

（6）记录结果，包括菌落数、类型、大小以及观察到的菌落颜色。

6.6.5 平板检测法

在实验室，平板一般用来培养酵母菌和检测液体样品中的杂菌，也可以用平板来检测酿酒的环境。打开平板，观察是否有微生物生长，这将说明指定区域的空气是干净的还是脏的。我们称之为"平板检测法"。这里有个例子帮助我们理解。

有传言说一家啤酒厂的一些酒瓶子被野生酵母污染了，但啤酒厂没有彻底地检查瓶子。我们在发酵区、装瓶区和外部环境的许多地方放置了检查平板，和许多小型酿酒厂一样，这家啤酒厂大部分的门都是打开的，也没有把装瓶线设在独立干净的房间里，所以会受外部环境的影响。放在外部环境的平板长出大量的野生酵母，放在内环境的平板也是如此，将刷过空瓶的啤酒进行培养，也长出与外部环境相同的野生酵母。

材料如下：

（1）WLN和WLD平板培养基。

（2）恒温箱。

步骤如下：

（1）加热WLN和WLD培养基。

（2）放一组对照平板。不要打开平板，因为需要检测平板的无菌状况。

（3）在每个被检区域放贴有标签的WLN和WLD平板，并写上相应的日期。

（4）带有标签的WLN和WLD平板放置区域包括发酵区、实验室区、酵母接种区、装瓶区等，取走平板的盖子，使培养基暴露在空气中。

（5）平板敞口放置60min。

（6）60min后，盖上盖子，收集所有的平板，在30℃的恒温箱倒置培养3d。

（7）记录结果，包括菌落数、类型、大小以及观察到的菌落颜色。

6.6.6 擦拭取样

这是一个比平板检测法更直接的测试方法，不是检查从空气中落在平板上的污染菌，而是在一个地方用无菌棉签擦拭一下，然后将棉签转移到平板中，培养一段时间后，观察会长出什么菌。对于检查软管、水箱、垫圈和换热器的微生物情况，这是一个很好的检查方法。

材料如下：

（1）平板培养基。

（2）无菌棉签。

（3）恒温箱。

步骤如下：

（1）放置平板在室温中。

（2）在平板上贴标签，标明检查的区域和日期。使用WLD或SDA平板测试细菌。使用LCSM平板或其他培养野生酵母的平板测试野生酵母。

（3）取一个无菌棉签在平板上划线。在平板上贴对照标签。这样保证棉签和培养平板是无菌的。

（4）再取另一根无菌棉签，擦拭被检区域。

（5）在贴上对应标签的平板上划线。

（6）如果使用多种培养基检测，同一个棉签可以在2个以上的平板上划线。

（7）在30℃的恒温箱倒置培养3d。

（8）记录结果，包括菌落数、类型、大小以及观察到的菌落颜色。

6.6.7　发酵过程取样

经常对发酵中的啤酒进行检测。如果想获得干净的样品，避免实验室里的检测产生错误结果，所有人员应使用相同的方法取样。洁净和无菌意识的淡薄会导致微生物的检测结果前后不一致，甚至会导致发酵罐污染。

方法很简单：操作尽可能达到无菌要求，重要的是取样前准备好所有器材。取下所有手和前臂的首饰并进行彻底清洗。如果可能的话，戴上用酒精消毒的乳胶手套。最好在靠近火焰的地方操作，你可以使用便携式气体火焰对样品进行消毒。打开无菌容器时，操作需要尽可能迅速。

材料如下：

（1）无菌收集容器，注明样品类型和日期。

（2）棉或泡沫取样拭子。

（3）70%酒精或无菌湿巾。

（4）便携式气体火焰。

步骤如下：

（1）把灭菌的、带有标签的瓶子盖好。

（2）用酒精浸泡过的棉签擦拭取样阀及取样阀的内部。重复擦拭干净。

（3）使用消毒剂擦拭或用酒精清洗取样阀外部。

（4）如果可能的话，用便携式火焰灼烧取样阀进行灭菌。

（5）打开阀门，把样品收集到无菌瓶之前，先用约0.33L啤酒冲洗取样阀。至少收集120mL的样品进行微生物测试，关闭阀门，拧紧无菌瓶的盖子。

（6）在收集样品后，重复清洗操作，并把样品带回实验室进行处理。处理可能包括膜过滤或平板法。

6.6.8　例行麦芽汁检测

麦芽汁的检测是检测酿造过程的加热部分是否洁净的简单、有效方式。麦芽汁冷却后，接种酵母之前取出少量样品检测。操作过程中的每一步都可以采集多个样品进行检测，帮助冷却部分排除许多问题。采集好样本，就开始培养它们，看看有无污染菌的生长。1~2d之后，如果很快看到杂菌生长，就可以知道存在污染问题的是哪个环节了。这里有基本的操作步骤：

材料如下：

（1）无菌样品收集容器。

（2）恒温箱或保温箱。

（3）摇床（可选）。

步骤如下：

（1）接种酵母前，从发酵罐取麦芽汁到无菌样品瓶中。

（2）在30℃的恒温箱中培养3天，如果条件允许，最好将其放在恒温摇床中。

（3）从第一天开始，检查菌膜、气泡、异味。

（4）有关结果，请参见表6.7。

表 6.7　　　　　　　　　　　　麦芽汁测试结果

培养时间	结果
1d	非常脏。清洗热交换器和软管，啤酒需要倒掉
2~3d	污染严重。这个问题需要解决，啤酒很可能会受到影响。不要从这批啤酒中收集酵母重复使用
3~6d	轻微的污染，清洁问题。啤酒可能会受到影响
7d 及以上	非常干净，继续保持

麦芽汁的检测还包括其稳定性，看看接种或接种过程是否引入了污染菌。

材料如下：

（1）无菌样品收集容器。

（2）环己酰亚胺溶液。

（3）恒温箱或保温箱。

（4）摇床（可选）。

步骤如下：

（1）接种酵母以后，从发酵罐中取麦芽汁放到无菌样品瓶中。

（2）向每100mL样品中加入1mL的环己酰亚胺溶液。此样品有毒，请标记清楚。

（3）在30℃的恒温箱中培养3d，如果条件允许，最好放在恒温摇床中。

（4）检查菌膜、气泡、异味。因为有毒，切勿品尝。

（5）有关结果，请参考表6.7，并与未接种酵母的发酵液的结果做对比。

（6）安全妥善处置样品。

上述方法也可以检测已包装的啤酒，以检查包装过程的稳定性。取一瓶啤酒，放置在30℃条件下，长期观察啤酒的情况，也可以取一些样品，添加环己酰亚胺，但要特别小心，以防有人无意中品尝啤酒。

6.6.9 例行发酵液检测

每一批啤酒都应该进行发酵液的测试（也称例行发酵度测试）。麦芽汁充气、接种和准备发酵时，无菌操作收集麦芽汁样品，采集样品要足够多，以便进行相对密度测试和其他计划内的测试。通过高温有氧发酵去检测极限发酵度，最终的相对密度通常略低于主发酵，啤酒酿造者曾称之为极限发酵度测试。

材料如下：

（1）无菌样品收集容器。

（2）恒温箱或保温箱。

（3）摇床或磁力搅拌器（可选）。

步骤如下：

（1）从发酵罐中取样品到无菌瓶中。

（2）将其放置在摇床或磁力搅拌器上，在27℃条件下培养。

（3）发酵结束，测定发酵液的相对密度，这是最低相对密度，表示酵母和麦芽汁发酵的极限发酵度。

这个发酵试验比主发酵更快达到发酵终点，这个信息有助于主发酵做出判断。如果主发酵提早结束，那么可以判断出可能达到的发酵度水平。如果需要根据发酵度调整主酵温度，就会知道选择哪个温度发酵可以达到极限发酵度。

6.6.10　双乙酰检测

大型啤酒厂用气相色谱法测量双乙酰水平（或者用分光光度法测量总的双乙酰水平）。气相色谱仪或者分光光度计超出了很多小型酿酒厂和多数家庭酿酒者的购买能力，但是这里有一个简单的、非定量的方法来检测啤酒中是否有潜在的双乙酰。双乙酰前体分子通过氧化转变为双乙酰，在实验室可以开展这种反应，利用热和氧使啤酒中无味的前体物质在短时间内转变为双乙酰。

材料如下：

（1）两个玻璃试管。

（2）铝箔盖。

（3）热水浴锅。

（4）冰水浴锅。

（5）温度计。

步骤如下：

（1）加热水浴锅中的水到60~71℃。

（2）在每个玻璃试管中装入收集的啤酒，并且覆盖铝箔盖。

（3）把一个试管放在热水浴中，另一个置于室温中。

（4）10~20min后取出热水浴中的啤酒，冷却到与另一管啤酒相同的温度。可以采用冰浴将其快速冷却。

（5）取走铝箔盖，闻样品的气味。如果其中一种样品或者两种样品中都有像黄油一样的双乙酰气味，说明啤酒有双乙酰前体，如表6.8所示。

表 6.8　　　　　　　　　　　双乙酰检测结果

室温啤酒	加热啤酒	结论
阴性	阴性	没有前体出现，啤酒酿造完成
阴性	阳性	出现前体，啤酒需要更长时间的酵母发酵
阳性	阳性	啤酒有很多前体或者有可能受到污染了，如果不是污染问题，啤酒需要更长时间的发酵

如果有双乙酰出现，不要去除啤酒中的酵母或者包装啤酒，让酵母继续发酵，然后每天持续检查，将发酵温度提高几度，能够促进双乙酰还原。如果已

经去除了啤酒中的酵母，那么加入一些高活力的酵母非常有效。

6.6.11　分光光度法测双乙酰

如果具备使用分光光度计的条件，可以量化啤酒中的双乙酰水平。

试剂如下：

（1）萘酚溶液　4g萘酚（$C_{10}H_7OH$）溶解在100mL异丙醇中，加入约0.5g植物活性炭，并振荡30min混匀，然后过滤。将滤液贮存在棕色试剂瓶中，避光放置。

（2）KOH-肌酸溶液　0.3g肌酸溶解在80mL 400g/L KOH溶液中，过滤。贮存在瓶中，冷藏。

（3）双乙酰母液　准备500mg/L的双乙酰水溶液。贮存在棕色试剂瓶中，冷藏。

（4）双乙酰工作液　使用前取1mL母液用水稀释到100mL，此时浓度为5mg/L。

仪器如下：

（1）分光光度计。

（2）蒸馏设备，全部为玻璃材质。

（3）10mL容量瓶。

（4）50mL量筒。

（5）石棉网。

校准方法如下：

在10 mL容量瓶分别加入0.5mL，1.0mL，1.5mL，3.0mL和4.0mL的双乙酰工作液，准备制作标准曲线。在每个容量瓶中加水定容至约5mL，用5mL水作为空白试剂对照。按照下面第二步操作。

步骤如下：

（1）准备去CO_2的啤酒100mL，蒸馏到50mL量筒，其中装5mL水。收集15mL蒸馏酒用水稀释至25mL，用移液枪吸取5mL到10mL容量瓶中。

（2）显色。取1mL萘酚溶液［试剂（1）］加入每个容量瓶中，振荡混匀；加入0.5mL KOH-肌酸溶液［试剂（2）］一次最多4或5个容量瓶；写好标记，剧烈振荡1min。晃动5~6min的空白试剂为对照，测量530nm处的吸光度。以相同操作测量完所有样品。

（3）双乙酰含量以mg/L为单位，绘制这些吸光度数值的标准曲线。从这个曲线读出未知浓度，并计算啤酒的双乙酰含量。

6.6.12　发酵实验

实验室发酵实验的目的是以更小的规模模拟生产发酵，1.5L是一个有效实验量。酿酒者利用这个方法可以尝试使用新的酵母菌株或多种菌株，不仅可以测试发酵度，也可以测试发酵速率和啤酒风味物质；可以一次运行多个测试，而且不会太麻烦。针对每一个测试收集1.5L热麦汁（煮沸过并加了酒花的）到一个大无菌瓶中，麦芽汁冷却至发酵温度，然后参考正常的酿造标准充入氧气，为避免产生泡沫，此时也可以加入非常少量的无菌消泡剂。通过无菌操作将1.5L麦芽汁转移到发酵容器中。

接下来可以为每个实验按照合适的接种量来接种酵母了。接种量尽可能准确至关重要，因为规模越小的发酵越容易在接种量上发生偏差。与所有发酵一样，包括实验室规模发酵，从投放酵母到发酵完成，都应该监测并记录发酵温度；另外，每次发酵都要连续7d记录每日相对密度。温度控制是完美发酵的最重要参数，否则，发酵的啤酒尝起来与主生产发酵的啤酒不一样。绘制发酵液相对密度的变化曲线，可以直观地比较不同批次之间的发酵度差别，除此之外，还可以分析啤酒的其他控制参数，如苦味和风味物质。这种实验室规模可以提供足够的啤酒用于测量每天相对密度，以及用于后酵的分析。

6.6.13　酵母菌种的需氧量

不同酵母菌种对氧气的需求量不同。一些酵母只需要低水平的溶氧量，而另一些则需要高水平的溶氧量才能达到适当的发酵度（Jakobsen和Thorne，1980）。絮凝性强的酵母菌株往往需要较高的含氧量（怀特实验室发现）。即使酵母在发酵过程中对氧气需求低，溶氧量也可能影响其生存能力和循环利用的代数。要记住需氧量与增殖方式之间有一定的关联，例如，对氧气需求高的菌株繁殖时需要更多的氧以便顺利完成发酵。酿造酵母需要进行这个测试以明确每株菌种的需氧量，最好是用不同代数、不同贮存条件的酵母进行6次以上的检测。

材料如下：

（1）溶氧计。

（2）搅拌器。

（3）发酵实验装置。

操作步骤（对1980年Jakobsen和Thorne的方法改进）如下：

（1）每株菌种设置4次发酵实验。

（2）4次实验分别充入0mg/L，2mg/L，5mg/L和10mg/L的氧气。

（3）实验的接种量是10^7个/mL麦芽汁。

（4）每24h记录一次发酵液密度，记录7d。

• 假设10mg/L充氧测试是极限发酵度实验，2d内达到50%发酵度的最低充氧水平是衡量酵母需氧量的依据。测试也可以以非量化的方式进行，无需发酵实验，通过改变不同酿造中的溶氧水平来估算需氧量，如表6.9所示。

• 低，需要少于5mg/L的含氧量。

• 中等，需要5mg/L的含氧量。

• 高，需要10mg/L或者更高含氧量。

表 6.9　　　　　　　　　　　　需氧量测试结果

需氧量	发酵度 50% 的最小需氧量		
	2mg/L	5mg/L	10mg/L
高	2d 内不能达到 50% 发酵度	2d 内不能达到 50% 发酵度	2d 内能达到 50% 发酵度
中等	2d 内不能达到 50% 发酵度	2d 内能达到 50% 发酵度	
低	2d 内能达到 50% 发酵度		

如何利用酵母菌种需氧水平计算发酵一批啤酒酵母所需的溶氧量，目前还没有明确的方法，但菌种的需氧水平有助于对发酵过程的调控。如果正在使用需氧量高的菌株进行发酵，应确保充入足够的氧气；如果正在使用需氧量低的菌株进行实验，降低溶氧水平可能有助于形成好的风味。

• 高需氧量，控制充氧10~14 mg/L。

• 中等需氧量，控制充氧10 mg/L。

• 低需氧量，控制充氧7~10 mg/L。

6.6.14　糖原的碘检测

酵母以糖原的形式贮存碳水化合物，与人类贮存脂肪相似。酵母在发酵结束时就会积累糖原，因为缺乏糖原，酵母会饥饿。酵母在贮存期依赖糖原生存，并且酵母在加入麦芽汁的初期也依赖贮存的糖原生存。酵母接种到麦芽汁的初期利用糖原进行代谢，如果酵母自身贮存了足够糖原，起酵速度会更快。检测酵母中贮存糖原的量有复杂的方法（酶解法）和简单的方法（用分光光度计测量碘液的颜色）。

材料如下：

（1）可见光分光光度计。

（2）1cm比色皿。

（3）移液器。

步骤（Quain和Tubb，1983）如下：

（1）酵母样品放在冰上，以防糖原分解。

（2）样品浓度：4mg干酵母，或者是20~25mg鲜酵母。

（3）用蒸馏水配制碘/碘化钾试剂（1mg/mL碘溶解在10mg/mL碘化钾中）。

（4）酵母悬浮在试剂中，立即测量660nm波长处的吸光度。

（5）使用未染色的酵母作为空白对照。

（6）计算糖原浓度x，单位为mg/mL。吸光度与糖原浓度成比例，如式6.1所示。

$$x=(y-0.26)/1.48 \qquad （式6.1）$$

式中　y——吸光度

如果没有分光光度计，可以直接估计糖原浓度。富含糖原（约1mg/mL）的细胞能够被试剂染成深棕色，糖原浓度低（0.1mg/mL）的细胞被染成黄色。

6.6.15　呼吸缺陷（小）突变体测试

啤酒酵母最常见的突变体之一是呼吸缺陷型突变体，又称小突变。这种突变改变了酵母的呼吸能力。所以它们在有氧平板上生长得非常小（因此命名为小突变体）。如果突变积累到酵母种群的1%以上，可能导致发酵性能差或出现风味问题，如酚类和双乙酰，如图6.6所示。

材料如下：

（1）麦芽琼脂平板。

（2）琼脂。

（3）2个无菌的250mL玻璃瓶。

（4）蒸馏水。

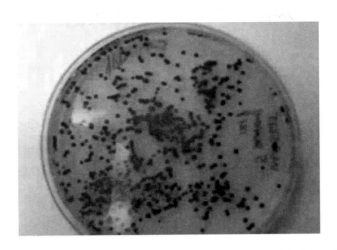

图6.6 **呼吸（小）突变测试**（染上粉色或红色的菌落是正常的，不改变颜色的菌落是有呼吸缺陷的）

（5）氯化三苯基四氮唑（TTC）。

（6）NaH$_2$PO$_4$（无水的，相对分子质量为120.0）。

（7）Na$_2$HPO$_4$（无水的，相对分子质量为141.96）。

注意：处理TTC时必须戴手套、眼罩和面罩。

步骤如下：

（1）将酵母样品稀释至500~1000个细胞/mL。将0.1mL酵母溶液涂布在麦芽琼脂平板上。重复实验，每个酵母样品制作5个平板。

（2）在27℃培养平板2~3d。

（3）准备覆盖液：

溶液A：在无菌的500 mL玻璃瓶中加入：①1.26g NaH$_2$PO$_4$；②1.16g Na$_2$HPO$_4$；③3g 琼脂。加入蒸馏水至体积为100mL，漩涡振荡混匀，保持瓶盖松弛。

溶液B：在另一个无菌的500mL玻璃瓶中加入0.2g TTC，加入蒸馏水至体积为100mL，漩涡振荡混匀，瓶盖不拧紧。

（4）每个溶液在121℃下进行高压灭菌15min。当两种溶液温度降到约55℃时，将这两种溶液混合。

（5）用大约10mL TTC溶液覆盖每个平板，确保菌落被完全覆盖。27℃下培养平板1~3h，并立即记录结果。平板培养时间更长或将平板冷藏，再进行计数，都会使TTC氧化，进而影响测试结果。

（6）染上粉色或红色的菌落是正常的，不改变颜色的菌落是有呼吸缺陷的。

（7）计算染色和未染色的菌落数量，来确定培养酵母中呼吸缺陷型突变体的百分比，可接受的水平是1%以内。

6.6.16　酵母抽提物蛋白胨葡萄糖培养基（YPD 或者 YEPD）

YPD可以制成液体培养基或固体培养基。有的检测需要使用平板和斜面，有时也可以用麦芽汁培养基。酵母扩培需要使用麦芽汁培养基而不是YPD，YPD不含麦芽糖，因此它不适合扩培酵母。

材料如下：

（1）酵母提取物。

（2）琼脂。

（3）蛋白胨。

（4）蒸馏水。

（5）葡萄糖。

（6）无菌玻璃瓶。

制备液体培养基的步骤如下：

（1）称量10g酵母提取物、20g蛋白胨和10g葡萄糖，置于无菌玻璃瓶中。

（2）加入蒸馏水到1L。

（3）盖紧盖子，振荡混匀。

（4）松开盖子，用锡箔纸盖住，在瓶子上写上日期和培养基类型。

（5）在高压灭菌锅或者压力锅中以121℃灭菌15min。

（6）培养基冷却后再使用。

（7）或者在高压灭菌后加入无菌葡萄糖，避免碳水化合物被分解。

制备固体培养基的步骤如下：

（1）称量10g酵母提取物、20g蛋白胨、20g葡萄糖和20g琼脂，置于无菌玻璃瓶中。

（2）加入蒸馏水到1L。

（3）紧紧盖上盖子，摇匀。松开盖子并用微波炉来溶解固体，小心避免培养基沸腾，接触瓶子时要小心，因为瓶子会很烫。

（4）琼脂溶解后用锡箔纸覆盖瓶盖，在瓶子上写上日期和培养基类型。

（5）高压灭菌锅或者压力锅中以121℃灭菌15min。

（6）培养基冷却至约55℃，然后倒平板。

6.7　细菌测试

能够破坏啤酒的有害微生物的数量其实很少，但是这些微生物的影响是可怕的。啤酒中酒花树脂（作为抗菌剂）的存在、低pH、高温加工、乙醇和厌氧发酵、啤酒中的有限营养是大多数微生物生存的不利环境。然而，有些微生物可以在啤酒中快速生长，虽然这些不是致死或致病微生物，但可能对啤酒造成极大的损害。

乳酸菌：啤酒污染最常见的细菌。乳酸菌在厌氧条件下对啤酒花抑菌成分具有抗性，乳酸菌广泛存在于人的口腔和谷物粮食上，这是不可以深度磨碎谷物的原因之一，谷物粉末可以飘散到麦汁冷却工序。污染乳酸菌会产生类似于变质牛乳的酸味，还可能产生双乙酰味，它们通常引起啤酒浑浊，类似于酵母不絮凝的现象。

小球菌：有时在啤酒生产的后期发现，特别是在拉格啤酒中。小球菌类似于乳酸菌，可产生酸味、双乙酰味，有时可增加啤酒的黏度。

凝结芽孢杆菌和嗜热脂肪芽孢杆菌：当酿酒师在较高温度65~80℃下长时间保存麦芽汁时，这些微生物会引起麦芽汁变质，并可产生高含量的乳酸。

醋酸菌：醋杆菌和葡萄糖酸杆菌主要在有氧条件下发挥作用，将乙醇氧化成二氧化碳和水，并产生醋酸。

变形肥杆菌：这些细菌耐受pH范围广（4.4~9），但对啤酒花化合物缺乏抗性。变形肥杆菌能产生二甲硫醚、二甲基二硫醚、双乙酰和杂醇油，这些细菌能产生青草味或煮熟蔬菜味。

发酵单胞菌：这些细菌可以将葡萄糖或果糖发酵成乙醇，并产生乙醛和硫化氢，在成品啤酒中产生臭鸡蛋的气味。

6.7.1　UBA 培养基

通用啤酒琼脂培养基（UBA）是一种含有营养成分和琼脂的培养基，在配制培养基时加入啤酒，据称这使UBA比其他培养基更接近啤酒厂的自然环境。通过使用啤酒来制备培养基，使适应啤酒中的化合物如酒花和酒精的微生物变得更具有选择性，这样可以降低非啤酒污染微生物的假阳性几率。当测试酵母泥细菌污染时，还可以加入环己酰亚胺（放线菌酮）（1mg/L）以抑制酵母生长。

材料如下：

（1）UBA培养基。

（2）蒸馏水。

（3）啤酒。

（4）环己酰亚胺（可选择）。

（5）高压蒸汽灭菌锅。

（6）500mL锥形瓶。

（7）泡沫塞或者棉塞。

步骤如下：

（1）称取5.5gUBA，置于锥形瓶中。

（2）加入75mL蒸馏水（如果需要抑制酵母生长加入环己酰亚胺）。用泡沫或棉塞塞住瓶子，煮沸溶液1min，并持续搅拌使内容物溶解。

（3）培养基冷却前，没有排气的情况下加入25mL啤酒混匀。

（4）121℃下高压灭菌10min。温度过高或灭菌时间过长造成培养基损失。

（5）高压灭菌后，培养基冷却到45~50℃时，可以倒平板，或将每12~15mL培养基等分倒入无菌培养皿中，自然凝固。凝固的平板可以进行其他试验。

（6）未使用的平板存放在冰箱中，避光保存。平板保质期约为1周，贮存在瓶中的培养基为2个月。

（7）接种好样品，盖住盖子，平板倒置在30℃的培养箱中，在无氧环境中可检测啤酒的污染细菌或在有氧环境中检测酵母和麦芽汁的污染细菌。

（8）连续3d检查平板上细菌的生长。通过革兰染色或其他方法，选择相同和典型的菌落进行进一步鉴定。

6.7.2　HLP 培养基

顾名思义，许氏乳酸杆菌、小球菌培养基用于检测乳酸杆菌属和小球菌属中革兰阳性菌乳酸菌的存在。HLP含有环己酰亚胺，酵母不能生长，但厌氧细菌能够生长。这种培养基是在液体形式（45℃）的时候接种，样品周围的培养基凝固后形成一个无氧环境，HLP还含有除氧成分，可除去培养基中剩余的氧气。厌氧，耐热和耐酒花，乳杆菌和小球菌是最常见的啤酒污染菌。这使得

HLP成为啤酒酿造实验室中最常使用的培养基之一。

材料如下：

（1）HLP培养基。

（2）蒸馏水。

（3）琼脂。

（4）无菌移液枪。

（5）机械移液枪。

（6）无菌的16mm×150mm螺旋盖管。

（7）500mL锥形瓶。

（8）泡沫或者棉塞。

（9）培养箱。

步骤如下：

注意：称量HLP时要戴眼罩、手套和面罩。

（1）称量7g HLP培养基和2g琼脂。在锥形瓶中用100mL蒸馏水将其混匀。

（2）用透气的泡沫塞子或者棉塞塞紧瓶子。

（3）加热煮沸，不断摇动内容物，直至HLP完全溶解。

（4）将其置于实验台或其他平台上冷却。如果不是立即使用的混合物，将其冷却至室温，然后放入冷藏库中，贮存不超过2周。

（5）如果立即使用混合物，需要先测量温度以确保在倒入管中之前温度为45℃。

（6）用移液枪吸取1mL样品到带有螺旋盖的管子中。每个管子标记好样品的编号和日期。

（7）每个管子加入17mL HLP培养基，旋紧螺旋盖子。

（8）轻轻倒转两次，使样品均匀分布在管中。

（9）将管子置于30℃的培养箱中培养48h。

（10）初步计数。乳酸杆菌为白色倒置的泪珠状菌落，小球菌为白色的球形菌落。

（11）放回30℃培养箱中继续培养24~48h。

（12）最终计数。

6.7.3　SDA 培养基

施瓦兹微分琼脂培养基（SDA），也称为李氏多差异琼脂培养基（LMDA），用来检测好氧和/或厌氧细菌的存在。SDA含有碳酸钙（$CaCO_3$），用来鉴别产酸菌，还含有溴甲酚绿，可通过颜色区分菌落；并具有选择性，因为含有环己酰亚胺（放线菌酮），可以抑制酵母。醋酸菌（醋酸杆菌，葡萄糖杆菌）在其菌落周围呈现一个晕圈，并在下侧呈现绿蓝色，因为这些微生物一般能够耐受酒精、酸和酒花的不利影响，所以啤酒对于它们是一种合适的培养基。少量醋杆菌或葡萄糖杆菌污染都会导致啤酒浑浊、发黏和有异味。

　　SDA培养基在无氧条件下也可以用来检测乳酸菌和小球菌。乳酸菌落周围呈现一个中心深绿色周边不断变浅绿色的晕圈，底部呈黄色。小球菌落比其他微生物菌落小，并呈现更小的晕圈。

　　材料如下：

　　（1）SDA培养基。

　　（2）环己酰亚胺（可选择）。

　　（3）蒸馏水。

　　（4）高压灭菌锅。

　　（5）无菌移液枪。

　　（6）机械移液管。

　　（7）无菌培养皿。

　　（8）500mL锥形瓶。

　　（9）泡沫塞或者棉塞。

　　（10）培养箱。

　　步骤如下：

　　（1）称取8.3gSDA至500mL锥形瓶中。

　　（2）加100mL蒸馏水，如果需要抑制酵母菌的生长加10%的环己酰亚胺。用泡沫塞或者棉塞将瓶口塞紧，然后煮沸1min，并持续搅拌至其溶解。

　　（3）高压灭菌锅121℃，灭菌10min。温度过高或者持续时间太长都对培养基不利。

　　（4）灭菌后，待其冷却后不断轻摇锥形瓶，使$CaCO_3$保持悬浮状态，但要避免产生泡沫。

　　（5）当培养基冷却至45℃时，向无菌培养皿中倒入12~15mL培养基，静置，待其凝固。为确保$CaCO_3$分布均匀，在凝固之前，避免移动平板。

　　（6）倒培养基后，如果平板表面有气泡，用酒精灯加热以打破气泡。

　　（7）待平板凝固以后，在30℃的恒温箱中倒置并使其干燥一晚。避免干燥的温度过高、时间过长。

（8）待测样品稀释至100~900个细菌/mL时，目标是让每个平板中生长的菌落数为25~50个。需要准备几种不同的稀释度提高得到正确浓度的概率。

（9）用移液管吸取0.1mL样品到SDA平板上，并用涂布棒使细胞分散均匀。

（10）盖上盖子，然后将平板倒置在30℃的恒温箱中培养。检测啤酒中的腐败菌时，放置在厌氧环境下培养，检测酵母菌或者麦芽汁中的腐败菌时，放在好氧环境下培养。

（11）虽然早期可以看到形成的菌落，但细菌菌落需要生长4~7d才可以被识别。

6.7.4　麦氏培养基

麦氏培养基是一种鉴别培养基，由于其中含有结晶紫和胆汁盐，可以选择性培养革兰阴性菌（如大肠杆菌），同时可以抑制革兰阳性菌的生长。它含有导致这种差异的两种添加剂：中性红（一种pH指示剂）和乳糖（一种二糖）。

材料如下：

（1）麦氏培养基。

（2）蒸馏水。

（3）高压蒸汽灭菌锅。

（4）无菌培养皿。

（5）500mL锥形瓶。

（6）泡沫塞或棉塞。

（7）恒温箱。

（8）100mL啤酒样品或者其他液体样品。

（9）膜过滤设备。

（10）真空泵。

（11）过滤垫（直径为47mm）。

（12）过滤膜（孔径为0.45μm）。

（13）金属镊子。

（14）恒温培养箱。

步骤如下：

（1）称取5g麦氏培养基琼脂到锥形瓶中。

（2）加入100mL蒸馏水，塞紧泡沫塞或棉塞，然后煮沸1min，持续搅拌至其溶解。

（3）用高压灭菌锅在121℃下灭菌15min。

（4）培养基冷却至45℃时，在无菌培养皿中倒入12~15mL培养基，静置，待其凝固。

（5）按照本书膜过滤部分的方法过滤100mL样品。

（6）平板在30℃的恒温箱中倒置培养。每天检查平板上菌落的生长情况，通常需要在恒温箱中培养3~5d才能进行菌落计数。可发酵乳糖的菌落一般呈现红色至粉红色，其他细菌形成无色菌落。

6.7.5 革兰染色法

丹麦科学家汉斯·克里斯汀·革兰（Hans Christian Gram）为了将细菌分类，在1884年发明革兰染色法。革兰染色法可以把未经鉴别的细菌分为两类，革兰阳性和革兰阴性。虽然这种分离方法在细菌分类中可能并不是显得很重要，但对酿酒实验室来说具有很大的价值，啤酒厂中常见的大约18种细菌中有6种是革兰阳性菌，虽然并不能确定是何种细菌，但这是缩小啤酒腐败菌种类范围的一个有效的方法。

革兰染色过程分别为：初染、媒染、脱色和复染。革兰阳性菌保留了结晶紫显紫色，革兰阴性菌没有保留结晶紫，所以经过番红复染以后显粉红色。虽然革兰阳性菌和革兰阴性菌都能吸收结晶紫染料，但是只有革兰阳性菌细胞才能保留它，脱色过程使革兰阴性菌细胞壁遭到破坏，失去了保留结晶紫染料的能力，转而保留了复染过程中的红色染料。

除了辅助细菌分类之外，革兰染色增加了细胞结构和模型的定义。在进行其他测试时，如过氧化氢酶反应和氧化酶反应，可以补充进行革兰染色，找出有污染的细菌。

材料如下：

（1）载玻片。

（2）装满水的洗瓶。

（3）结晶紫试剂。

（4）革兰碘液。

（5）95%乙醇。

（6）番红染液。

制片如下：

（1）用接种环挑取少量培养的菌落到载玻片上。如果挑取的菌落太多，涂片后，细胞将会特别稠密，很难进行染色。

（2）在接种环上，适当数量的细菌是一个几乎看不见的点状。

（3）把水滴涂成一角钱硬币大小（直径约为18mm），在空气中使其自然干燥。

（4）用镊子或夹子夹住载玻片，在火焰上方反复烘烤几秒。使载玻片在火焰上快速经过，避免太烫。这有助于细胞黏附在载玻片上并且不会因为灼热而导致形态发生变化。

步骤如下：

（1）准备培养液疑似污染菌的细菌涂片。

（2）用镊子或夹子夹住载玻片，在涂片区域滴上5滴结晶紫，初染60s。

（3）将染液倒掉，然后用水龙头或者漂洗瓶轻轻冲洗，只需要洗掉残余的染液，而不是洗掉涂片区域，不要过度冲洗。

（4）在涂片区域滴5滴革兰碘液，媒染60s。

（5）将玻片上的碘液倒掉，并进行冲洗。

（6）在涂片区域滴加95%的乙醇进行脱色。如果脱色或者冲洗时间太长，都有可能使玻片上的细胞染色液流失过度。脱色是非常重要的一步，如果对革兰阳性菌进行革兰染色，得到革兰阴性菌的结果，说明是脱色过度。

（7）流出的乙醇不出现紫色，立即用水冲洗。

（8）滴5滴番红染液，复染30s。

（9）倒掉玻片上的番红染液，并进行冲洗。

（10）抖掉多余的水分，或者用纸巾将水分轻轻吸干，晾干。

（11）在显微镜下进行检测。革兰阳性菌显蓝色或紫色，而革兰阴性菌显红色或粉红色。

6.8　野生酵母检测

　　就像细菌一样，可以用特殊的培养基来筛选野生酵母，只不过野生酵母的筛选比细菌要更难一些。野生酵母更像啤酒酵母，所以少量的野生酵母污染可能很难从大量的啤酒酵母中检测到。然而，野生酵母检测必不可少，因为野生酵母可以产生塑料、酚醛树脂和乳酸的味道。以下几种类型的培养基，有助于筛选出野生酵母。

6.8.1 林氏野生酵母培养基（LWYM）或林氏硫酸铜培养基（LCSM）

林氏野生酵母培养基会利用结晶紫来抑制啤酒酵母的生长，但是可以允许酿酒酵母属的野生酵母生长。如果想筛选出非酿酒酵母属的野生酵母，林氏硫酸铜培养基可以利用硫酸铜允许非酿酒酵母属的野生酵母生长。通过这两种培养基，可以确定啤酒酵母中是否混有野生酵母。某些啤酒酵母菌株中仍然会有微量的野生酵母，所以了解它们之间的形态差异，警惕任何异常现象是非常重要的。

材料如下：

（1）LWYM或LCSM。

（2）蒸馏水。

（3）无菌移液管。

（4）机械移液枪。

（5）16mm×150mm的无菌培养试管。

（6）500mL锥形瓶。

（7）泡沫塞或棉塞。

（8）恒温箱。

（9）高压蒸汽灭菌锅。

步骤如下：

（1）取4g LWYM或LCSM到装有100mL蒸馏水的500mL锥形瓶中。

（2）配制LWYM时，添加1mL结晶紫溶液；配制LCSM时，则添加1mL硫酸铜溶液。

（3）将培养基加热煮沸至溶解，加热过程中不断振荡。

（4）利用高压蒸汽灭菌锅在121℃下灭菌15min。

（5）在无菌培养皿中倒入12~15mL培养基，静置，待其凝固。

（6）LWYM在使用之前冷藏24~48h，但是必须在5d之内使用。LCSM平板可以立即使用，也可以冷藏，但是必须在3d之内使用。

（7）将酵母培养液稀释到约500个细胞/mL。将稀释的样本转移到LWYM或LCSM上。使用无菌的涂布器，使培养液中的细胞在平板表面均匀分散。

（8）在28℃的恒温箱中培养4~6d。在平板中形成的明显菌落（忽视微菌落）可以认为是野生酵母。

6.8.2 赖氨酸培养基

赖氨酸培养基利用L–赖氨酸为微生物提供氮源，绝大多数酿酒酵母都不能使用赖氨酸作为唯一的氮源，呈赖氨酸–阴性，许多其他的酵母菌株（非酿酒酵母属）可以在赖氨酸培养基中利用赖氨酸中的氮源进行生长发育，呈赖氨酸–阳性。

材料如下：

（1）蒸馏水。

（2）酵母抽提物。

（3）赖氨酸盐酸盐。

（4）琼脂。

（5）500mL锥形瓶。

（6）100mm×15mm无菌培养皿。

（7）无菌移液管。

（8）无菌细胞涂布器。

（9）泡沫塞或棉塞。

（10）高压蒸汽灭菌锅。

（11）无菌滤膜。

步骤如下：

（1）在100mL蒸馏水中溶解2.35g酵母抽提物，并用无菌滤膜进行过滤。

（2）添加0.5g赖氨酸和4.0g琼脂到100mL蒸馏水中，用高压蒸汽灭菌锅在121℃下，灭菌15min。在灭菌后还是流体状态时，将第1步的溶液与之混合。

（3）冷却到45~50℃。取1mL的测试样品与12~15mL的赖氨酸培养基在无菌培养皿中完全混合均匀，静置，待其冷却凝固。

（4）酵母培养物稀释至浓度大约5×10^6细胞/mL。用移液管取0.2mL稀释样品到平板上，使用无菌的细胞涂布器，使培养液中的细胞在平板表面均匀分散。

（5）在27℃的恒温箱中培养2~6d，计算原样品中每毫升野生酵母的数量。

6.8.3 沃勒斯坦（Wallerstein）培养基

沃勒斯坦营养培养基（WLN，Wallerstein Laboratories Nutrient）没有环己酰亚胺，沃勒斯坦鉴别培养基（WLD，Wallerstein Laboratories Differential）中含有环己酰亚胺，它能抑制绝大多数酿酒酵母和霉菌，并能允许啤酒厂多数细菌生长。营养培养基不包含环己亚酰胺，不是选择培养基，酿酒酵母、野生酵母、细菌和霉菌都可以在营养培养基上生长。两种培养基都含有溴甲酚绿指示剂，在产酸细菌存在时，能够使培养基从蓝色变成黄色或淡绿色。

营养培养基也可以用来培养好氧菌和厌氧菌，需氧条件有助于鉴别醋酸杆菌和肠原杆菌，同时，厌氧条件有助于鉴别乳酸菌和片球菌。

材料如下：

（1）蒸馏水。

（2）WLN或WLD粉状培养基。

（3）500mL锥形瓶。

（4）100mm×15mm无菌培养皿。

（5）泡沫塞或棉塞。

（6）高压蒸汽灭菌锅。

步骤如下：

（1）称取8gWLN或WLD培养基到500mL锥形瓶中。

（2）添加100mL蒸馏水，浸泡10min，然后涡旋振荡混匀。用泡沫塞或棉塞将瓶口塞紧，边搅拌边煮沸1min直至完全溶解。

（3）用高压蒸汽灭菌锅在121℃下灭菌15min。

（4）倒平板之前，让培养基稍微冷却（约20min）。或者，待培养基冷却凝固，用塞子塞紧之后将其冷藏，以便再加热倒平板。

（5）培养基冷却之后，在无菌平板上标记培养基类型和日期。

（6）在无菌培养皿中倒入12~15mL培养基，静置，待其凝固。

（7）酵母培养物稀释至浓度大约5×10^6个细胞/mL。用移液管取0.2mL的稀释样品到平板上，使用无菌的细胞涂布器，使培养液中的细胞在平板表面均匀分散。

（8）好氧菌在30℃的恒温箱中培养48h，厌氧菌在27℃的恒温箱中培养48h。

（9）乳酸菌群在厌氧条件下会大量生长，这些菌落看起来都一样，但是较小的菌落是需氧生长而形成的。片球菌是光滑的黄绿色，乳杆菌是橄榄绿色，有的光滑，有的粗糙。

（10）只能在有氧生长的平板上看到醋酸细菌（醋酸菌、葡萄糖杆菌）。这些菌落会呈现蓝绿色，而且质地也很平滑。由于细菌会产生酸性物质，菌落周围的培养基也会变色。

（11）肠原杆菌（柠檬杆菌、肠杆菌、克雷伯菌、肥胖菌）从蓝绿色到黄绿色，有时呈半透明状。它们的质地光滑且黏，但菌落周围的培养基不会变色，因为它们不会产生酸性物质。

6.9 连续稀释

很多时候实验室工作需要特定浓度的酵母细胞。例如，如果不先获得合适的细胞浓度，就不可能计算出细胞数量，浓度太高或太低都不能进行精确的计数。当然，所需要的稀释倍数取决于起始浓度和所需的最终浓度，如果需要的稀释倍数大于1：10，为了提高精确度，最好进行连续稀释。

材料如下：

（1）在每一个带帽塞无菌试管中加入9mL无菌水。

（2）无菌移液管。

（3）吸耳球。

步骤如下：

（1）将试管放在试管架上，以便进行连续稀释（试管数量取决于稀释倍数）。

（2）标明每根试管的稀释度，并松开瓶盖。

（3）用移液管取出1mL的酵母培养液转入装有9mL无菌水的试管中，振荡几次，把酵母和无菌水混合均匀，这就形成了1：10的稀释液。

（4）用相同移液管取1mL上一步稀释的酵母液到下一支无菌水试管中，这就形成了1：100的稀释液。

（5）下一步稀释形成1：1000的稀释液，这就是通常用来进行计数的酵母泥的稀释倍数。

（6）如果有必要的话，可以继续稀释。

6.10 细胞计数

酵母细胞计数的最常用方法是利用血球计数板和显微镜对酵母悬浮液进行计数。这种方法很方便，因为在酵母样品中加入染料，同时可以判断酵母细胞的活性。

在进行细胞计数之前，酵母悬浮液的浓度必须适宜。如果悬浮液中的细胞浓度太小，则没有足够的细胞来进行准确计数。如果悬浮液的浓度过高，血球计数板上会布满细胞，从而导致计数不准确。

某些来源的酵母细胞比其他来源的细胞需要稀释更多倍。以下细胞计数的一个指导方针如表6.10所示。

表 6.10   对各种来源的酵母常见的稀释要求

啤酒	不需要稀释
啤酒发酵液	按照 1 : 10 或 1 : 100 稀释
酵母泥	按照 1 : 1000 稀释

材料如下：

（1）用显微镜观察酵母的最小放大倍数是400倍。显微镜有内置照明，用光圈来控制调节的聚光器，可移动镜台以及双筒目镜。如果没有x/y机械级的控制，几乎不可能对细胞计数。虽然相差显微镜有更好的成像细节，但更便宜的亮视野显微镜足以满足细胞计数的需要。

（2）血球计数板。

（3）血球计数板的盖玻片（比普通盖玻片更薄更标准）。

（4）精细探针玻璃吸量管。

（5）手持计数器。

（6）转移吸量管。

（7）拭镜纸（或其他相似的擦镜纸）。

（8）亚甲基蓝溶液（可以检查细胞活性）。

样品制备如下：

（1）这个过程最关键的一步是适当稀释样本。高浓度的样本很难计数，而且过度稀释的样本计数结果不准确。400倍显微镜下的每一个区域内（5×5正方形）的细胞数应该少于100个。一定要注意记录稀释倍数。

（2）可以使用蒸馏水准备样品。酵母抱团也会导致计数不准确。处理高絮凝度的酵母液，首先尝试剧烈摇晃，如果细胞仍不能分散，需要使用0.5%的H_2SO_4溶液，H_2SO_4将会结合钙离子，使酵母分离；再使用EDTA，将酵母进行离心分离，然后除去上清液，添加等体积的EDTA溶液（100g/L，0.268mol/L），然后按照之前的步骤进行。

（3）如果你将细胞计数与酵母细胞活性测试结合起来，最后的稀释步骤应该是将1mL的酵母样本和1mL的亚甲基蓝溶液混合。在填充到血球计数板的计数室内之前，应混合均匀后静置1~2min，再一次混合并静置，确保样品充分混合均匀。

（4）样本必须混合在一起（注意不要引入气泡）。当准备好合适的稀释样品时，将样品反向或摇晃几分钟，需要给样品泄气，防止压力过大。

（5）很重要的一点是，要求样品中的气泡尽可能少。

步骤如下：

（1）在使用前一定要保证血球计数板是干净且干燥的。用水清洗计数板，必要时可以用毛巾轻轻擦洗计数室，但是每次使用后都应该对血球计数板的计数室进行清洗。

（2）盖上盖玻片，这样盖玻片就能同时覆盖两个计数区。

（3）将玻璃吸管的尖端放入样本液中，通过毛细管作用来吸取液体样品（样品自动向上填充吸管）。用纸巾擦干多余的样液，然后将样液填充到血细胞计数室中。轻轻地将吸管的管口放在血球计数板分配计数室的凹槽边缘（图6.7）。注意，不要过度填充样液；样液不能流进计数室的凹槽里。如果计数室有气泡，有未填充样液的干燥区域（填充不足），或者样液从计数室溢出，应该清洗血球计数板，再重新开始。

（4）血球计数板小心放在显微镜的载物台上。从低倍放大到血细胞计数器的中心区域（图6.11）。放大到400倍时，注意计数室内酵母细胞的分布。如果细胞在这些单元格内分布均匀，就可以使用快速细胞计数法。如果细胞出现分组或聚集现象，可能需要使用全细胞计数方法或重新

图6.7　填充血球计数板

准备样本；如果看起来细胞数量很少，或者每个5×5的格子里的细胞数超过100个，那么就需要重新准备新的样本。理想情况下，每个5×5的网格大约应该有50个细胞。

（5）中间区域1mm²的正方形单元格是细胞计数区域（图6.8）。应建立一个进行细胞计数的有效方案。例如，不计算顶部边界线或右边边界线的细胞，计算底部边界线或者边界线左边的细胞（图6.12）。计算出芽的酵母细胞时，只有当芽细胞的大小至少是母细胞的1/2时，才计算芽细胞。

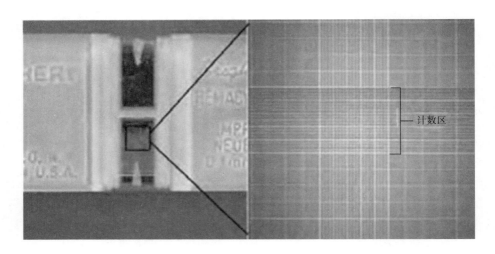

图6.8　血球计数板计数室和放大后的计数室

（6）活细胞计数时，死细胞会被染成深蓝色，因为它们无法代谢侵入的染料（图6.13）。淡蓝色的细胞和被染色的芽细胞并没有死亡。总细胞计数和活细胞计数时，最好是在手持计数器上计算所有单元的细胞（包括活细胞和死细胞），并在另一个手持计数器上记录死细胞。

对于均匀分布的细胞，用快速细胞计数法。

（1）计算编号为1~5的正方形单元格内的细胞数（图6.9和图6.10）。

（2）有25个这样的小网格。估算整个网格中的细胞总数，将5个小网格的细胞数乘以5。

（3）整个计数室里有精确的液体量，1/1000mL。要计算1mL液体中的细胞数是多少，将网格中的总细胞数乘以10^4。

（4）计算公式如式6.2所示。

$$酵母细胞个数/mL=细胞数×5×稀释倍数×10^4 \qquad （式6.2）$$

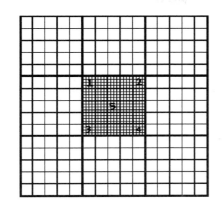

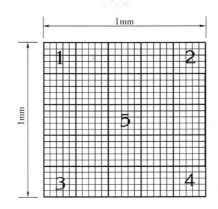

图6.9　计数栅，计算编号区域　　　图6.10　放大计数栅，计算编号区域

例如，将酵母原液稀释200倍，计算5个正方形单元格内的细胞数为220个，计算：

$$酵母细胞个数/mL=220 \times 5 \times 200 \times 10^4 =2.2 \times 10^9 个/mL$$

对于非均匀分布的细胞，用全细胞计数法。

（1）计算25个小方格里所有的细胞数（图6.9和图6.10）。这是整个计数室内的所有细胞数。

（2）整个计数室里有精确的液体量，1/1000mL。要计算1mL液体中的细胞数是多少，将网格中的总细胞数乘以10^4。

（3）计算公式如式6.3所示。

$$酵母细胞个数/mL=细胞数 \times 稀释倍数 \times 10^4 \qquad （式6.3）$$

例如，将酵母原液稀释200倍，计算出25个小方格内的细胞总数为1100个，计算：

$$酵母细胞个数/mL=1100 \times 200 \times 10^4 =2.2 \times 10^9 个/mL$$

计算活细胞数目：活细胞数目的计算公式如式6.4所示。

$$细胞存活率\%=（总细胞-死细胞）/总细胞 \times 100\% \qquad （式6.4）$$

假设从1100个细胞里计算出35个死细胞：

$$细胞存活率\%=（1100-35）/1100 \times 100\%=96.8\%$$

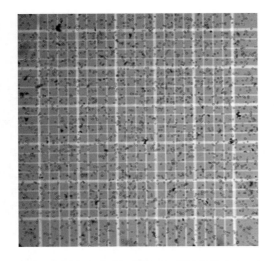

图6.11 放大10倍观察整个血球计数板的25个小方格（细胞均匀分布，使用快速细胞计数法，只需要计算5个小方格里面的细胞数）

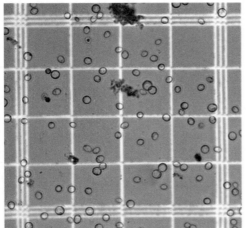

图6.12 放大400倍很容易观察酵母细胞，并进行计数（顶部以及中间的暗淡细胞是被染色的细胞，用相同的计数方法进行计数。不计算顶部边界线或右边边界线的细胞数，计算底部边界线或者左边边界线的细胞数。只有当芽细胞的大小至少是母细胞的一半时，才计算芽细胞数。计算细胞总数为69个，死细胞1个）

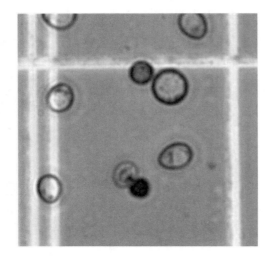

图6.13 死细胞被染成深蓝色［仍然保持清晰或淡蓝色的细胞是活细胞（中间偏左）。刚出芽的细胞可能会被染成淡蓝色，但仍然活着（中间）。出芽的细胞正在代谢细胞内的染料］

酵母

6.11 活细胞鉴定

鉴定活细胞的常用方法是亚甲基蓝染色法。虽然亚甲基蓝染色法是业界公认的方法，但是当活细胞率小于90%时，大多数人认为这个方法不准确，而更倾向于下述的其他染料。碱性亚甲基蓝和亚甲基紫在碱性条件下（pH10.6）会导致细胞渗透性更强，据说这是酵母活细胞鉴定更有效的方法。更多有关细胞计数以及活细胞率计算的具体细节参照"细胞计数"。

6.11.1 亚甲基蓝（MB）

亚甲基蓝有多种形式与纯度。通常可以依据价格与操作是否方便来购买。用粉末制备亚甲蓝原液。

（1）称取0.1g亚甲基蓝粉末于容量瓶中。

（2）添加无菌水定容至100mL。

（3）振荡，使粉末充分溶解。

（4）0.1%的亚甲基蓝溶液。

稀释的酵母细胞进行计数时，在1mL酵母样品中添加1mL亚甲基蓝溶液混合，加到血球计数板的计数室之前静置1~2min，死细胞被染成深蓝色，因为它们不能代谢掉侵入的染液（图6.13），淡蓝色细胞或者被染色的芽细胞并不是死细胞。

6.11.2 柠檬酸亚甲基蓝（CMB）

（1）称取2g柠檬酸于容量瓶中。

（2）添加10mL 1g/L的亚甲基蓝溶液到柠檬酸中。

（3）无菌水定容至100mL，这就是0.1g/L的柠檬酸亚甲基蓝溶液。

（4）用无菌去离子水稀释酵母样品至浓度为1×10^7个酵母细胞/mL。添加0.5mL CMB至0.5mL酵母悬浮液中，轻轻振荡。

（5）2min后，在显微镜下进行细胞计数。计算深蓝色细胞为死细胞数目。对每个样品计数三次，取平均值为最后的结果。

6.11.3 碱性亚甲基蓝（AMB）

（1）将0.1%的亚甲基蓝溶液用0.1mol/L的甘氨酸缓冲液在pH10.6的条件下

稀释10倍。

（2）添加0.5mL酵母悬浮液（1×10^7个细胞/mL）到0.5mL碱性亚甲基蓝溶液中。

（3）混合，并在室温下孵化15min。

（4）在显微镜下进行细胞计数。深蓝色细胞数为死细胞数目，淡蓝色细胞或被染色的芽细胞数为活细胞数。对每个样品计数3次，取平均值为最后的结果。

6.11.4 碱性亚甲基紫（AMV）

用与制备AMB相同的方法来制备AMV，用亚甲基紫代替亚甲基蓝。死细胞的颜色变成粉色。对每个样品计数三次，取平均值为最后的结果。

6.11.5 标准平板计数（SPC）

检测活细胞的一种非染色法就是标准平板计数。在平板培养基中添加一定已知数量的酵母，然后以菌落数作为最后的结果。例如，平板里面有100个细胞，长出95个菌落，那么细胞的存活率为95%。实验室很少使用这种方法，因为平板上的真实细胞数会导致计数误差。

用这种方法进行测试时，需要将酵母细胞用无菌去离子水稀释至浓度为1×10^3个/mL。用移液管取0.1mL酵母液至3个以上的营养琼脂培养基上，并涂布均匀，在27℃的恒温箱中培养42h。计算每个平板中的单菌落数，然后取平均值计算细胞的存活率。

6.12 细胞活性

细胞活性的检测没有标准方法，业内仍在寻找一种快速、简单可重复的方法。当然，最受欢迎的方法是酸化测试，这种方法的原理是，活性酵母会导致培养基的pH下降（酸化），因此，酵母对培养基酸化速度越快，酵母的活性就越强。

酸化力测试（AP）

材料如下：

（1）pH计。

（2）去离子水。

（3）50mL锥形离心管。

（4）锥形搅拌棒。

（5）200g/L葡萄糖溶液。

步骤如下：

（1）每个样品进行测试之前，使用两种缓冲液来校准pH计。

（2）将去离子水的pH调整至6.5。

（3）取15mL无菌去离子水至含有锥形搅拌棒的50mL锥形离心管中。

（4）检测水的pH，同时持续搅拌5min。

（5）5min后，记录下pH读数（AP_0），并添加5mL浓缩的酵母泥（1×10^9个细胞/mL）到离心管中。

（6）搅拌10min，并记录下pH（AP_{10}）。

（7）立即添加5mL 200g/L葡萄糖溶液。

（8）搅拌10min，并记录最终的pH（AP_{20}）。AP_{20}与AP_0的差值即为酸化力。

（9）对每个样品重复测试3次，取平均值为最后的结果。

6.13 爱尔啤酒酵母和拉格啤酒酵母的差异

有时你可能不知道一株菌株是爱尔啤酒酵母还是拉格啤酒酵母。也许你已经获得了一种新的菌株，或者想确定有没有被爱尔啤酒酵母和拉格啤酒酵母交叉感染，有两种方法可以区分爱尔啤酒酵母和拉格啤酒酵母，一种能在37℃下生长，另一种能在蜜二糖中生长。

6.13.1 在37℃下的生长情况

拉格啤酒酵母的耐热性比爱尔啤酒酵母更弱，爱尔啤酒酵母菌株能在37℃下生长，但是拉格啤酒酵母不能。

材料如下：

（1）微量吸液管。

（2）无菌移液管。

（3）手套。

（4）酒精灯。

（5）打火机。

（6）涂布棒。

（7）大号YPD平板培养基。

（8）装有9mL无菌水的试管。

（9）恒温箱。

步骤如下：

（1）如果酵母贮存在平板中，则利用无菌操作技术取5～10个菌落至9mL无菌水中；如果酵母贮存在麦芽营养液中，则利用无菌操作技术按照1:10的比例进行稀释。

（2）振荡试管，使酵母分散均匀，避免沉积在试管底部。

（3）每个酵母样品需要准备两个YPD平板培养基：一个放在25℃的恒温箱中培养，另一个放在37℃的恒温箱中培养。在试管及YPD平板培养基上贴标签，标记样品编号以及日期。

（4）将样品和YPD平板培养基靠近火焰。打开盖子，在每一个YPD平板培养基中，用移液管转入150μL酵母稀释液。

（5）将平板中的酵母稀释液涂布均匀。

（6）对所有样品重复上述操作步骤。

（7）平板干燥约1h。将一个YPD平板培养基放在25℃的恒温箱中培养3d，另一个放在37℃的恒温箱中培养3d。

（8）记录在这两种温度下生长的酵母菌落和未生长的酵母菌落。两种啤酒酵母都可以在25℃下生长，但只有爱尔啤酒酵母可以在37℃下生长。

6.13.2　在蜜二糖中的生长情况

拉格啤酒酵母可以在以蜜二糖作为碳水化合物的培养基中发酵，而爱尔啤酒酵母则不能。许多酿酒师都了解棉籽糖的发酵能力，棉籽糖是由蜜二糖和果糖结合而成的。

材料如下：

（1）酵母抽提物。

（2）蛋白胨。

（3）葡萄糖。

（4）去离子水。

（5）溴甲酚绿。

（6）加塞试管（150mm×12mm）。

（7）杜氏发酵管（60mm×5mm）。

（8）蜜二糖。

（9）薄膜过滤器，孔隙大小为0.45μm。

（10）恒温箱。

（11）天平。

（12）高压蒸汽灭菌锅。

（13）接种环。

（14）移液管。

（15）异丙醇。

（16）无菌水。

步骤如下：

（1）制备酵母膏–蛋白胨培养液，用1L蒸馏水使4.5g酵母膏、7.5g蛋白胨和30mL溴甲酚绿溶解并混合均匀。取2mL发酵液到60mm×5mm的杜氏发酵管中，并将杜氏发酵管倒置在150mm×12mm的加塞试管中。在高压蒸汽灭菌锅中121℃下灭菌15min。

（2）称取12g蜜二糖溶于100mL去离子水中制备120g/L的蜜二糖溶液，将溶液进行过滤除菌。

（3）称取6g葡萄糖溶于100mL去离子水中制备60g/L的葡萄糖溶液。将溶液进行过滤除菌。

（4）取出用于测试的酵母平板。

（5）用异丙醇对实验室的工作台和手套进行消毒。准备好酒精灯。

（6）为每种菌株准备三根试管：蜜二糖、葡萄糖和酵母膏–蛋白胨。

（7）制备含有40g/L的蜜二糖培养液的发酵管。首先，将含有酵母膏–蛋白胨培养液的发酵管靠近火焰，用移液管吸取1mL 120g/L的蜜二糖溶液到试管中，将塞子塞紧，放置在旁边。

（8）制备含有20g/L的葡萄糖发酵液的发酵管。将含有酵母膏–蛋白胨发酵液的发酵管靠近火焰，用移液管吸取1mL 60g/L的葡萄糖溶液到试管中。这是阳性对照。

（9）制备含有酵母膏–蛋白胨培养液的发酵管。将含有酵母膏–蛋白胨培养液的发酵管靠近火焰，用移液管吸取1mL 无菌水到试管中。这是阴性对照。

（10）使用无菌接种环，从平板中取出2~4个酵母菌落（取决于菌落的大小）。

（11）将菌落小心地加入含有培养液的发酵管中。确保接种环在每次使用之前经过火焰进行灭菌。

（12）放置在25℃的恒温箱中进行培养。

（13）分别在培养的第1d、2d、3d和7d进行检查。记录杜汉管中指示染料是否变黄和产气情况。阴性对照（发酵管中只含有酵母膏–蛋白胨发酵液）应该没有颜色变化，也没有气体产生。阳性对照的杜汉管中（发酵管中含有葡萄糖发酵液）在酸的作用下应该显示出明显的黄色，同时也有气体产生。如果这些对照试验没有显示上述结果，则说明试验失败。

（14）含有蜜二糖发酵液的发酵管可以表明菌株是爱尔啤酒酵母还是拉格啤酒酵母。如果产酸且产气，则可以推断菌株是拉格啤酒酵母。如果没有显酸性（黄色），也没有气体产生，则可以推断菌株为爱尔啤酒酵母。

6.13.3 $X–\alpha–$半乳糖培养

这是另一种测试酵母是否具有利用蜜二糖发酵能力的方法。使用$X–\alpha–$半乳糖（5–溴–4–氯–3–吲哚基–$\alpha–D–$半乳糖苷），可以用$\alpha–$半乳糖苷酶作为显色的底物。$\alpha–$半乳糖苷酶使细胞可以利用蜜二糖进行发酵。拉格啤酒酵母具有$\alpha–$半乳糖苷酶活性，爱尔啤酒酵母没有$\alpha–$半乳糖苷酶活性。

材料如下：

（1）N，$N–$二甲基甲酰胺或二甲基亚砜。

（2）5–溴–4–氯–3–吲哚基–$\alpha–D–$半乳糖苷（$X–\alpha–$半乳糖苷）。

（3）甘油。

（4）酵母膏。

（5）细菌蛋白胨。

（6）琼脂。

（7）乙醇。

（8）试管。

（9）血球计数板。

（10）培养皿。

（11）接种环。

（12）微量移液管。

（13）无菌移液管。

（14）手套。

（15）试剂瓶。

（16）2L烧杯。

（17）酒精灯。

（18）涂布棒

（19）拉格YPD平板。

（20）显微镜。

步骤如下：

（1）制备X–α–半乳糖苷储液：在试剂瓶中，将25mg X–α–半乳糖苷溶解于1.25mg N，N–二甲基甲酰胺或二甲基亚砜中。在4℃下避光保存。

（2）准备好无菌实验工作台，并点燃酒精灯。

（3）在每一个YPD琼脂平板培养基上标记酵母样品的名称与日期。

（4）用移液管取100μL X–α–半乳糖苷储液，加入每个YPD琼脂平板培养基上，用涂布棒分散均匀。每次使用之前，涂布棒都需要进行火焰灭菌。将平板在避光处放置30~60min。

（5）用显微镜和血球计数板对样品中的细胞数量进行计数。

（6）将装有9mL无菌水的试管放在试管架上，将酵母样品稀释至每100μL含有100~200个细胞。

（7）取一个YPD平板培养基以及酵母样品，在火焰附近打开YPD的盖子，用移液管取100μL样品于平板中，然后用涂布棒进行涂布，使样品分散均匀。对所有酵母样品重复此操作，涂布棒在使用之前需要进行灼烧灭菌。

（8）干燥后，将平板置于25℃的恒温箱避光培养6d。

（9）计算菌落数，记录蓝绿色菌落数目（拉格啤酒酵母），以及白色菌落的数量（爱尔啤酒酵母）。

6.14　酵母菌株的变异

6.14.1　巨型菌落

通过菌落形态区分单个的爱尔酵母和拉格酵母是非常困难的。经典的做法是让酵母一直生长，直至形成巨型菌落。在标准平板中培养时，酵母一般只需要生长2d，但如果让菌落长得更大，菌落外形则开始体现出差异性，这是菌株特殊化的现象；不同的菌株显示出不同的巨型菌落形态，这种方法不是非常准确。通过参考已知菌株的巨型菌落的照片（图6.14），可以鉴别不同的菌株。

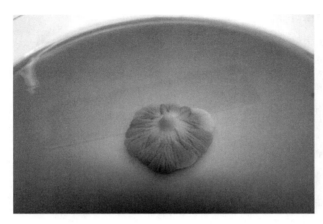

图6.14 不同的菌株显示出不同的菌落形态

突变也会导致巨型菌落出现不同的外观，所以这是一种很有用的方法，用来确定酵母种群中是否出现变异酵母。

材料如下：

（1）酵母培养物或酵母悬浮液。

（2）无菌水和无菌试管。

（3）无菌移液管。

（4）WLN营养平板培养基。

（5）涂布棒。

步骤如下：

通过巨型菌落鉴别菌株的方法是传统方法的改良版本，传统方法需要30d的培养期和专用培养基，而这种方法只需要7d的培养期和WLN培养基。

（1）用连续稀释法将酵母样品稀释至100个细胞/mL。

（2）在火焰附近，用无菌移液管取30μL稀释的酵母悬浮液于WLN培养基的中央。目标是每个平板中长出1~3个菌落。

（3）用无菌涂布棒使悬浮液在平板表面分散均匀。

（4）将其放置在28℃的恒温箱中培养。

（5）培养5~7d或者直至形成巨型菌落为止。

6.14.2 菌株多样化漂移

WLN培养基含有溴甲酚绿，这是一种酿酒酵母可以吸收的染料，但通常不会被代谢，这种培养基最初是蓝绿色的，随着酵母的生长繁殖，染料逐渐被吸收，培养基的颜色逐渐变淡。不同的菌株以不同的方式吸收染料，可以利用这些特点区分培养基中的菌株。

材料如下：

（1）酵母培养物或酵母悬浮液。

（2）无菌水和无菌试管。

（3）无菌移液管。

（4）WLN营养平板培养基。

（5）涂布棒。

步骤如下：

（1）在无菌条件下，酵母样品稀释至500~1000个细胞/mL。

（2）取0.1mL酵母稀释液至WLN平板培养基的中央，然后用涂布棒使样液在培养基表面分散均匀。

（3）平板放置在28℃的恒温箱中培养2~3d。

（4）仔细检查每个菌落，确定存在的菌株和所占比例。菌株间的差异可能非常小，因此可能需要使用其他的方法来区分这些菌株。如果混合培养的菌株发生大幅度的变化，应该考虑是否产生了新菌株。

7

有时候尽管酿酒师已经做了充分的准备，但是发酵仍然没有按计划进行。我们认为，理解出现问题的原因会更好，所以不仅会讲解怎么解决出现的问题，还会对分析类似问题出现的原因给出建议。

7.1　发酵缓慢、停滞或发酵不彻底

7.1.1　发酵不启动

在大多数情况下，除非酿酒师犯了严重的错误，否则发酵基本上都可以顺利开始。一般来说，当酿酒师发现发酵没有开始时，他们会认为只是开始时间延迟了。如果爱尔酵母在接种后的18h内，或者拉格酵母接种后的36h内没有开始发酵，不要过早地认为发酵启动失败。如果发酵最终开始，那么可能需要从这个章节中了解起酵慢的原因。

通常有很多原因可能导致发酵不能开始，但最关键的是酵母健康和麦芽汁温度。如果绝大多数的酵母都处于死亡状态，

或者麦芽汁的温度过低或过高，酵母不能生长，那么就会导致发酵不能开始。在采取任何其他措施之前，检查发酵罐中啤酒表面是否有任何发酵迹象，并检测相对密度和pH。因发酵时间很快，所以很少有酿酒师会注意这些。如果啤酒的相对密度已经下降，但并没有达到正常的衰减水平，而且看不到任何的发酵活动迹象，那么可能需要关注不完全发酵的相关信息。如果在接种后相对密度并没有变化，但是pH下降了0.5～0.8，尽管可能没有明显的发酵迹象，但发酵已经进行了，在这种情况下，你最好查看酵母接种量、氧气含量是否合适以及酵母是否健康。

如果在正常时间内相对密度或pH没有变化，那么是时候补充酵母了。理想情况下，你可以从另一批发酵很旺盛的啤酒中获取活性高的酵母进行接种。如果没有这种酵母，可以使用另一种贮存的酵母溶液、实验室培养酵母、鲜酵母或活性干酵母也是可以接受的。如果再次接种的酵母与以前接种的酵母相同，接种前要确定酵母的活性足够，可以把一些酵母放在较高温度（27℃）的少量麦芽汁内，看看是否会发酵。你可能想要再次给麦芽汁充氧，但是这个操作没有必要担心氧化和老化，因为如果酵母没有消耗完第一次充入的氧，那么伤害就已经存在了。第二批接种的酵母将利用第二次充入的氧。

一旦开始发酵，你可能想知道什么地方出了错。可以考虑下列几种可能：

1. 酵母是否死亡？接种前活细胞数和活力是不是太低？

（1）酵母是否强壮？

（2）酵母来源何处？

（3）酵母在接种前是怎样运输、贮存、处理的？冷冻包装的酵母、酵母种子液或者酵母浆液也需要考虑。

2. 麦芽汁是否对酵母有害？

（1）麦芽汁的温度是否达到过32℃？

（2）麦芽汁是否在某个时候冷冻过度？

（3）虽然不太可能，但麦芽是不是含有有害物质？麦芽贮存在高温潮湿的环境可能会发生不好的变化，详细信息请查阅"麦芽污染物"。

（4）是否存在其他来源的污染物，其浓度足够高以至于破坏或者抑制酵母活性？

3. 发酵条件是否不利于酵母生长以至于酵母不能正常开始发酵？

（1）这种情况也比较少见，只要遵循指导接种健康酵母，一段时间后酵母就会开始发酵。

（2）温度是否过低？低温可能抑制酵母活化，特别是低温贮存的休眠酵母接种到冷麦芽汁中时，应很熟悉相关酵母以及它的最适温度范围。你可能并不在意温度的细微变化，但是酵母对温度变化是非常敏感的。

（3）氧气是否充足？

（4）麦芽汁的营养是否足够酵母利用？使用不含任何矿物质的蒸馏水或者非麦芽糖含量高的麦芽汁都会抑制酵母生长。

4. 絮凝是否导致酵母被阻留在罐底

絮凝性强的英国酵母被接种后，麦芽汁中的大量杂质和酒花会抑制酵母生长。可以想办法限制这类物质被带入发酵罐中，如果你认为这是问题所在，你可以在接种后前几个小时内每15min搅拌一次发酵液。

7.1.2 几个小时后仍然不发酵

首先，不要惊慌。许多酿酒师，特别是家酿师，过于重视这个非常短暂的延迟期了，认为这会影响啤酒的风味。要知道合适的酵母数量和生长速度对于啤酒风味至关重要。检查以下参数。

1. 等待时间是否足够？爱尔酵母延滞期持续12h很正常，拉格酵母更久。因为拉格酵母发酵温度低，酵母代谢慢。

2. 如果是拉格酵母，更加需要耐心。发酵液温度越低，啤酒达到饱和并在表面产生气泡所需要的CO_2越多。如果你可以从发酵罐中看到啤酒的表面，用强光向靠近表面的下部照射，如有任何小气泡形成，就可以在啤酒表面看到发光。

3. 检查发酵温度，并确保啤酒温度测量的准确性。如果测量准确，那么发酵温度是否在酵母的合适温度范围内？如果已经24h还没有起发，可以考虑提高温度。

当你解决了这些问题，就可以确定出现问题的原因了：

（1）这批啤酒在开始酿制时，健康酵母的接种量是否合适？

（2）贮存和扩培酵母的方法是否合适？是否有利于酵母的健康？而不应该仅仅关注酵母细胞数的多少。

（3）充氧量、接种量、营养物质是否适合酵母的生长和发酵？

（4）要考虑接种温度。虽然接种温度稍低于发酵温度有一定益处，使得前两天发酵液温度自然上升，但这仅适用于酵母健壮、麦芽汁营养充足、含氧量合适的情况。如果不具备上述条件，那么最好选择稍高的发酵温度。

（5）回收和扩培酵母过程是否引起酵母发生突变？

7.1.3 发酵停滞

发酵停滞往往有几个原因：接种酵母不健康，发酵条件不适合，接种量低或者有微生物污染。首先把发酵液相对密度与极限发酵测试数据做对比，再选择解决办法。如果啤酒的相对密度低于发酵力测试，那么说明有细菌或野生酵母污染的可能。根据污染微生物的类型，有些情况下，短时间内啤酒尚可饮用，但是更多的时候，我们只能将啤酒直接倒掉。

如果相对密度与极限发酵测试数据接近，那么这可能只是受到发酵中二氧化碳的误导，只是由于气闸问题导致起泡器或排气管鼓泡很慢，但这并不意味着啤酒还在发酵。如果加热啤酒，啤酒中CO_2饱和度会发生变化，使得啤酒中的CO_2会冒出来。同样的，任何其他运动方式都可能导致饱和溶液鼓泡，就像摇动苏打水一样。

如果相对密度比极限发酵测试数据高得多，那么发酵确实可能仍在缓慢进行。如果不做极限发酵测试，就不能确定啤酒有没有降到最终合适的相对密度。即使根据配方可以估算出发酵结束时的理论相对密度，但实际上相对密度依旧取决于麦芽汁的制作过程。

如果还有活性酵母，可以提高发酵温度3℃来加快酵母的代谢速率，也可以对酵母进行活化或者额外添加其他活力旺盛的酵母。如果还是没有效果，可以考虑增加充氧量。请参阅"发酵度"相关的问题排查章节。

7.1.4 发酵不完全

请参阅"发酵度"一节。

7.2 絮凝性变化

酵母在培养过程中很容易发生絮凝性的改变，酵母絮凝性是评价酵母和啤酒发酵的一个重要指标。酿酒师选择的压力是絮凝性改变最重要的原因之一。如果回收和重复使用的总是絮凝性最强或最弱的酵母，这个酵母种群就会很快转变为絮凝性很强或很弱的细胞。当你发现酵母絮凝性改变时，可能是你自己的操作导致的。

絮凝性改变的另一个原因可能是酵母突变。酵母突变通常随着世代的增加而增加，并可能引起酵母絮凝性的变化。例如，呼吸突变酵母（微小突变体）

比没有突变的酵母絮凝性差。当存在大量的酵母微小突变体时，发酵就会出现故障。

酵母絮凝性差可能的原因还包括啤酒中的残糖含量高，发酵过程中罐内对流不足（可能是发酵罐设计或发酵活力低）以及钙离子不足。钙在酵母细胞絮凝时起关键作用，然而酵母絮凝只需要少量的钙（$<10^{-8}$mol可能不利于絮凝），只要保证酿造用水中钙含量不低于50mg/L就能解决钙相关的絮凝问题。如果使用蒸馏水或反渗透处理的水，可能会引起酵母絮凝差。

酵母过早絮凝可能和麦芽有关。虽然原因尚未明确，但絮凝度与劣质麦芽、发霉麦芽有潜在联系。研究表明，真菌污染的麦芽可以产生与酵母细胞结合的辅因子，从而使酵母过早絮凝。这仍然是许多酵母絮凝模型研究的焦点。

同时，发酵温度过低或过高也会影响酵母的絮凝性。

7.3　风味和香气

影响发酵风味和香气的原因很多，从卫生控制到温度控制等。重要的是你要熟悉并控制所有发酵参数来实现稳定的酵母生长和发酵速度。你应该知道发酵开始时接种多少酵母、发酵结束时产生多少酵母，这是影响发酵稳定性的关键。

7.3.1　酯类和醇类

对于家酿来说，造成啤酒中醇和酯含量高最常见的原因是温度控制不良。对于一些酵母菌株来说，温度1℃或2℃的改变可能引起代谢副产物产生很大的变化。

影响酯类和杂醇产生的因素还有很多，无论是希望提高还是降低它们的含量都应了解这一点。参阅"优化发酵风味"一节，特别是表4.5，它显示了发酵因素是如何影响这些风味和芳香物质的。

7.3.2　硫化物

封罐前确保酵母发酵活力旺盛以及发酵进行得彻底，这些都很重要。有的酿酒师喜欢在接近发酵结束时封罐，保留剩余的二氧化碳使啤酒碳酸化。这样做，啤酒也保留了硫化物，而且如果不使用特别的方法，硫化物就除不掉，拉格啤酒和爱尔啤酒都是这样的。在主酵温度下后酵24h能够通过二氧化碳的排放清除所有的硫化物。

如果发现啤酒中含有大量硫化物，那么可以使啤酒碳酸化，然后白天每小时释放一次压力，晚上再重新碳酸化啤酒。两三天后，再次检查啤酒的硫化物含量，如果仍然含有少量硫化物，可继续上述操作直到硫化物含量降至可接受范围为止。要注意的是，如果这种操作持续多天，可能会影响啤酒泡沫的持久性。

7.3.3　酚类

一些啤酒酵母菌株和大多数天然酵母菌能将麦芽中的酚酸物质（如阿魏酸）脱羧，从而产生芳香族酚类化合物。

啤酒中酚类物质过量通常是野生酵母污染的结果，一般来自于天然酵母或是啤酒厂中其他菌株的交叉污染。通常，如果来自天然酵母，也可能会导致啤酒发酵度过高。天然酵母菌污染也容易抑制酵母絮凝。正常条件下，无酚啤酒酵母的突变不是问题，尽管它可能是产生不良风味的另一个来源，同时它也是需要重新扩培种子的标志。酿酒师经常认为苯酚类物质过量是酵母突变所致，其实更有可能是他们在操作过程中引入了产酚酵母。

其他麦芽汁腐败微生物也可能产生酚类物质。总之，如果遇到啤酒酚类过量的问题，检查卫生设备和清洗系统是个好办法。

当使用产酚酵母时，酵母产生酚类物质的量与细胞健康状况和生长速率有关。一般来说，提高生长速率会促进酚类化合物的产生。

要注意酿造水中的氯或者氯消毒剂或清洁剂会与麦芽酚结合产生氯酚。这些氯酚可以产生很强的药水味道。不要将此与酵母问题混淆。

7.3.4　乙醛

乙醛是产生乙醇的中间化合物。在一个完整的发酵过程中，酵母最终会将乙醛吸收并转化为乙醇。啤酒中乙醛含量过高有以下几个原因。

（1）在发酵完成之前，回收酵母。

（2）发酵完成后乙醇被氧化。

（3）醋酸菌把乙醇转化成乙酸，使啤酒带上明显的醋味。

（4）发酵工艺导致的发酵速度过快，如过量接种和高的发酵温度。

7.3.5　双乙酰

双乙酰是啤酒发酵的固有产物，某些菌株比其他菌株产生得更多。酵母在发酵过程中将双乙酰转化成无气味的物质。发酵后双乙酰残余量受以下几个因素的影响。

（1）发酵不彻底可能导致啤酒中双乙酰水平很高，因为酵母与麦芽汁的接触时间不足以吸收发酵过程中产生的双乙酰。

（2）发酵开始时的温度高，酵母生长时会合成更多的双乙酰前体。如果通过降低温度来降低发酵速度，将导致发酵结束时双乙酰含量过高。许多家酿爱好者都是这样操作的：当接种酵母不足或酵母不够健康时通过提高发酵温度来弥补，然后当酵母活性下降时再降温。给健康的酵母提供足够的时间和温度，发酵结束时啤酒中的双乙酰含量不会太高。

（3）接种后，充氧不足。

（4）有些细菌会产生双乙酰。乳酸菌也会产生乳酸，有时产生腐臭黄油味。一些小型啤酒厂和家酿者在灌装啤酒时没有有效清除乳酸菌的方式。这也是为什么有些啤酒厂在装瓶的时候，啤酒还是口味极好的，但是在只有短短的八周后，瓶内就产生了压力、酸味和双乙酰味。

7.3.6　酸

细菌污染是啤酒发酸最常见的原因。酿酒师最常遇到的是乳酸菌或醋酸菌。乳酸菌一般产乳酸，这是酸性风味的来源，而醋酸菌产生类似醋的风味。也有些其他微生物如酒香酵母，可以在特定条件下产生醋酸。

如果啤酒有酸味，先查看实验室中的污染测试，以确定操作过程中在哪里引入了腐败生物，然后采取适当措施解决问题。

7.3.7　啤酒过甜

许多啤酒过甜的原因是酿造配方不好，但是你想过好配方做出过甜啤酒的原因吗？当啤酒过甜时一般都是发酵度出现了问题。当发酵测试说明不是发酵度的问题时，那么还可能是其他的一些原因。

虽然酿酒师不想酿造甜啤酒，但是他们经常忽略发酵中酵母细胞的表面积会显著影响啤酒的苦味值这一情况。一般来说，细胞总表面积越大，最终啤酒中异 α-酸的量越低。酵母接种量、酵母生长速率、菌株种类、酵母的健康状况等因素都会影响最终啤酒的苦味值。啤酒厂应该保证每一批次生产中酵母的接种量稳定，酵母的生长速率稳定和酵母的健康状态良好，只有通过控制好这些因素才能对配方进行调整，进而影响啤酒苦味或甜味。

另一种可能的解释是，一些醇具有甜味，这些醇可能会产生甜蜜的风味。然而，如果这是啤酒过甜的原因，那么品尝啤酒时最初的甜味会逐渐变淡，也就不会产生过腻的甜味。如果你先品尝的甜味消失后，留下更干燥的口感，就表示甜味和醇类相关。

啤酒过于甜腻表示发酵度过低或者配方不合适。啤酒太甜但不腻可能是因为配方问题或酵母比预期产生了更多的苦味物质。关于发酵度过低问题，请参阅"发酵度"一节。

7.3.8　啤酒过干

和啤酒过甜一样，啤酒过干最常见的原因之一是配方不合适。但是，如果所用配方可靠，啤酒还是过干，那么可能还有其他原因。极限发酵测试是找出这类问题根源的好方法。通常细菌或其他污染微生物会引起啤酒发酵度过高。

如果不是啤酒发酵度过高，那么过干的原因可能与过程有关：

（1）麦芽汁糖化过程中pH控制得不合适。

（2）水的化学变化？通常，供水公司不同季节提供的水不同。

（3）麦芽供货变化。

请注意，多数情况下，麦芽糖化温度不会影响啤酒的甜度。长链糖类的甜度不高。如果发酵糖化温度很高的麦芽汁，啤酒最终的相对密度会很高，但是啤酒的整体口感会很干。相反，一杯相对密度很低的啤酒会非常甜。当然原因有很多，比如酵母细胞表面积、发酵产生的醇类，都会对啤酒特性产生影响。

7.4　自溶性

多数家酿者使用宽底发酵罐和健康酵母，这样基本不会遇到酵母自溶的问题。不同菌株发生自溶速度也不同，但总体而言，如果发酵温度合适，回收酵母时机合适，就不会遇到自溶问题。

大规模的商业化酿酒情况就不一样了。发酵罐体高，锥底的酵母堆积紧密，增加了自溶的概率。如果是这种情况，锥底就要保证有足够的冷却能力（如果在顶部回收酵母，灌顶就要有冷却系统）。酵母沉降后应尽快回收酵母。

对于家酿爱好者和专业酿酒师而言，啤酒中有大量酵母都会有损形象。正常情况下啤酒碳酸化只需要酵母细胞10^6个/mL，超过这个浓度就会使啤酒产生酵母自溶的风味。

7.5 碳酸化

7.5.1 碳酸化不足

啤酒碳酸化不需要太多的酵母。但是为了一致、及时的碳酸化，需要稳定的温度、适量的健康酵母。如果要发酵高酒精度的啤酒，最好过滤除掉主发酵的酵母，重新接种高活力的新鲜酵母进行瓶内发酵。

（1）尽可能使用鲜酵母。

（2）根据发酵温度，保证提供适量的糖。请参阅贾米尔·赞那谢菲（Jamil Zainasheff）和约翰·帕默（John Palmer）所著的《酿造经典风格啤酒》（*Brewing Classic Styles*）书中的附录D："起发速率和CO_2体积"，利用图表，确定啤酒中二氧化碳的含量和起发的糖量。

（3）把酒瓶贮存在较高温度下进行碳酸化，每个瓶子之间保留空间，以保证他们碳酸化水平相同。

（4）如果用化学消毒剂给瓶子消毒，一定要检测消毒剂浓度。混合消毒剂前不要仅凭猜测，而且一定要清空瓶子里的消毒剂。残留的消毒剂会影响酵母的健康和碳酸化。

7.5.2 碳酸化过量

过度碳酸化原因有两个，装瓶时加糖过多或者存在能够利用复杂碳水化合物产气的微生物。

（1）计算糖用量时考虑啤酒中现有CO_2的量。请参阅贾米尔·赞那谢菲和约翰·帕默所著的《酿造经典风格啤酒》（*Brewing Classic Styles*）书中的附录D："起发速率和CO_2体积"，利用图表，确定啤酒中二氧化碳的含量和起发的糖量。

（2）极限发酵测试能告诉你装瓶前啤酒是否已发酵彻底。

（3）如果是污染问题，通常会引起啤酒风味的变化，同时会引起啤酒碳酸化过度。

7.6　发酵度

酿酒师很多时候根据啤酒配方或特定酵母菌株的发酵度设定预期的发酵度。这也可能是不现实的。尽管发酵前做了充足的准备，但是麦芽汁成分对发酵度的影响仍最大。如果做了例行发酵液测试，你就会知道麦芽汁的极限发酵度。如果极限发酵度试验显示所用酵母只能发酵麦芽汁到相对密度1.020（5°P），那么期望麦芽汁降至相对密度1.012（3°P）是不现实的。同理，如果你的啤酒相对密度降到相对密度1.020（5°P）以下，啤酒有可能是被野生酵母或细菌污染了。如果发酵度出现问题，极限发酵度测试就是一个很有用的手段。

7.6.1　发酵度低

通常啤酒主发酵的发酵度比极限发酵度低1~2个点。原麦芽汁浓度越高，啤酒发酵度与极限发酵度差距越大。如果啤酒发酵度比预期低很多，并且排除了麦芽汁的问题，那么就是啤酒发酵出现了一些问题，需要检查以下几种可能。

（1）发酵温度过低，酵母活性不足导致发酵不彻底。避免温度波动也非常重要，特别是在延滞期以及发酵末期。酵母对温度的微小变化非常敏感，当酵母发酵速度减慢产生热量减少，再加上温度过低时，发酵速度会突然减慢甚至停止，导致发酵不完全。

（2）接种量太低，没有足够的酵母来完成发酵。当发酵过程中酵母数量不足时，每个酵母细胞会超负荷发酵，变得很累，甚至在发酵完成前就停止了发酵。在啤酒发酵中酵母数量最多能增加3~4倍。

（3）长期过量接种也会导致酵母发酵度低，甚至是第一代酵母也会如此。一般来说，接种过量可以迅速起酵，使得发酵顺利，但是酵母连续使用几代就会出现健康问题。随着时间推移，发酵过程中产生的新细胞很少，酵母活力不断降低导致整个发酵进程缓慢。

（4）发酵早期氧气不足会限制酵母生长并损害细胞健康。发酵12h左右增大充氧对高浓度啤酒发酵非常有益。接种量不合适，长期缺氧对重复利用的酵母影响更加显著，因为酵母无法合成足够的质膜来满足细胞繁殖和生长，这也会导致酵母回收产量低。

（5）酵母突变也会影响发酵度。一般来说，例行发酵液试验可以用来揭示酵母的发酵是否发生了变化，但是酵母突变有可能不会影响加速试验的效果，却仍然会对啤酒正常的主发酵产生影响。

（6）酵母不健康和缺乏关键营养素如锌，可引起发酵提前停止。

（7）发酵液不混匀会引起体系分层和发酵度降低。多批次装罐或稀释高浓度麦芽汁时都应该正确混匀发酵液。快速混合和从底部通入麦芽汁有助于发酵液混匀。

（8）如果重复使用酵母并回收过早，你可能在无形中给酵母施加了选择压力并导致其发酵度降低。发酵过程中先沉降的酵母属于种群里发酵度低的部分。如果操作过程有利于这类酵母，那么随着时间的延长，使用的酵母发酵度会越来越低。发酵度低也可能是因为酵母在啤酒中保留时间过长，损害了酵母的健康引起的，这样还会影响之后批次的发酵度。

酿酒师常用的提高发酵度的方法如下所述。

（1）激活酵母　从发酵罐底部通入CO_2，或者倾斜摇晃小型家酿发酵罐，都可以使啤酒中酵母悬浮起来，并且能够排除啤酒中抑制酵母的CO_2。

（2）转移啤酒或酵母　转移啤酒或从底部排出酵母重新接回发酵液上部也能起到悬浮酵母的作用，同时也增加了一些氧气，可确保酵母和麦芽汁中剩余的糖混合均匀。

（3）提高发酵温度　提高发酵温度可以提高酵母活性。在合理范围内，这是促进酵母达到目标发酵度的最佳途径之一。

（4）增加酵母　许多酿酒师怀疑投加香槟干酵母发酵是否可行。如果发酵含有大量单糖的啤酒是可以的，因为香槟酵母无法利用麦芽汁中碳链更长的糖。你可以接种更多的啤酒酵母，但重新启动已经停止的发酵很难。部分发酵的啤酒不适合再次接种酵母，因为它含有酒精，没有氧气，没有充足的营养物质和糖。应添加处于活力旺盛阶段的酵母，把酵母接种到少量麦芽汁中，当它达到活力高峰时，再将所有混合物倒入啤酒。如果补充足够的处于活性巅峰的酵母，啤酒应该不需要额外添加氧气。

（5）添加酶　如果发酵度低与麦芽汁糖的成分有关，添加酶往往会对其有所帮助。但是，如果是发酵的问题，添加酶就没有作用。

7.6.2　发酵度高

如果啤酒发酵度超过极限发酵度，那么啤酒可能被污染。必须找到污染的来源并消除它，回避无法解决问题。了解如何检测酵母和啤酒厂环境的相关内容请参阅实验室相关章节。

7.7 酵母贮存问题

7.7.1 酵母活力降低

回收酵母泥活力下降是酿酒师遇到的另一个棘手问题。酵母活力下降的根本原因有两个，要么是回收酵母的健康状况不佳，要么是贮存条件不合适。

回收酵母不健康与发酵速度慢的原因很相似：接种过量，溶氧低，初始酵母活力差。如果发酵正常而旺盛，那么发酵结束时酵母就健康。但是，发酵结束时操作不当也可能引起酵母活力下降。

酵母回收不及时会使酵母细胞承受很大的胁迫，包括酒精、pH和流体静压。为了使回收的酵母活力最佳，爱尔酵母需要在发酵结束24h后回收，拉格酵母在3~5d内回收。

许多小型啤酒厂升级发酵罐时，会开始关注回收酵母的活力。这可能是因为发酵罐越高大，酵母细胞的渗透压越高。并且，使发酵罐中的酵母保持低温也很困难。啤酒厂经常因为发酵罐锥体或上部冷却不足，使得底部或顶部回收的酵母温度过高。

如果回收酵母健康良好，酵母活力降低的原因就是酵母贮存的问题了。

7.7.2 保质期短

首先，要对酵母可以正常使用的最长贮存时间有个合理的预期。如果发酵结束时酵母活力强，并且发酵度、发酵速率正常，那么酵母可以贮存两周，不影响再次使用，超过两周情况就不一定了。贮存酵母时需要注意以下几点。

（1）CO_2压力，少量的CO_2会影响酵母贮存。CO_2可以损害酵母细胞壁，并且在酵母贮存时 CO_2很容易积累。

多数情况下，低温贮存可以延长保质期，除非意外冷冻结冰。寒流会导致酵母贮存温度降到0℃以下。使用老式冰箱时，这种情况就会发生。随着环境温度的下降，冰箱的温度也随之下降。当存在意外冷冻结冰的隐患时，最好提高贮存温度。

（2）有些情况下，高酒精度或高苦度啤酒中的酵母不应该被重复使用，因为酵母承受的压力大，会影响酵母的活力。

（3）发酵完成后使酵母在啤酒中保留8~12h，这样有利于酵母细胞在贮存前积累糖原。

（4）贮存罐是否干净卫生？贮存罐不能有化学污染和防腐剂残留，这些会影响酵母活力。

7.7.3 设备洗涤

酸洗或二氧化氯洗涤最常见的问题就是洗液的pH或浓度不对，这就需要准确测量洗液的pH。为确保获得准确的pH需要在pH计和校准方法上做些投资。

7.7.4 酵母清洗

水洗酵母时最常见的错误是用水不足或者不知道酵母的位置。用水量至少是酵母沉淀的3~4倍时，酵母浆里的杂质才能在合适的时间内沉降到底部。酵母浆浓度越低越容易分离。

不要把上部的轻相误认为是酵母，里面可能有一些细胞，但主要是蛋白质和其他低密度细胞成分，这些都要丢掉。

7.7.5 酵母运输

大多数运输的核心问题是温度。尽可能使用最健康的酵母，控制温度，运输到达后应对酵母进行检测。

7.8 酵母繁殖/起酵问题

如果接种的酵母健康，并提供合适的糖、营养、氧气和温度，酵母应该能够正常繁殖。在酵母繁殖过程中，新手常常疑问为什么搅拌或振荡罐子发酵液体表面没有气泡产生，这是因为搅拌可以赶走发酵液中多余的CO_2，而CO_2几乎不会形成可见的大气泡。关注发酵液的颜色和澄清度。如果发酵液变得浑浊，那是由于细胞增长。记住以下几点。

（1）从一个健康的酵母开始。如果开始就有突变细胞，繁殖得到的酵母可能会保留该突变。正常细胞可能胜出突变细胞，也可能不胜出。如不能确定，请使用纯培养技术重新开始。

（2）仅使用富含麦芽糖的糖源。富含麦芽糖的糖源，可以给酵母提供关键的营养物。用仅含单糖的糖源培养的酵母不能发酵麦芽糖。

（3）提供氧气和含锌的营养强化剂。

（4）在22℃左右培养酵母。

（5）使用搅拌叶、摇床或频繁摇晃发酵罐去除CO_2，同时混匀剩余酵母和发酵液残糖。

7.9　麦芽污染

麦芽表面有大量微生物，如乳酸菌。煮沸可以杀死绝大多数微生物，没有必要担心。然而，有些霉菌和真菌产生的真菌毒素不会因煮沸分解掉。这很少是麦芽本身的问题，而是由于啤酒厂麦芽贮存条件差导致的。炎热潮湿的气候是主要根源，在这种条件下霉菌生长快速并可产生大量的真菌毒素。虽然麦芽汁的糊化过程除去了大部分真菌毒素，但有些真菌毒素煮沸也不会变性。真菌毒素如单孢菌素（Flannigan等，1985）抑制了酿酒酵母的生长，反过来又会影响发酵度。不同的毒素也可以与酵母细胞壁相互作用而影响絮凝。这正是毒素在自然界做的事情：帮助其他微生物战胜酵母。

7.10　故障排查表

7.10.1　发酵问题

发酵问题及影响因素如表7.1所示。

表 7.1　　　　　　　　　　发酵问题及影响因素

因素	问题		
	发酵缓慢、停滞、不彻底	酵母活力降低	絮凝性改变
FAN/氨基酸缺乏	*		
矿物质（锌、钙等）缺乏	*		*
污染－野生酵母或细菌	*		*
接种量低	*		
接种量高	+（几代后）	*	
溶氧少	*	*	*

续表

因素	问题		
	发酵缓慢、停滞、不彻底	酵母活力降低	絮凝性改变
溶氧高		*	
麦芽汁相对密度高	*	*	
乙醇浓度高（>90g/L）	*	*	
发酵温度不合适	*		
发酵温度波动	*		
重利用酵母回收太晚		√	
重利用酵母回收太早	*		*
发酵罐底冷却不充分		*	
发酵罐内 CO_2 积累	*	*	
发酵罐混合不充分	*	*	
酵母变异	*		*
酵母脱水	*	*	*
麦芽质量差或处理不好	*		
麦芽被微生物污染	*		*
# 酵母不健康 – 活性/活力低	√	*	

注：* 表示因素是问题的潜在原因。√表示因素是问题的最常见原因。# 导致酵母不健康的因素有很多，如矿物质缺乏、接种过量、溶氧低、麦芽汁相对密度高、乙醇浓度高、酵母回收太晚、发酵罐冷却不足、发酵罐 CO_2 浓度增加、发酵罐混合不匀等。

7.10.2　风味问题

风味问题及影响因素如表7.2所示。

表 7.2　　　　　　　　　　风味问题及影响因素

因素	问题				
	酯	杂醇	硫化物	乙醛	自溶
FAN/ 氨基酸缺乏	+		*		
矿物质（锌、钙等）缺乏	*	*		*	*
污染 – 野生酵母或细菌	*	*	*	*	
接种量低	+	++	+	+	*

续表

因素	问题				
	酯	杂醇	硫化物	乙醛	自溶
接种量高	−			+	+
溶氧低	+	−			
溶氧高	−	+		*	
麦芽汁相对密度高	+	+			
乙醇浓度高（>9%）	+	+			*
发酵温度不合适	+ 或 −	+ 或 −	*	*	
发酵温度波动				*	
重利用酵母回收太晚					*
重利用酵母回收太早				*	
发酵罐底冷却不充分					+
发酵罐内 CO_2 积累	−	−	+		
发酵罐混合不充分					
酵母变异					
酵母脱水	+	*	*	*	*
麦芽质量差或处理不好					
麦芽被微生物污染					
# 酵母不健康 – 活性 / 活力低			*		*

因素	问题			
	酚类	过量碳酸化	乳酸	双乙酰
FAN/ 氨基酸缺乏				+
矿物质（锌、钙等）缺乏				
污染 – 野生酵母或细菌	*	*	+	*
接种量低	+			+
接种量高				
溶氧低				
溶氧高				
麦芽汁相对密度高				
乙醇浓度高（>9%）				
发酵温度不合适				*
发酵温度波动				*
重利用酵母回收太晚				

酵
母

续表

因素	问题			
	酚类	过量碳酸化	乳酸	双乙酰
重利用酵母回收太早				*
发酵罐底冷却不充分				
发酵罐内 CO_2 积累		*		−
发酵罐混合不充分				*
酵母变异	*			*
酵母脱水				*
麦芽质量差或处理不好				
麦芽被微生物污染		*		
# 酵母不健康 – 活性 / 活力低				*

注：* 表示因素是问题的潜在原因。+ 表示因子导致增加，而 − 表示减少。# 导致酵母不健康的
因素有很多，如矿物质缺乏、过度过量、溶氧低、麦芽汁相对密度高、乙醇浓度高、酵母回收太晚、
发酵罐冷却不足、发酵罐 CO_2 浓度增加、发酵罐混合不匀等。

参考书目

序

Schlenk, F. "Early Research on Fermentation—A Story of Missed Opportunities." In A. Cornish–Bowden, *New Beer in an Old Bottle: Eduard Buchner and the Growth of Biochemical Knowledge.* Valencia, Spain: Universitat de València, 1997, 43–50.

1

De Clerck, J. *A Textbook of Brewing*, vol. 2. London: Chapman & Hall, 1958, 426–429.

2

Bamforth, C. "Beer Flavour: Esters." *Brewers Guardian* 130, no. 9 (2001), 32–34.

Bamforth, C. "Beer Flavour: Sulphur Substances." *Brewers Guardian* 130, no. 10 (2001), 20–23.

Boulton, C., and D. Quain. *Brewing Yeast and Fermentation.* Oxford, U.K: Blackwell Science Ltd., 2001.

Briggs, D.E., J.S. Hough, R. Stevens, and T.W. Young. *Malting & Brewing Science*, vol. 1. London: Chapman & Hall, 1981.

Casey, G. "Yeast Selection in Brewing." In C.J. Panchal, *Yeast Strain Selection*. New York: Marcel Dekker, 1990, 65–111.

Fugii, T. "Effect of Aeration and Unsaturated Fatty Acids on Expression of the *Saccharomyces cerevisia* Alcohol Acetyltransferase Gene." *Applied and Environmental Microbiology* 63, no. 3 (1997), 910–915.

Hazen, K.C., and B.W. Hazen. "Surface Hydrophobic and Hydrophilic Protein Alterations in *Candida Albicans*." *FEMS Microbiology Letters* 107 (1993), 83–88.

Kruger, L. "Yeast Metabolism and Its Effect on Flavour: Part 2." *Brewers Guardian* 127 (1998), 27–30.

Mathewson, P.R. *Enzymes*. Eagan Press, 1998, 1–10.

Meilgaard, M.C. "Flavor Chemistry of Beer: Part II: Flavor and Threshold of 239 Aroma Volatiles." MBAA *Technical Quarterly* 12 (1975), 151–168.

Mussche, R.A. and F.R. Mussche. "Flavours in Beer." 2008 Craft Brewers Conference, Chicago.

Pasteur, L. *Studies on Fermentations, The Disease of Beer, Their Causes, and the Means of Preventing Them*. London: MacMillan and Co., 1879. Reprint. BeerBooks.com, 2005.

Quain, D.E., and R.S. Tubb. "A Rapid and Simple Method for the Determination of Glycogen in Yeast." *Journal of the Institute of Brewing* 89 (1983), 38–40.

Smart, K.A. "Flocculation and Adhesion." *European Brewery Convention 1999 Monograph* 28. Nurenberg: Fachverlag Hans Carl, 2000, 16–29.

Walker, G.M. *Yeast Physiology and Biotechnology*. New York: John Wiley & Sons, 1998.

Zoecklein, B.W., K.C. Fugelsang, B.H. Gump, and F.S. Nury. *Wine Analysis and Production*. Gaithersburg, Md.: Aspen

Publishers, 1999, 101.

3

Aguilar Uscanga, M.G., M.L. Delia, and P. Strehaiano. *Applied Microbiology and Biotechnology*, vol. 61, no.2 (2003).

Boulton and Quain, *Brewing Yeast and Fermentation.*

Casey, "Yeast Selection in Brewing."

Fix, G.J. and L.A. Fix. *An Analysis of Brewing Techniques.* Boulder, Colo.: Brewers Publications, 1997, 57–65.

Mussche and Mussche, "Flavours in Beer."

Prahl, T. Apple Wine Fermentation–Using Indigenous Yeasts as Starter Cultures (2009) 27–28.

Quain, D. "Yeast Supply—the Challenge of Zero Defects." Proceedings of the 25th European Brewery Convention (1995), 309–318.

Shimwell, J.L. *American Brewer* 1947, no. 80, 21–22, 56–57.

4

Boulton, C.A., A.R. Jones, E. Hinchliffe. "Yeast Physiological Condition and Fermentation Performance." Proceedings for the 23rd European Brewing Congress (1991), 385–392.

Boulton, C.A., and D.E. Quain. "Yeast, Oxygen, and the Control of Brewery Fermentations." Proceedings of the 21st European Brewing Convention (1987), 401–408.

D'Amore, T., G. Celotto, and G.G.Stewart. "Advances in the Fermentation of High Gravity Wort." Proceedings of the European Brewery Convention Congress (1991), 337–344.

De Clerck, *A Textbook of Brewing.*

Fix and Fix, *An Analysis of Brewing Techniques*, 75–81.

Grossman, K. Seminar. University of California at Davis, Oct. 3, 2009.

Hull, G. "Olive Oil Addition to Yeast as an Alternative to Wort

Aeration."

MBAA Technical Quarterly 45, no. 1 (2008), 17–23.

Jones H.L., A. Margaritis, and R.J. Stewart. "The Combined Effects of Oxygen Supply Strategy, Inoculum Size and Temperature Profile on Very High Gravity Beer Fermentation by *Saccharomyces Cerevisiae.*" *Journal of the Institute of Brewing* 113, no. 2 (2007), 168–184.

Laere, S.D., K.J. Verstrepen, J.M. Thevelein, P. Vandijck, and F.R. Delvaux. "Formation of Higher Alcohols and Their Acetate Esters." *Cerevisia, Belgian Journal of Brewing and Biotechnology*, vol. 33, no. 2 (2008), 65–81.

Landschoot, A.V., N. Vanbeneden, D.Vanderputten, and G. Derdelinckx. "Extract for the Refermentation of Beer in Bottles." *Cerevisia, Belgian Journal of Brewing and Biotechnology*, vol. 32, no. 2 (2007), 120–129.

Mclaren, J.I., T. Fishborn, F. Briem, J. Englmann, and E.Geiger. "Zinc Problem Solved?" *Brauwelt International*, vol. 19, no. 1 (2001), 60–63.

Meilgaard, "Flavor Chemistry of Beer: Part II."

O'Connor-Cox, E.S.C. and W.M. Ingledew. "Effect of the Timing of Oxygenation on Very High Gravity Brewing Fermentations." *Journal of the American Society of Brewing Chemists* 48, no. 1 (1990), 26–32.

Parker, N. "Are Craft Brewers Underaerating Their Wort?" *MBAA Technical Quarterly* 45 no. 4 (2008), 352–354.

Priest, F.G., and I. Campbell. *Brewing Microbiology*, 3rd ed. New York: Kluwer Academic/Plenum Publishers, 2003, 22–42.

Reed, G., and T.W. Nagodawithana. *Yeast Technology*, 2nd ed. New York: Van Nostrand Reinhold, 1991.

Saison, D., D. De Schuttera, B. Uyttenhovea, F. Delvauxa, and F.R. Delvauxa. "Contribution of Staling Compounds to the Aged Flavour of Lager Beer by Studying Their Flavour Thresholds." *Food*

酵
母

Chemistry, vol. 114, no. 4 (June 15, 2009), 1206–1215.

Shinabarger, D.L., G.A. Kessler, and L.W. Parks. "Regulation by Heme of Sterol Uptake in *Saccharomyces Cerevisiae*." *Steroids* 53 (1989), 607–623.

Takacs, P. and J.J. Hackbarth. "Oxygen-Enhanced Fermentation." MBAA *Technical Quarterly* 44 (2007), 104–107.

Walker, G.M. "Role of Metal Ions in Brewing Yeast Fermentation Performance." *Brewing Yeast Fermentation Performance*, Oxford, U.K.: Blackwell Science Ltd., 2000, 86–91.

5

Fernandez, J.L., and W.J. Simpson. *Journal of Applied Bacteriology* 75 (1993), 369.

Haddad, S., and C. Lindegren. "A Method for Determining the Weight of an Individual Yeast Cell." *Applied Microbiology* 1, no.3, (1953), 153–156.

Lenoel, M., J.P. Meuier, M. Moll, and N. Midoux. "Improved System for Stabilizing Yeast Fermenting Power During Storage." Proceedings of the 21st European Brewing Congress, 1987, 425–432.

Nielsen, O. "Control of the Yeast Propagation Process: How to Optimize Oxygen Supply and Minimize Stress." *MBAA Technical Quarterly*, vol. 42, no. 2 (2005), 128–132.

6

American Society of Brewing Chemists. *Methods of Analysis*, revised 8th ed. Yeast-3. St. Paul, Minn.: ASBC, 1992.

Hulse, G., G. Bihl, G. Morakile, and B. Axcell. "Optimisation of Storage and Propagation for Consistent Lager Fermentations." In K. Smart, *Brewing Yeast Fermentation Performance*. Oxford, U.K.: Blackwell Science,2000, 161–169.

Jakobsen, M., and R.W. Thorne. "Oxygen Requirements of

Brewing Strains of *Saccharomyces Uvarum*—Bottom Fermenting Yeast." *Journal of the Institute of Brewing* 86 (1980), 284–287.

Kandror, O., N. Bretschneider, E. Kreydin, D. Cavalieri, and A.L. Goldberg.

"Yeast Adapt to Near–Freezing Temperatures by STRE/Msn2,4–Dependent Induction of Trehalose Synthesis and Certain Molecular Chaperones." *Molecular Cell*, vol. 13, no. 6 (March 26, 2004), 771–781.

Quain and Tubb, 38–40.

Sidari, R. and A. Caridi. "Viability of Commercial Wine Yeasts During Freezer Storage in Glycerol–Based Media." *Folia Microbiology* 54, no. 3 (2009), 230–232.

7

Flannigan, B., J.G. Morton, and R.J. Naylor. "Tricothecenes and Other Mycotoxins." New York: John Wiley & Sons, (1985), 171.

Kapral, D. "Stratified Fermentation—Causes and Corrective Action." *MBAA Technical Quarterly* 45, no. 2 (2008), 115–120.

酵

母